普通高等工科院校创新型应用人才培养系列教材

数控加工工艺与编程

主　编　卢万强　饶小创（企业）
副主编　杨保成
参　编　喻廷红　罗忠良　胡小青　钟如全
主　审　陈洪涛　黄　亮（企业）

机械工业出版社

本书共分为七章，主要内容包括：课程认识，数控加工工艺基础，数控加工编程基础，数控车削加工工艺与编程，数控镗、铣及加工中心加工工艺与编程，用户宏程序编制，数控电火花线切割加工工艺与编程。

除基础教学单元（第一章~第三章）外，其他各章都按照数控技术类专业岗位职业能力要求确定每章的典型工作任务，选择合适的载体构建主体学习单元；按照任务驱动、项目导向，以职业能力培养为重点，以及“校企合作、工学结合”的原则，将真实生产过程融入书中。

本书由学校与企业合作编写，可作为技术应用型本科和高职高专数控技术专业教材，也可作为数控工程技术人员参考用书。

本书配有电子课件，凡使用本书作教材的教师可登录机械工业出版社教育服务网（http://www.cmpedu.com），注册后免费下载。咨询电话：010-88379375。

图书在版编目（CIP）数据

数控加工工艺与编程/卢万强，饶小创主编．—北京：机械工业出版社，2020.1（2023.1重印）

普通高等工科院校创新型应用人才培养系列教材

ISBN 978-7-111-64545-0

Ⅰ.①数… Ⅱ.①卢… ②饶… Ⅲ.①数控机床-加工工艺-高等学校-教材 ②数控机床-程序设计-高等学校-教材 Ⅳ.①TG659

中国版本图书馆CIP数据核字（2019）第297895号

机械工业出版社（北京市百万庄大街22号 邮政编码100037）
策划编辑：王英杰 责任编辑：王英杰 章承林
责任校对：陈 越 封面设计：鞠 杨
责任印制：常天培
固安县铭成印刷有限公司印刷
2023年1月第1版第3次印刷
184mm×260mm · 13印张 · 321千字
标准书号：ISBN 978-7-111-64545-0
定价：39.00元

电话服务
客服电话：010-88361066
010-88379833
010-68326294
封底无防伪标均为盗版

网络服务
机 工 官 网：www.cmpbook.com
机 工 官 博：weibo.com/cmp1952
金 书 网：www.golden-book.com
机工教育服务网：www.cmpedu.com

前言

“数控加工工艺与编程”课程是数控技术类专业的一门主干课程。为建设好该课程，利用示范建设这个契机，校企联合组建了教材开发团队。本书的编写实行双主编与双主审制，由四川工程职业技术学院卢万强教授和东方汽轮机股份有限公司饶小创高级工程师联合担任主编，由四川工程职业技术学院陈洪涛教授和中国第二重型机械集团公司黄亮高级工程师联合担任主审。

为了使本书符合高素质高技能技术应用型人才的培养目标和专业相关技术领域职业岗位的任职要求，教材开发团队按照“行业引领、企业主导、学校参与”的思路，经过认真分析机械制造企业中零件数控加工工艺编制、零件的数控加工等岗位的职业能力要求，制订了相应岗位的“职业能力标准”，依据该标准明确内容，并按照企业相应岗位的工作流程组织内容。

本书的编写始终以数控技术类专业岗位职业能力要求所确定的典型工作任务为依托，以基于企业的“典型零件的数控加工过程”为向导。结合企业零件制造的实际工作流程，在分析每个流程所必需的知识和能力结构的基础上，归纳了本书应包含的主要工作任务，按照任务驱动、项目导向，以职业能力培养为重点，以及“校企合作、工学结合”的原则，将真实生产过程融入书中。

本书由学校与企业合作编写，是在《数控加工工艺与编程》校本教材的基础上，经过3年试用和不断修改，并与企业专家多次研讨，最终编写而成的。

四川工程职业技术学院卢万强教授编写第一章和第四章，由东方汽轮机股份有限公司饶小创高级工程师提供相关资料并协作编写；四川工程职业技术学院喻廷红老师编写第二章，由东方汽轮机股份有限公司张学伟高级工程师提供相关资料；四川工程职业技术学院罗忠良高级实验师编写第三章；四川工程职业技术学院杨保成副教授编写第五章，由中国第二重型机械集团公司黄亮高级工程师提供相关资料；四川信息工程职业技术学院钟如全教授编写第六章；四川工程职业技术学院胡小青副教授编写第七章。

陈洪涛教授和黄亮高级工程师认真审阅了本书，并提出了许多宝贵的意见和建议。

本书内容广泛，实践性强。在编写过程中，编者参阅了大量国内外同行的教材、资料与文献，在此对相关人员深表感谢。

限于编者水平，书中难免出现错误和不当之处，恳请读者批评指正。

编　者

目　录

第一章 课程认识

1

第一节 课程的性质和作用

随着科学技术的发展，机械行业的产品结构日趋复杂，精度和性能要求日趋提高，因此对生产设备——机床也相应地提出了高效率、高精度和高自动化等方面的要求。为满足人们的需要，产品需日益更新，且向多品种、单件小批量的趋势发展。为了适应这种趋势，就必须找到一种能解决单件、小批量、多品种，特别是复杂型面零件加工的自动化并保证质量要求的设备，数控机床就是在此背景下产生的。数控加工技术是指利用数控设备、根据不同的工艺要求来完成零件加工的技术，某应用技术水平的高低直接影响数控机床功能的发挥，并直接影响产品的质量和生产效益。

数控技术应用专业的学生，主要面向的就是现代装备制造业、模具制造行业、机床制造行业的数控设备操作、数控加工工艺编制与实施、数控设备的调试与维修以及普通设备的数控化改造等岗位。

机械产品的数控化生产和制造，首先必须进行零件的工艺设计，然后完成零件的数控加工程序编制，熟悉数控设备的操作，最后进行产品的自动化生产。显然，在零件的制造过程中离不开检测量具或量仪、刀具、夹具、机床等工艺装备，数控加工工艺文件是指导生产不可缺少的技术文件。工艺文件所反映的主要内容包含在零件生产加工过程中所使用的刀具及参数、量具、机床设备、切削用量等。

“数控加工工艺与编程”课程是数控技术应用专业的一门主干专业课程，其目标就是要围绕机械零件生产加工岗位的能力要求，强化对零件的数控加工能力的培养，使学生具备分析和解决数控化生产过程中一般问题的能力；能依据数控加工工艺文件的要求，合理选择刀具、机床和切削用量；能编写数控加工程序，并输入、调试和修改程序；能操作数控车床、数控铣床、加工中心、电火花线切割机床等常用数控设备，完成零件的数控化加工和精度检验；为社会和企业培养一批理论知识扎实、实践能力突出、业务能力提升较快的掌握现代生产制造技术的高技能应用型人才。

第二节 课程的主要内容以及与前后课程的衔接

“数控加工工艺与编程”课程主要讲授数控车削加工技术、数控铣削加工技术、加工中心加工技术、数控电火花线切割加工技术等，通过这些内容的学习，使学生利用数控技术完成产品制造的能力得到全面提升。

“数控加工工艺与编程”课程是数控技术应用专业的一门主干专业课程，是学生在学习完“金属切削加工与刀具”“现代机床设备”“机床夹具及应用”“机械加工工艺”“数控技术基础”等主干专业课程的基础上，进行综合应用的一门课程。该课程与其他各课程之间衔接紧密，是培养学生数控加工能力的主要课程。

在前序课程“金属切削加工与刀具”中介绍的刀具知识，“现代机床设备”中介绍的机床理论与操作，“机床夹具及应用”中介绍的夹具理论与应用，“机械加工工艺”中介绍的机械加工工艺基础知识，以及在“数控技术基础”中介绍的数控加工过程与编程思想等内容与“数控加工工艺与编程”课程的关联性很大。在“数控加工工艺与编程”课程中，进行零件的数控加工工艺编制与实施时，必然会涉及刀具、夹具、数控设备的选择，用到加工方案设计等机械加工工艺知识和数控程序的编制思想。因此，“数控加工工艺与编程”就是综合利用以前所掌握的相关基础知识，结合数控加工的特点，完成零件的数控加工过程，解决数控生产中的技术问题。

在后续的“数控设备故障诊断与维护”“SINUMERIK840D 编程”“CAM 技术”以及“毕业设计”等课程中，也会大量用到在“数控加工工艺与编程”课程中讲授的理论知识和操作经验，因此，学好“数控加工工艺与编程”这门课程，可为学习今后的专业课程奠定坚实的基础。

因此，“数控加工工艺与编程”课程是数控技术应用专业重要的专业主干课程和特色课程，只有学好该门课程，才能提高该专业学生的技能水平，才能保证专业培养目标的实现，为今后的业务提升打下扎实的基础。

第三节　课程学习方法

由于“数据加工工艺与编程”课程对理论与实践要求都很高，因此必须强化理论与实践的有机结合，要充分利用行业、企业优势，大力推行“校企合作、工学结合”的教学模式，做到理论与实践并重，强化应用能力的培养。

1. 教师教学方法

1）采取任务驱动的教学模式。

2）完善实践教学资源，开发多种教学手段。

3）引入企业典型案例，理论联系实际开展教学。

4）采用精讲、多讨论和敢于创新的思想教学。

2. 学生学习方法

1）了解该门课程的重要性。

2）重视该门课程，端正学习态度。

3）强化理论钻研，拓展相关知识面。

4）深入实验室认真做好实验。

5）深入校内生产实训基地，全面了解企业生产过程，切实了解各类常用刀具及其在生产中的正确应用。

第二章

2

数控加工工艺基础

第一节 知识引入

若要加工图 2-1 所示的零件，该如何着手？

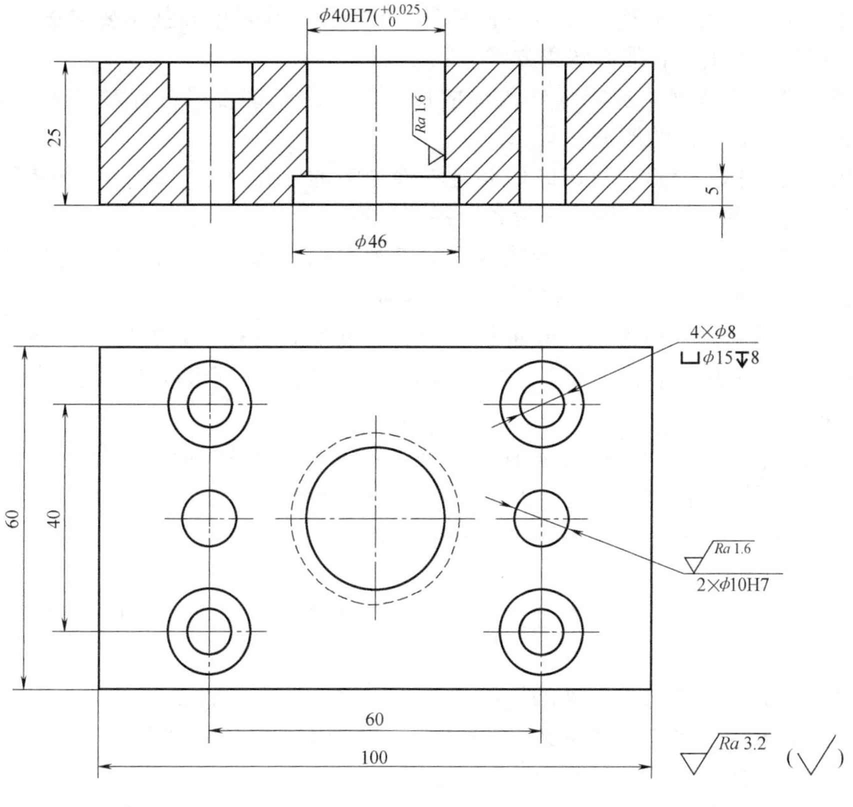

图 2-1 零件图

根据以前学过的机械加工知识，首先需要读懂技术图样（包括装配图和零件图），了解其使用场合和要求，分析加工要求，明确加工内容和重点加工部位，确定适合数控加工的部分，选择合适的机床、刀具、量具，采用正确的装夹方式，还需要安排合理的加工顺序等。这些知识都属于数控加工工艺方案设计的内容，本章将重点介绍数控加工工艺的基础知识。

第二节 概 述

数控加工工艺方案设计是数控加工技术的核心部分。数控加工工艺方案设计的质量主要取决于编程人员的技术水平和加工经验，这其中包含对数控技术等相关技术的了解程度和熟练应用能力，同时也需要一些具体的应用技巧和操作技能。数控加工工艺方案设计的水平原则上决定了数控程序的质量，这是因为编程人员在进行数控编程的过程中，相当多的工作内容集中在加工工艺分析和方案设计，以及数控编程参数设置这两个阶段，因而这两个阶段的工作在一定程度上决定了数控编程的质量。

数控加工工艺方案的设计应来源于生产实践。设计者应从生产实践中总结出一些综合性的工艺原则，结合实际的生产条件提出几个方案，进行分析对比，选择经济合理的最佳方案。合理的工艺方案能保证零件的加工精度和表面质量要求。

一、数控加工工艺方案设计的主要内容

(1) 零件加工工艺性分析　对零件的用途、结构、设计要求和技术要求进行综合分析，并对其中存在的问题提出合理的解决方案。

(2) 加工方法的选择　选择零件具体的加工方法和切削方式，针对具体的加工内容，结合生产现场，确定具体的加工方案。

(3) 机床的选择　合适的机床既能满足零件加工的外廓尺寸要求，又能满足零件的加工精度要求，同时考虑合理配置加工设备，提高生产率。

(4) 工装的选择　数控设备尽管减少了对于夹具的依赖程度，但还不能完全取消，在满足零件加工精度和技术要求的前提下，工装越简单越好。

(5) 加工区域规划　对加工对象进行分析，按其形状特征、功能特征及精度、表面粗糙度要求将加工对象划分成数个加工区域。对加工区域进行规划可以达到提高加工效率和加工质量的目的。

(6) 加工工艺路线规划　在保证加工质量的前提下，合理安排零件从粗加工到精加工的数控加工工艺路线，要注意普通加工与数控加工的衔接，高效、合理地使用生产设备。

(7) 刀具的选择　根据加工零件的特点和精度要求，选择合适的刀具，以满足零件加工的要求。

(8) 切削参数的确定　确定合理的切削用量，必要时进行试切加工，力求选择最佳的切削参数。

(9) 选择数控编程方法，正确编制数控加工程序　根据零件加工的难易程度，采用手工或自动编程的方式，按照确定的加工规划内容进行数控加工程序编制。

二、影响数控加工工艺方案设计的主要因素

数控加工工艺设计的内容非常具体、详细。在确定数控加工工艺方案时，要考虑的因素较多，如零件的结构特点、表面形状、精度等级和技术要求、表面粗糙度要求等，毛坯的状态，切削用量以及所需的工艺装备、刀具等。影响数控加工工艺方案的主要因素如图 2-2 所示。

以下是设计数控加工工艺方案必须考虑的几个重要环节。

1. 加工方法的选择

零件的结构形状是多种多样的，但它们都是由平面、外圆柱面、内圆柱面或曲面、成形面等基本表面所组成的。每一种表面都有多种加工方法，具体选择时应根据零件的加工精

度、表面粗糙度、材料、结构形状、尺寸及生产类型等选用相应的加工方法和加工方案。例如，外圆表面的加工方法主要是车削，当表面粗糙度值要求较小时，还要进行磨削，甚至光整加工。

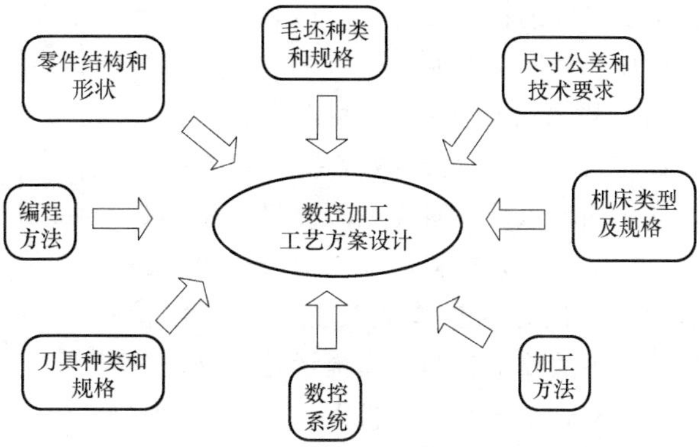

图 2-2 影响数控加工工艺方案的主要因素

2. 工艺基准的选择

工艺基准是保证零件加工精度和几何公差的一个关键环节。工艺基准的选择应尽量与设计基准一致。基于零件的加工性考虑，选择的工艺基准也可能与设计基准不一致，但无论如何，在加工过程中，选择的工艺基准必须保证零件的定位准确、稳定，加工测量方便，装夹次数最少。

3. 加工顺序的确定

工序安排的一般原则是先加工基准面后加工其他面，先粗加工后精加工，粗、精加工分开。具体操作还应考虑两个重要的影响因素：一是尽量减少装夹次数，既提高效率，又保证精度；二是尽量让有位置公差要求的型面在一次装夹中完成加工，充分利用设备的精度来保证产品的精度。

4. 工艺保证措施

关键尺寸和技术要求的工艺保证措施对设计工艺方案非常重要。由于加工零件是由不同的型面组成的，一个普通型面通常包括三个方面的要求——尺寸精度、位置精度和表面粗糙度，必须在这些关键特征上有可靠的技术保障，避免如装夹变形、热变形、工件振动导致加工波纹等因素影响零件的加工质量。进行工艺方案设计时必须考虑以上因素的影响，采取相应的工艺方法和工艺措施，如预留工艺装夹止口、精加工前先让工件冷却、精加工用较小的切削用量，以及在零件上加或缠减振带等来保证加工质量。

三、数控加工工艺制订的过程

在实际生产中，数控加工工艺制订的过程比较灵活多变，需要设计者有比较广泛的知识和经验，还要结合实际生产条件，没有一成不变的步骤。图 2-3 简要地概括了一般数控加工工艺制订的基本过程。

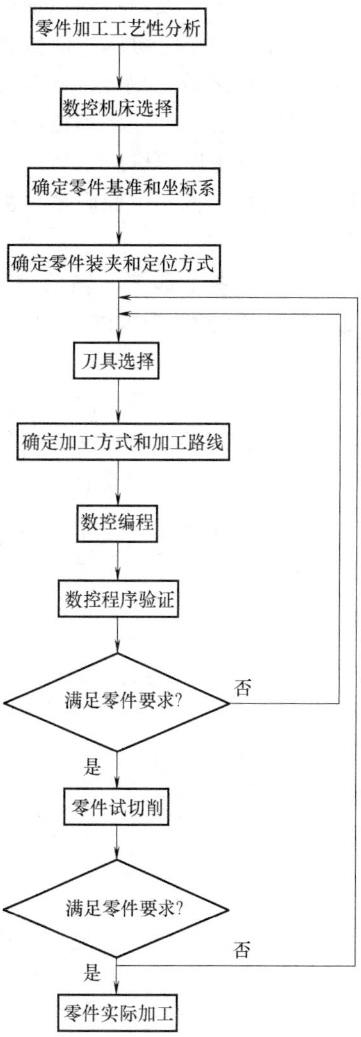

图 2-3 一般数控加工工艺制订的基本过程

四、数控机床的组成及其工作原理

1. 数控机床的组成

常见的数控机床主要由输入/输出装置、数控系统、伺服系统、辅助控制装置、反馈系统和机床本体组成，如图 2-4 所示。

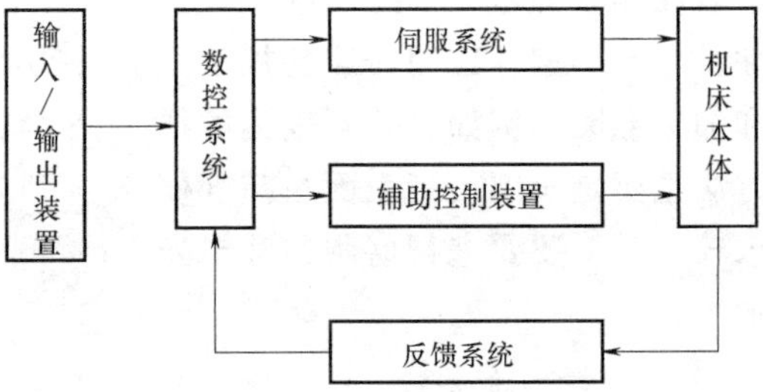

图 2-4　数控机床的基本组成

（1）输入/输出装置　输入装置的作用是将数控加工信息读入数控系统的内存存储。常用的输入装置有光电阅读机、手动数据输入（MDI）方式和远程通信方式等。输出装置的作用是为操作人员提供必要的信息，如各种故障信息和操作提示等。常用的输出装置有显示器和打印机等。

（2）数控系统　数控系统是数控机床实现自动加工的核心单元，通常由硬件部分和软件部分组成。目前的数控系统普遍采用通用计算机作为主要的硬件部分；软件部分主要是指主控制系统软件，如数据运算处理控制和时序逻辑控制等。数控加工程序通过数据运算处理后，输出控制信号控制各坐标轴移动，而时序逻辑控制主要是由可编程序控制器（PLC）完成加工中各个动作的协调，使数控机床有条不紊地工作。

（3）伺服系统　伺服系统是数控系统和机床本体之间的传动环节。它主要接受来自数控系统的控制信息，并将其转换成相应坐标轴的进给运动和定位运动。伺服系统的精度和动态响应特性直接影响机床本体的生产率、加工精度和表面质量。伺服系统主要包括主轴伺服和进给伺服两大单元。伺服系统的执行元件有功率步进电动机、直流伺服电动机和交流伺服电动机。

（4）辅助控制装置　辅助控制装置是保证数控机床正常运行的重要组成部分。它主要完成数控系统和机床本体之间的信号传递，从而保证机床的协调运动，保证加工的有序进行。

（5）反馈系统　反馈系统的主要任务是对机床的运动状态进行实时的检测，并将检测结果转换成数控系统能识别的信号，以便数控系统能及时根据加工状态进行调整、补偿，保证加工质量。数控机床的反馈系统主要由速度反馈装置和位置反馈装置组成。

（6）机床本体　机床本体是指数控机床的机械结构部分，它是最终的执行环节。为了适应数控加工的特点，数控机床在布局、外观、传动系统、刀具系统及操作机构等方面都不同于普通机床。

2. 数控机床的工作原理

图 2-5 所示为数控机床的一般工作原理。

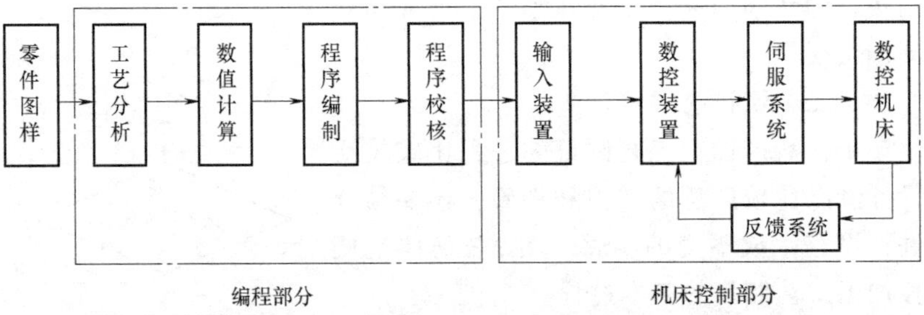

图 2-5　数控机床的一般工作原理

数控加工的工作过程分两个阶段执行，即编程阶段和数控机床加工阶段。编程阶段是根据被加工零件的零件图样进行相应的工艺分析，制订出加工方案和加工路线，并设定合适的坐标系进行必要的数值计算，采用规定的代码和程序格式编制数控加工程序并进行程序校核，确保数控加工程序的正确性、合理性和高效率。数控机床加工阶段是将验证无误的数控加工程序通过数控机床的输入装置输入数控机床的数控装置，由数控装置对输入的程序进行相应的数据处理，再输出到数控机床的伺服驱动系统，通过伺服机构带动数控机床，使刀具和零件毛坯产生相对运动，从而实现产品的加工生产过程。

五、数控加工的特点

数控加工和传统的切削加工相比，基本加工方式是类似的。在传统的切削加工中，机床操作者用手操作机床来完成零件的加工，需要依赖各种手柄和刻度盘，加工的精度和工件的一致性在很大程度上取决于操作者的技术水平、身体状况和工作态度，因而对操作者的操作技能要求较高。

而数控加工是一种现代化的自动控制过程，主要依赖各种先进的控制系统和自动检测元件来代替手工操作，加工的精度和工件的一致性在很大程度上取决于机床的精度和程序的正确度。加工程序必须完整而正确地描述整个加工过程，这对操作者的机床调整能力和程序编制能力要求较高，但在加工过程中，人的参与程度较低。利用数控加工技术可以完成很多以前不能完成的曲面零件的加工，而且加工的准确性和精度都可以得到很好的保证。

总体上说，与传统的机械加工手段相比，数控加工具有以下特点。

1）加工效率高。传统机床的切削时间主要取决于操作者的技能、经验以及身体疲劳状况等，因而易于变化，而数控机床加工则受计算机控制，少量的手工工作仅限于工件的安装和拆卸，对大批量的运行加工来讲，这种非生产性的时间就显得微不足道了。数控机床这种相对固定的切削时间的主要优点体现在重复性工作上，这样，生产进度和分配到每台机床上的工作就可以计算得很精确，既便于管理又能提高生产率。

2）加工精度高。与传统的加工设备相比，数控系统优化了传动装置，提高了分辨力，减少了人为误差，因此加工的效率可以得到很大的提高。现在数控机床的精确性和重复性已成为数控技术的主要优势之一，零件加工程序一旦调试完成可以存储在各种介质上，需要时调用即可，而且加工程序对机床的控制不会因操作人员的改变而变化，能极大地提高加工零件的精确性和一致性。

3）劳动强度低。由于数控加工采用了自动控制方式，也就是说加工的全部过程是由数控系统完成的，不像传统加工手段那样烦琐，操作者在工作时只需要监视设备的运行状态，所以劳动强度很低。

4）适应能力强。数控加工系统就像计算机一样，可以通过调整部分参数修改或改变其运作方式，因此加工的范围可以得到很大的扩展。一旦零件程序编写完成并验证无误，就可以为今后再次使用做好准备，即使零件在设计上做局部修改后，也只需对程序做相应的修改即可，因而大大提高了机床的适用范围。

5）准备时间缩短。安装时间是非生产性时间，但是它是必需的，是实际加工成本的一部分。任何机床车间的主管、编程人员、操作者都应把安装时间最短作为考虑的因素之一。由于数控机床设计的特点——模块化夹具、标准刀具、固定的定位器、自动换刀装置、托盘以及其他一些先进的辅具，使得数控机床的安装比普通机床更高效，从而可大大缩短准备时间。

6）适合复杂零件的加工。数控机床能加工各种复杂的轮廓。在传统的切削加工中，对复杂的零件轮廓，通常采用仿形加工或专用机床加工，加工周期长、加工成本高，而且适用的零件有限。如果采用数控机床加工就不同，只要机床的控制系统具备曲线加工功能，就可以完成外形复杂的轮廓的加工，大大缩短加工周期，降低加工成本，而且适用范围很广。在数控技术应用的早期，大多数数控机床都是为复杂轮廓的加工而产生的。

7）易于建立计算机通信网络，有利于生产管理。

8）设备初期投资大。

9）由于系统本身的复杂性，增加了维修的技术难度和维修费用。

六、我国数控技术的现状与发展趋势

1. 我国数控技术的现状

数控机床是集机械、电气、液压、气动、微电子和信息等多项技术为一体的机电一体化产品，是机械制造设备中具有高精度、高效率、高自动化和高柔性化等优点的工作母机。数控机床的技术水平高低及其在金属切削加工机床产量和总拥有量中的百分比是衡量一个国家国民经济发展和工业制造整体水平的重要标志之一。

我国数控机床从 20 世纪 70 年代初进入市场，至今通过各大机床厂家的不懈努力，通过采取与国外著名机床厂家的合作、合资、技术引进、样机消化吸收等措施，制造水平有了很大的提高，其产量在金属切削机床中占有较大的比例。国产数控机床的品种、规格已经较为齐全，质量基本稳定可靠，已进入实用和全面发展阶段。我国机床产品与国外产品在结构上的差别并不大，采用的新技术也相差无几，但在先进技术应用和制造工艺水平上与世界先进国家还有一定的差距，新产品开发能力和制造周期还满足不了国内用户需要，零部件制造精度和整机精度保持性、可靠性尚需提高，尤其是与大型机床配套的数控系统、功能部件，如刀库、机械手和两坐标铣闲等部件，还需要国外厂家配套满足。国内大型机床制造企业的制造能力很强，但不而不精，其主要原因还是加工设备落后，数控化率很低，尤其是缺乏高水平的加工设备。同时，国内企业普遍自主创新能力不足，而大型机床单件小批量的市场需求特点，决定了对技术创新的要求更高。

面对新一轮科技革命和产业变革与我国加快转变经济发展方式形成历史性交汇的时刻，为了实施制造强国战略，我国专门制订了第一个十年的行动纲领——《中国制造 2025》。

《中国制造 2025》将数控机床和基础制造装备列为“加快突破的战略必争领域”，将开发一批精密、高速、高效、柔性数控机床与基础制造装备及集成制造系统，加快高档数探机床、增材制造等前沿技术和装备的研发；以提升可靠性、精度保持性为重点，开发高档数控系统、伺服电动机、轴承、光栅等主要功能部件及关键应用软件，加快实现产业化；加强用户工艺验证能力建设。到 2020 年，高档数控机床与基础制造装备国内市场占有率将超过 70%；数控系统标准型、智能型国内市场占有率分别达到 60%、10%，主轴、丝杠、导轨等中高档功能部件国内市场占有率分别达到 50%。到 2025 年，高档数控机床与基础制造装备国内市场占有率超过 80%，其中用于汽车行业的机床装备平均无故障时间将达到 2000h，精度保持性可达到 5 年；数控系统标准型、智能型国内市场占有率分别达到 80%、30%，主轴、丝杠、导轨等中高档功能部件国内市场占有率分别达到 80%；高档数控机床与基础制造装备总体进入世界强国行列。

2. 我国数控技术的发展趋势

目前，数探机床及系统的发展日新月异，作为智能制造领域的重要装备，除了实现数控机床的智能化、网络化、柔性化，高速化、高精度、复合化、开放化、并联驱动化、绿色化等也已成为高档数控机床未来重点发展的技术方向。

（1）高速化　随着汽车、国防、航空、航天等工业的高速发展以及铝合金等新材料的应用，对数控机床加工的高速化要求越来越高。如数控机床采用电主轴（内装式主轴电动机），其主轴最高转速可以达到 200000r/min；在分辨力为 0.01μm 时，最大进给率可达 240m/min，且可获得复杂型面的精确加工；用于数控机床的 CPU 发展到了 32 位及 64 位的数控系统，频率提高到了上千兆赫；先进加工中心的换刀时间普遍缩短到 1s 左右，有的已经达到 0.5s。

（2）新型功能部件的应用　为了提高数控机床各方面的性能，具有高精度和高可靠性的新型功能部件的应用成为必然。具有代表性的新型功能部件包括高频电主轴、直线电动机、电滚珠丝杠。

近年来，直线电动机的应用日益广泛，如西门子公司生产的 1FN1 系列三相交流永磁式同步直线电动机已开始广泛应用于高速铣床、加工中心、磨床、并联机床以及动态性能和运动精度要求高的机床等，德国 EX-CELL-O 公司的 XHC 卧式加工中心三向驱动均采用两台直线电动机。

（3）高可靠性　五轴联动数控机床通史加工复杂的曲面，并能够保证均匀无故障时间在 20000h 以上，这是一种对产品和原材料的高效使用，在其内部具有多种报警措施能够使操作者及时处理问题，还拥有超级安全的防护措施，这是对产品的一种保障，更是对操作工人和社会的一种保障。机床的高可靠性使企业在生产时更放心，更能节约原材料和人工，这是对社会资源的一种节约。在外国，设备平均的无故障时间在 30000h 以上，期间的差距促使我国数控机床企业多借鉴国外技术，还要努力研究出更加完善的高档数控机床。

（4）高精度　高档数控机床之所以能够反映一个国家工业制造业的水平，正是因为其高精度的特点。随着 CAM（计算机辅助制造）系统的发展，高档数控机床不但可以实现高速度、高效率，最重要的是加工精度进化为微米级，其特有的往复运动单元能够极其细致地加工凹槽，采用光、电化学等能源的特种加工精度可达到纳米级。同时，在进行结构的改进和优化后，五轴联动数控机床的加工精度将进入亚微米甚至是纳米级的超精时代。

（5）复合化　随着市场的需要不断变化，制造业的竞争日趋激烈，对机床的要求不只是进行单件的大批量生产，更要能够完成小批量多品种的生产，这对机床的要求更高，机械化生产更个性。开发出复合程序更高的复合机床，使其能够生产多种大、小批量的类似生产机型，是对高档数控机床的一种新要求，在未来的发展中也定会占据主导地位，将会是新型数控机床所要完成的新任务。

（6）加工过程绿色化　随着环境与资源约束日趋严格，制造加工的绿色化越来越重要，因此近年来不用减少用切削液，实现干切削、半干切削的节能环保机床不断出现，并在不断发展当中。在 21 世纪，绿色制造的大趋势将使各种节能环保机床加速发展，并占领更多的市场。

第三节　数控加工工艺分析

一、数控加工内容的确定

对一个具体的零件的机械加工过程而言，并非其全部加工过程都适合在数控机床上完成，往往可能只是零件加工工序中的一部分适合数控加工。因此，有必要对零件图样进行仔细分析，立足于解决难题、提高生产率，注意充分发挥数控加工的优势，选择最适合、最需要的内容和工序进行数控加工。

1. 数控加工内容的选择原则

一般可按下列原则选择数控加工内容。

1）普通机床无法加工的内容应作为优先选择内容。

2）普通机床难加工、质量也难以保证的内容应作为重点选择内容。

3）普通机床加工效率低，工人手工操作劳动强度大的内容，可在数控机床尚有加工能力的基础上进行选择。如数控车削加工的主要对象是：精度要求高的回转体零件；表面粗糙度值要求小的回转体零件；轮廓形状特别复杂的零件；带特殊螺纹的回转体零件等。

2. 不宜选择数控加工的加工内容

相比之下，下列加工内容则不宜选择数控加工。

1）占机调整时间长。如以毛坯的粗基准定位加工第一个精基准，需用专用工装协调的内容。

2）加工部位分散，需要多次装夹和设置原点。此时不能在一次装夹中完成的其他部位的加工，采用数控加工很麻烦，效果不明显。

3）按某些特定的制造依据加工的型面轮廓。其主要原因是获取数据困难，与检验依据易发生矛盾，增加了编制程序的难度。

4）必须按专用工装协调的孔及其他加工内容。因其采集编程用的数据困难，协调效果不一定理想。

此外，在选择数控加工内容时，还要考虑生产批量、生产周期、工序间周转情况等因素，要尽量合理使用数控机床，达到产品质量、生产率及综合经济效益等指标都明显提高的目的，要防止将数控机床降格为普通机床使用。

二、数控机床的选择

数控机床是一种先进的加工设备，它以高精度、高可靠性、高效率、可加工复杂曲面工件等特点得到广泛应用。但若选型不当，则不能发挥其应有的效益，且使资金大量积压，从而产生风险。广义的数控机床的选择主要包括机型选择、数控系统选择、机床精度选择、主要特征规格选择等。其中，机型选择和数控系统选择风险最大，机床精度选择和主要特征规格选择次之。

1. 机型选择

在满足加工工艺要求的前提下，设备越简单风险越小。如车削中心和数控车床都可以加工轴类零件，但一台满足同样加工规格的车削中心价格要比数控车床贵几倍，如果没有进一步工艺要求，肯定选择数控车床风险较小。同样，在经济型和普通型数控车床中要尽量选择经济型数控车床。在加工箱体、型腔、模具零件时，同规格的数控铣床和加工中心都能满足基本加工要求，但两种机床价格相差约一半（不包括气源、刀库等配套费用），所以加工模具时只有非常频繁地更换刀具的工艺才选用加工中心，固定一把刀具长时间铣削的，宜选用数控铣床。目前很多加工中心都在作为数控铣床使用。数控车床能加工的零件在普通车床上往往也能加工，但数控铣床能加工的零件在普通铣床上大多不能加工，故在既有轴类零件又有箱体、型腔类零件的综合机加工企业中，应优先选择数控铣床。

2. 数控系统选择

在选购数控机床时，同一种机床本体可配置多种数控系统，且可供选择的系统性能差别很大，直接影响设备价格的构成。目前，数控系统的种类、规格极其繁多，进口数控系统主要有日本的FANUC、德国的SINUMERIK、日本的MITSUBISHI、法国的NUM、意大利的FIDIA、西班牙的FAGOR、美国的A-B等，国产数控系统主要有广州数控系统、北京航天数控系统、武汉华中数控系统、沈阳蓝天数控系统、南京大地数控系统、北京凯奇数控系统、清华数控系统、北京凯恩帝（KND）数控系统等，每种系统都有一系列各种规格的产品。降低数控系统选择风险的基本原则是：性价比大，使用维修方便，系统的市场寿命长。因此，不能片面追求高水平、新系统，而应以满足主机性能为主，对系统性能和价格等做一个综合分析，从而选用合适的系统。同时应尽量少选传统的封闭体系结构的数控系统或PC嵌入NC结构的数控系统，因为这类系统的功能扩展、改变和维修都必须借助于系统供应商；应尽可能选用NC嵌入PC结构或SOFT结构的开放式数控系统，因为这类系统的CNC软件全部装在计算机中，硬件部分仅是计算机与伺服驱动和外部输入/输出之间的标准化通用接口，就像计算机上可以安装各种品牌的声卡、显卡和对应的驱动程序一样，用户可以在Windows NT平台上利用开放的CNC内核，开发所需的功能，构成各种类型的数控系统。另外，数控系统中除基本功能以外还有很多选择功能，用户可以根据自己的工件加工要求、测量要求、程序编制要求等，再选择一些功能列入订货合同附件中，特别是实时传输的DNC功能等。

3. 机床精度选择

机床精度的选择取决于典型零件的加工精度。一般数控机床精度检验项目都有20~30项，其中最有特征的项目有单轴定位精度、单轴重复定位精度、两轴以上联动加工出来试件的圆度。定位精度和重复定位精度综合反映了该轴各运动部件的综合精度。单轴定位精度是指在该轴行程内任意一个点定位时的误差范围，它直接反映了机床的加工精度，而重复定位精度则反映了该轴在行程内任意定位点的定位稳定性，这是衡量该轴能否稳定可靠工作的基本指标。以上两个指标中，重复定位精度尤为重要。目前数控系统的软件都有丰富的误差补偿功能，能对进给传动链上各环节的系统误差进行稳定的补偿。如丝杠的螺距误差和累计误差可以用螺距补偿功能补偿，进给传动链的反向死区可用反向间隙补偿来消除。但电控方面的误差补偿功能不可能补偿随机误差（如传动链各环节的间隙、弹性变形和接触刚度等因素变化引起的误差），它们往往随着工作台的负载大小、移动距离长短、移动定位速度的快慢等反映出不同的运动量损失。在一些开环和半闭环进给伺服系统中，测量元件以后的机械驱动元件，受各种偶然因素影响，也有相当大的随机误差，例如滚珠丝杠热伸长引起的工作台实际定位位置漂移等。所以重复定位精度的合理选择可大大降低机床精度选择风险。铣削圆柱面精度或铣削空间螺旋槽（螺纹）精度是综合评价该机床有关数控轴（两轴或三轴）伺服跟随运动特性和数控系统插补功能的指标，评价指标采用测量加工出的圆柱面的圆度。在数控铣床试切件中还有铣斜方形四边加工，这也是判断两个可控轴在直线插补运动时的精度的一种方法。对于数控铣床，两轴以上联动加工出来的试件的圆度指标也不容忽视。定位精度要求较高的机床还必须注意其进给伺服系统采用半闭环方式还是全闭环方式，注意使用检测元件的精度及稳定性。如果机床采用半闭环伺服驱动方式，则精度稳定性要受到一些外界因素影响，如传动链中滚珠丝杠受工作温度变化造成丝杠伸长，对工作台实际定位位置造成漂移影响，使加工件的加工精度受到影响。

4. 主要特征规格选择

数控机床的主要特征规格应根据确定的典型工件族加工尺寸范围而选择。数控机床的主要规格是几个数控轴的行程范围和主轴电动机功率。机床的三个基本直线坐标（X、Y、Z）行程反映该机床允许的加工空间，在车床中两个坐标 X、Z 反映允许回转体的大小。一般情况下加工件的轮廓尺寸应在机床的加工空间范围之内，如典型工件是 450mm×450mm×450mm 的箱体，那么应选取工作台面尺寸为 500mm×500mm 的加工中心，选用工作台面比典型工件稍大一些是考虑安装夹具所需的空间。机床工作台面尺寸和三个直线坐标行程都有一定的比例关系，如上述工作台面尺寸为 500mm×500mm 的机床，X 轴行程一般为 700～800mm，Y 轴行程为 500～700mm，Z 轴行程为 500～600mm。因此，工作台面的大小基本上确定了加工空间的大小。个别情况下工件尺寸大于坐标行程，这时必须要求零件上的加工区域处在坐标行程范围之内，而且要考虑机床工作台的允许承载能力，以及工件是否与机床换刀空间干涉、与机床防护罩等附件干涉等一系列问题。数控机床的主轴电动机功率在同类规格机床上也可以有各种不同配置，一般情况下反映该机床的切削刚性和主轴高速性能。轻型机床比标准型机床主轴电动机功率就可能小 1～2 级。目前一般加工中心主轴转速为 4000～8000r/min，高速型立式机床可达 2 万～7 万 r/min，卧式机床为 1 万～2 万 r/min，其主轴电动机功率也成倍加大。主轴电动机功率反映了机床的切削效率，从另一个侧面也反映了切削刚性和机床整体刚度。在现代中小型数控机床中，主轴箱的机械变速已较少采用，往往都采用功率较大的直流或交流可调速电动机直连主轴，甚至采用电主轴结构。这样的结构在低速切削中转矩受到限制，即调速电动机在低转速时输出功率下降。为了确保低速输出转矩，必须采用大功率电动机，所以同规格机床数控机床主轴电动机比普通机床大几倍。当典型工件上需要采用大量的低速加工时，必须对机床的低速输出转矩进行校核。

三、数控加工刀具及选择

先进的加工设备只有与高性能的数控刀具相配合，才能充分发挥其应有的效能和取得良好的经济效益。随着刀具材料的迅速发展，各种新型刀具材料，其物理、力学性能和切削加工性能都有了很大的提高，应用范围也不断扩大。

刀具的选择是数控加工工艺中的重要内容之一，不仅影响机床的加工效率，而且直接影响零件的加工质量。由于数控机床的主轴转速及范围远远高于普通机床，而且主轴输出功率较大，因此与传统加工方法相比，对数控加工刀具提出了更高的要求，包括精度高、强度大、刚性好、寿命长，而且要求尺寸稳定，安装调整方便。

1. 数控加工刀具的特点

数控加工刀具的特点是标准化、系列化、规格化、模块化和通用化。为了达到高效、多能、快换、经济的目的，对数控加工刀具有如下要求。

1）具有较高的强度、较好的刚性和抗振性能。

2）高精度、高可靠性和较强的适应性。

3）能够满足高切削速度和大进给量的要求。

4）刀具耐磨性好，使用寿命长，刀具材料和切削参数与被加工工件材料之间要适宜。

5）刀片与刀柄要通用化、规格化、系列化、标准化，相对主轴要有较高的位置精度，转位、拆装时要求重复定位精度高，安装调整方便。

2. 数控加工刀具材料的种类、性能、特点、应用

（1）高速钢刀具材料 高速钢（High Speed Steel，HSS）是一种加入了较多的 W、Mo、Cr、V 等合金元素的高合金工具钢。高速钢刀具在强度、韧性及工艺性等方面具有优良的综合性能，在复杂刀具，尤其是制造孔加工刀具、铣刀、螺纹加工刀具、拉刀、切齿刀具等一些刃形复杂刀具，高速钢仍占据主要地位。高速钢刀具易于磨出锋利的切削刃。

根据 GB/T 17111—2008《切削刀具 高速钢分组代号》的规定，高速钢可以分为常规高速钢（采用传统铸锭冶炼工艺生产的高速钢）和粉末冶金高速钢（采用粉末冶金工艺生产的高速钢）两大类。

1）常规高速钢。常规高速钢的特点是存在碳化物偏析，硬而脆的碳化物在高速钢中分布不均匀，且晶粒粗大（可达几十微米），对高速钢刀具的耐磨性、韧性及切削性能有不利影响。常规高速钢根据含有合金元素的不同可以分为高性能高速钢、普通高速钢和低合金高速钢三种。

① 高性能高速钢（代号 HSS-E）。高性能高速钢是指含钴量≥4.5%（质量分数）或含钒量≥2.6%（质量分数）或含铝量≥1.2%（质量分数）的高速钢。如 W6Mo5Cr4V2Al（简称 501），600℃时的高温硬度可达 54HRC，切削性能相当于 W2Mo9Cr4VCo8（简称 M42），适宜制造铣刀、钻头、铰刀、齿轮刀具、拉刀等，用于加工合金钢、不锈钢、高强度钢和高温合金等材料。

② 普通高速钢（代号 HSS）。普通高速钢是指含钴量<4.5%（质量分数）或含钒量<2.6%（质量分数），且钨当量［W］≥11.75%（质量分数）的高速钢（钨当量［W］的计算方法：［W］=W+1.8Mo，W 表示钨含量的最低值，Mo 表示钼含量的最低值）。

如 W18Cr4V（简称 W18），具有较好的综合性能，在 600℃时的高温硬度为 48.5HRC，可用于制造各种复杂刀具。它有可磨削性好、脱碳敏感性小等优点，但由于碳化物含量较高，分布较不均匀，颗粒较大，强度和韧性不高。

③ 低合金高速钢（代号 HSS-L）。低合金高速钢是指钨当量［W］<11.75%（质量分数），且≥6.5%（质量分数）的高速钢，如 W4Mo3Cr4VSi。

2）粉末冶金高速钢。粉末冶金高速钢是将高频感应炉熔炼出的钢液，用高压氩气或纯氮气雾化，再急冷而得到细小均匀的结晶组织（高速钢粉末），再将所得的粉末在高温、高压下压制成刀坯，或先制成钢坯再经过锻造、轧制成刀具形状形成的。与常规高速钢相比，粉末冶金高速钢的优点：碳化物晶粒细小均匀，强度和韧性、耐磨性相对熔炼高速钢都提高不少。粉末冶金高速钢在复杂数控刀具领域占重要地位，可用来制造大尺寸、承受重载、冲击性大的刀具，也可用来制造精密刀具。

粉末冶金高速钢可以分为高性能粉末冶金高速钢和普通粉末冶金高速钢两种。

① 高性能粉末冶金高速钢（代号 HSS-E-PM）。高性能粉末冶金高速钢是指含钴量≥4.5%（质量分数）或含钒量≥2.6%（质量分数）的粉末冶金高速钢，如 HS6-5-2。

② 普通粉末冶金高速钢（代号 HSS-PM）。普通粉末冶金高速钢是指含钴量<4.5%（质量分数）或含钒量<2.6%（质量分数）的粉末冶金高速钢，如 HS6-5-3-8。

（2）硬质合金刀具材料 硬质合金刀具，特别是可转位硬质合金刀具，是数控加工刀具的主导产品。20 世纪 80 年代以来，各种整体式和可转位硬质合金刀具或刀片的品种已经扩展到各种切削刀具领域，其中可转位硬质合金刀具由简单的车刀、面铣刀扩大到各种精

密、复杂、成形刀具领域。

1）硬质合金刀具的种类。根据 GB/T 18376.1—2008 的规定，切削工具用硬质合金牌号按使用领域的不同分成 P、M、K、N、S、H 六类。各个类别为满足不同的使用要求，以及根据切削工具用硬质合金材料的耐磨性和韧性的不同，分成若干个组，用 01、10、20 等两位数字表示组号。必要时，可在两个组号之间插入一个补充组号，用 05、15、25 等表示。

切削工具用硬质合金牌号由类别代码、分组号、细分号（需要时使用）组成，示例：

P　20　1

1——细分号

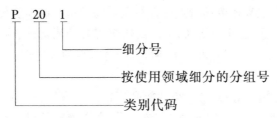

20——按使用领域细分的分组号

P——类别代码

2）硬质合金刀具的性能特点。

① 高硬度。硬质合金刀具是由硬度和熔点很高的碳化物（称硬质相）和金属粘结剂（称粘结相）经粉末冶金方法而制成的，其硬度可达 89～93HRA，远高于高速钢，在 540℃时，硬度仍可达 82～87HRA，与高速钢常温时的硬度（83～86HRA）相同。硬质合金的硬度值随碳化物的性质、数量、粒度和金属粘结相的含量而变化，一般随粘结金属相含量的增多而降低。

② 高抗弯强度。常用硬质合金的抗弯强度在 900～1500MPa 范围内。金属粘结相含量越高，其抗弯强度也越高。

3）常用硬质合金刀具的应用。不同种类硬质合金刀具的应用领域有很大的区别。

P 类硬质合金刀具主要用于长切屑材料的加工，如钢、铸钢、长切屑可锻铸铁等的加工。

M 类硬质合金刀具主要用于通用合金，以及不锈钢、铸钢、锰钢、可锻铸铁、合金钢、合金铸铁等的加工。

K 类硬质合金刀具主要用于通用合金，以及铸铁、冷硬铸铁、短切屑可锻铸铁等的加工。

N 类硬质合金刀具主要用于有色金属、非金属材料，如铝、镁、塑料、木材等的加工。

S 类硬质合金刀具主要用于耐热和优质合金材料，如耐热钢，含镍、钴、钛的各类合金材料的加工。

H 类硬质合金刀具主要用于硬切削材料，如淬硬钢、冷硬铸铁等的加工。

切削工具用硬质合金作业条件推荐见表 2-1。

（3）涂层刀具材料　对刀具进行涂层处理是提高刀具性能的重要途径之一。涂层刀具的出现，使刀具切削性能有了重大突破。涂层刀具是在韧性较好的刀体上涂覆一层或多层耐磨性好的难熔化合物，使刀具基体与硬质涂层相结合，从而使刀具性能大大提高。涂层刀具可以提高加工效率、提高加工精度、延长刀具使用寿命和降低加工成本。

表 2-1　切削工具用硬质合金作业条件推荐

组别	作业条件		性能提高方向	
	被加工材料	适应的加工条件	切削性能	合金性能
P01	钢、铸钢	高切削速度、小切屑截面，无振动条件下的精车、精镗	切削速度↑ ↓进给量	耐磨性↑ ↓韧性
P10	钢、铸钢	高切削速度，中、小切屑截面条件下的车削、仿形车削、车螺纹和铣削		
P20	钢、铸钢、长切屑可锻铸铁	中等切削速度、中等切屑截面条件下的车削、仿形车削和铣削、小切屑截面的刨削		
P30	钢、铸钢、长切屑可锻铸	中或低等切削速度、中等或大切屑截面条件下的车削、铣削、刨削和不利条件下① 的加工		
P40	钢、含砂眼和气孔的铸钢件	低切削速度、大切屑角、大切屑截面以及不利条件下的车削、刨削、切槽和自动机床加工		
M01	不锈钢、铁素体钢、铸钢	高切削速度、小载荷，无振动条件下的精车、精镗	切削速度↑ ↓进给量	耐磨性↑ ↓韧性
M10	不锈钢、铸钢、锰钢、合金钢、合金铸铁、可锻铸铁	中和高等切削速度，中、小切屑截面条件下的车削		
M20	不锈钢、铸钢、锰钢、合金钢、合金铸铁、可锻铸铁	中等切削速度、中等切屑截面条件下的车削、铣削		
M30	不锈钢、铸钢、锰钢、合金钢、合金铸铁、可锻铸铁	中和高等切削速度、中等或大切屑截面条件下的车削、铣削、刨削		
M40	不锈钢、铸钢、锰钢、合金钢、合金铸铁、可锻铸铁	车削、切断、强力铣削		
K01	铸铁、冷硬铸铁、短切屑可锻铸铁	车削、精车、铣削、镗削、刮削	切削速度↑ ↓进给量	耐磨性↑ ↓韧性
K10	布氏硬度高于220HBW 的铸铁、短切屑可锻铸铁	车削、铣削、镗削、刮削、拉削		
K20	布氏硬度低于220HBW 的灰铸铁、短切屑可锻铸铁	用于中等切削速度下、轻载荷粗加工、半精加工的车削、铣削、镗削等		
K30	铸铁、短切屑可锻铸铁	用于在不利条件下可能采用大切削角的车削、铣削、刨削、切槽加工，对刀片的韧性有一定的要求		
K40	铸铁、短切屑可锻铸铁	用于在不利条件下的粗加工，采用较低的切削速度和大的进给量		

（续）

组别	作业条件		性能提高方向	
	被加工材料	适应的加工条件	切削性能	合金性能
N01	有色金属、塑料、木材、玻璃	高切削速度下，有色金属铝、铜、镁，塑料、木材等非金属材料的精加工	切削速度↑ ↓进给量	耐磨性↑ ↓韧性
N10		较高切削速度下，有色金属铝、铜、镁，塑料、木材等非金属材料的精加工或半精加工		
N20	有色金属、塑料	中等切削速度下，有色金属铝、铜、镁，塑料等的半精加工或粗加工		
N30		中等切削速度下，有色金属铝、铜、镁，塑料等的粗加工		
S01	耐热和优质合金：含镍、钴、钛的各类合金材料	中等切削速度下，耐热钢和钛合金的精加工	切削速度↑ ↓进给量	耐磨性↑ ↓韧性
S10		低切削速度下，耐热钢和钛合金的半精加工或粗加工		
S20		较低切削速度下，耐热钢和钛合金的半精加工或粗加工		
S30		较低切削速度下，耐热钢和钛合金的断续切削，适于半精加工或粗加工		
H01	淬硬钢、冷硬铸铁	低切削速度下，淬硬钢、冷硬铸铁的连续轻载精加工	切削速度↑ ↓进给量	耐磨性↑ ↓韧性
H10		低切削速度下，淬硬钢、冷硬铸铁的连续轻载精加工、半精加工		
H20		较低切削速度下，淬硬钢、冷硬铸铁的连续轻载半精加工、粗加工		
H30		较低切削速度下，淬硬钢、冷硬铸铁的半精加工、粗加工		

① 不利条件是指原材料或铸造、锻造的零件表面硬度不匀，加工时的切削深度不匀，间断切削以及振动等情况。

新型数控机床所用切削刀具中有 80%左右为涂层刀具。涂层刀具将是今后数控加工领域中最重要的刀具品种。

1）涂层刀具的种类。

① 根据涂层刀具基体材料的不同，涂层刀具可分为硬质合金涂层刀具、高速钢涂层刀具以及在陶瓷和超硬材料（金刚石和立方氮化硼）上的涂层刀具等。

② 根据涂层方法不同，涂层刀具可分为化学气相沉积（CVD）涂层刀具和物理气相沉积（PVD）涂层刀具。硬质合金涂层刀具一般采用化学气相沉积法，沉积温度在 1000℃左右。高速钢涂层刀具一般采用物理气相沉积法，沉积温度在 500℃左右。

③ 根据涂层材料的性质，涂层刀具又可分为两大类，即“硬”涂层刀具和“软”涂层刀具。“硬”涂层刀具追求的主要目标是高的硬度和耐磨性，其主要优点是硬度高、耐磨性好，典型的是 TiC 涂层和 TiN 涂层。“软”涂层刀具追求的目标是低摩擦因数，也称为自润滑刀具，它与工件材料的摩擦因数很低，只有 0.1 左右，可减小粘接，减轻摩擦，减小切削力，降低切削温度。

最近开发了纳米涂层刀具。这种涂层刀具可采用多种涂层材料的不同组合（如金属/金属、金属/陶瓷、陶瓷/陶瓷等），以满足不同的功能和性能要求。设计合理的纳米涂层可使刀具材料具有优异的减摩抗磨性能和自润滑性能，适合于高速干切削。

2）涂层刀具的特点。

① 力学和切削性能好。涂层刀具将基体材料和涂层材料的优良性能结合起来，既保持了基体良好的韧性和较高的强度，又具有涂层的高硬度、高耐磨性和低摩擦因数。因此，涂层刀具的切削速度比未涂层刀具可提高 2 倍以上，并允许有较高的进给量。涂层刀具的寿命也得到了提高。

② 通用性强。涂层刀具通用性好，加工范围显著扩大，一种涂层刀具可以代替数种非涂层刀具使用。

③ 随涂层厚度的增加，刀具寿命也会增加，但当涂层厚度达到饱和时，刀具寿命不再明显增加。涂层太厚时，易引起剥离；涂层太薄时，则耐磨性差。

④ 涂层刀具重磨性差，涂层设备复杂，工艺要求高，涂层时间长。

⑤ 不同涂层材料的刀具，切削性能不一样。如低速切削时，TiC 涂层占有优势；高速切削时，TiN 较合适。

3）涂层刀具的应用。涂层刀具在数控加工领域有巨大潜力，将是今后数控加工领域中最重要的刀具品种。涂层技术已应用于立铣刀、铰刀、钻头、复合孔加工刀具、齿轮滚刀、插齿刀、剃齿刀、成形拉刀及各种机夹可转位刀片，可满足高速切削加工各种钢和铸铁、耐热合金和有色金属等材料的需要。

（4）陶瓷刀具材料　陶瓷刀具具有硬度高、耐磨性好、耐热性和化学稳定性优良等特点，且不易与金属产生粘接。陶瓷刀具在数控加工中占有十分重要的地位，已成为高速切削及难加工材料加工的主要刀具之一。陶瓷刀具广泛应用于高速切削、干切削、硬切削以及难加工材料的切削加工。陶瓷刀具可以高效加工传统刀具根本不能加工的高硬度材料，实现“以车代磨”；陶瓷刀具的最佳切削速度可以比硬质合金刀具高 2~10 倍，从而大大提高切削加工生产率；陶瓷刀具材料使用的主要原料是地壳中最丰富的元素，因此陶瓷刀具的推广应用对提高生产率、降低加工成本、节省战略性贵重金属具有十分重要的意义，也将极大地促进切削技术的进步。

1）陶瓷刀具材料的种类。陶瓷刀具材料一般可分为氧化铝基陶瓷、氮化硅基陶瓷、复合氮化硅-氧化铝基陶瓷三大类。其中以氧化铝基和氮化硅基陶瓷刀具材料应用最为广泛。氮化硅基陶瓷的性能优于氧化铝基陶瓷。

2）陶瓷刀具的性能、特点。

① 硬度高、耐磨性好。陶瓷刀具的硬度虽然不及聚晶金刚石刀具和聚晶立方氮化硼刀具高，但大大高于硬质合金刀具和高速钢刀具，可达 93~95HRA。陶瓷刀具可以加工传统刀具难以加工的高硬度材料，适合于高速切削和硬切削。

② 耐高温、耐热性好。陶瓷刀具在1200℃以上的高温下仍能进行切削。陶瓷刀具具有很好的高温力学性能，Al_2O_3 陶瓷刀具的抗氧化性能特别好，切削刃即使处于赤热状态，也能连续使用。因此，陶瓷刀具可以实现干切削，从而省去切削液。

③ 化学稳定性好。陶瓷刀具不易与金属产生粘接，且耐蚀性、化学稳定性好，可减小刀具的粘接磨损。

④ 摩擦因数低。陶瓷刀具与金属的亲和力小，摩擦因数低，可减小切削力，降低切削温度。

3）陶瓷刀具的应用。陶瓷是主要用于高速精加工和半精加工的刀具材料之一。陶瓷刀具适用于切削加工各种铸铁（灰铸铁、球墨铸铁、可锻铸铁、冷硬铸铁、高合金耐磨铸铁）和钢材（碳素结构钢、合金结构钢、高强度钢、高锰钢、淬火钢等），也可用来切削铜合金、石墨、工程塑料和复合材料。陶瓷刀具材料存在抗弯强度低、冲击韧性差等问题，不适于在低速、冲击载荷下切削。

（5）立方氮化硼刀具材料　用与制造金刚石相似的方法合成的第二种超硬材料——立方氮化硼（CBN），在硬度和热导率方面仅次于金刚石，热稳定性极好，在大气中加热至1000℃也不发生氧化。CBN对于黑色金属具有极为稳定的化学性能，可以广泛用于其制品的加工。

1）立方氮化硼刀具的种类。立方氮化硼是自然界中不存在的物质，有单晶体和多晶体之分，即单晶CBN和聚晶立方氮化硼（Polycrystalline cubic boron nitride，PCBN）。CBN是氮化硼（BN）的同素异构体之一，结构与金刚石相似。

PCBN是在高温高压下将微细的CBN材料通过结合相（TiC、TiN、Al、Ti等）烧结在一起的多晶材料，是目前利用人工合成的硬度仅次于金刚石的刀具材料，它与金刚石统称为超硬刀具材料。PCBN主要用于制作刀具或其他工具。

PCBN刀具可分为整体PCBN刀片和与硬质合金复合烧结的PCBN复合刀片。PCBN复合刀片是在强度和韧性较好的硬质合金上烧结一层0.5~1.0mm厚的PCBN而形成的，其性能兼有较好的韧性和较高的硬度及耐磨性，解决了CBN刀片抗弯强度低和焊接困难等问题。

2）立方氮化硼的主要性能、特点。立方氮化硼的硬度虽略次于金刚石，但却远远高于其他高硬度材料。CBN的突出优点是热稳定性比金刚石高得多，可达1200℃以上（金刚石为700~800℃），另一个突出优点是化学惰性大，与铁元素在1200~1300℃下也不起化学反应。立方氮化硼的主要性能特点如下：

① 高的硬度和良好的耐磨性。CBN晶体结构与金刚石相似，具有与金刚石相近的硬度和强度。PCBN特别适合于加工从前只能磨削的高硬度材料，能获得较好的工件表面质量。

② 具有很高的热稳定性。CBN的耐热性可达1400~1500℃，比金刚石的耐热性（700~800℃）几乎高一倍。PCBN刀具可用比硬质合金刀具高3~5倍的速度高速切削高温合金和淬硬钢。

③ 优良的化学稳定性。CBN与铁元素到1200~1300℃时也不起化学反应，不会像金刚石那样急剧磨损，这时它仍能保持硬质合金的硬度；PCBN刀具适合于切削淬火钢和冷硬铸铁，可广泛应用于铸铁的高速切削。

④ 具有较好的导热性。CBN的导热性虽然赶不上金刚石，但是在各类刀具材料中PCBN的导热性仅次于金刚石，大大高于高速钢和硬质合金。

⑤ 具有较小的摩擦因数。小的摩擦因数可使切削时切削力减小，切削温度降低，加工表面质量提高。

3）立方氮化硼刀具的应用。立方氮化硼适于用来精加工各种淬火钢、硬铸铁、高温合金、硬质合金、表面喷涂材料等难切削材料，加工尺寸公差等级可达 IT5（孔为 IT6），表面粗糙度 *Ra* 值可小至 1.25~0.20μm。立方氮化硼刀具材料的韧性较差，抗弯强度较低。因此，立方氮化硼车刀不宜用于低速、冲击载荷大的粗加工；同时不适合切削塑性大的材料（如铝合金、铜合金、镍基合金、塑性大的钢等），因为切削这些金属时会产生严重的积屑瘤，从而使加工表面恶化。

（6）金刚石刀具材料　金刚石是碳的同素异构体，是自然界已经发现的最硬的一种材料。金刚石刀具具有高硬度、良好的耐磨性和导热性，在有色金属和非金属材料加工中得到了广泛的应用。尤其是在铝和硅铝合金的高速切削加工中，金刚石刀具是难以替代的主要切削刀具品种。金刚石刀具可实现高效率、高稳定性、长寿命加工，是现代数控加工中不可缺少的重要刀具。

1）金刚石刀具的种类。

① 天然金刚石刀具。天然金刚石作为切削刀具已有上百年的历史了，天然单晶金刚石刀具经过精细研磨，刃口能磨得极其锋利，刃口半径可达 0.002μm，能实现超薄切削，可以获得极高的工件精度和极小的表面粗糙度值，是公认的、理想的和不能代替的超精密加工刀具。

② 聚晶金刚石刀具。天然金刚石价格昂贵，广泛应用于切削加工的还是聚晶金刚石（PCD）。自 20 世纪 70 年代初，采用高温高压合成技术制备的聚晶金刚石（Polycrystauine diamond，PCD）刀片研制成功以后，在很多场合下天然金刚石刀具已经被人造聚晶金刚石所代替。PCD 原料来源丰富，其价格只有天然金刚石的几十分之一至十几分之一。

PCD 刀具无法磨出极其锋利的刃口，加工的工件表面质量也不如天然金刚石，现在工业中还不能方便地制造带有断屑槽的 PCD 刀片。因此，PCD 只能用于有色金属和非金属的精加工，很难用于超精密镜面切削。

③ CVD 金刚石刀具。自 20 世纪 70 年代末至 80 年代初，CVD 金刚石技术在日本出现。CVD 金刚石是指用化学气相沉积法（CVD）在异质基体（如硬质合金、陶瓷等）上合成金刚石膜。CVD 金刚石具有与天然金刚石完全相同的结构和特性，性能也很接近，兼有天然单晶金刚石和聚晶金刚石（PCD）的优点，在一定程度上又克服了它们的不足。

2）金刚石刀具的性能特点。

① 极高的硬度和良好的耐磨性。天然金刚石是自然界已经发现的最硬的物质。金刚石具有极高的耐磨性，加工高硬度材料时，金刚石刀具的寿命为硬质合金刀具的 10~100 倍，甚至高达几百倍。

② 很小的摩擦因数。金刚石与一些有色金属之间的摩擦因数比其他刀具都小。摩擦因数小，加工时变形小，可减小切削力。

③ 切削刃非常锋利。金刚石刀具的切削刃可以磨得非常锋利，天然单晶金刚石刀具的刃口半径可小至 0.002~0.008μm，能进行超薄切削和超精密加工。

④ 很好的导热性。金刚石的热导率及热扩散率高，切削热容易散出，刀具切削部分温度低。

⑤ 较低的热胀系数。金刚石的热胀系数比硬质合金小很多，由切削热引起的刀具尺寸的变化很小，这对尺寸精度要求很高的精密和超精密加工来说尤为重要。

3）金刚石刀具的应用。金刚石刀具多用于在高速下对有色金属及非金属材料进行精细切削及镗孔，适合加工各种耐磨非金属，如玻璃钢粉末冶金毛坯、陶瓷材料等；各种耐磨有色金属，如各种硅铝合金、有色金属的光整加工。

金刚石刀具的不足之处是热稳定性较差，当切削温度超过 700℃时，就会完全失去其硬度；此外，它不适于切削黑色金属，因为金刚石（碳）在高温下容易与铁原子作用，使碳原子转化为石墨结构，刀具极易损坏。

3. 数控加工刀具材料的选用原则

目前广泛应用的数控刀具主要有金刚石刀具、立方氮化硼刀具、陶瓷刀具、涂层刀具、硬质合金刀具和高速钢刀具等。刀具材料的牌号多，其性能相差很大。各种刀具材料的主要性能指标见表 2-2。

表 2-2 各种刀具材料的主要性能指标

刀具材料		密度/(g/cm³)	耐热温度/℃	硬度(≥)	抗弯强度/MPa(≥)	热导率/[W/(m·K)]	热胀系数/(×10⁻⁶/℃)
聚晶金刚石		3.47~3.56	700~800	9000HV	600~1100	210	3.1
聚晶立方氮化硼		3.44~3.49	1300~1500	4500HV	500~800	130	4.7
陶瓷刀具		3.1~5.0	1100~1200	91~95HRA	700~1500	15.0~38.0	7~9
常用硬质合金	P 类	9.0~14.0	900~1100	89.5~92.3HRA	700~1750	20.9~62.8	3~7.5
	K 类	14.0~15.5	800~900	88.5~92.3HRA	1350~1800	74.5~87.9	
	M 类	12.0~14.0	1000~1100	88.9~92.3HRA	1200~1800		
高速钢		8.0~8.8	600~700	62~70HRC	2000~4500	15.0~30.0	8~12

数控加工用刀具材料必须根据所加工的工件和加工性质来选择。刀具材料的选用应与加工对象合理匹配。刀具材料与加工对象的匹配主要指两者的力学性能、物理性能和化学性能相匹配，以获得最长的刀具寿命和最大的切削加工生产率。

（1）刀具材料与加工对象的力学性能匹配　刀具材料与加工对象的力学性能匹配问题主要是指刀具材料与工件材料的强度、韧度和硬度等力学性能参数要相匹配。具有不同力学性能的刀具材料所适合加工的工件材料有所不同。

1）刀具材料硬度大小顺序：金刚石>立方氮化硼>陶瓷>硬质合金>高速钢。

2）刀具材料的抗弯强度大小顺序：高速钢>硬质合金>陶瓷>金刚石和立方氮化硼。

3）刀具材料的韧度大小顺序：高速钢>硬质合金>立方氮化硼、金刚石和陶瓷。

高硬度的工件材料，必须用更高硬度的刀具来加工。刀具材料的硬度必须高于工件材料的硬度，且一般要求在 60HRC 以上。刀具材料的硬度越高，其耐磨性就越好。如硬质合金中含钴量增多时，其强度和韧度增加，硬度降低，适合于粗加工；含钴量减少时，其硬度及耐磨性增加，适合于精加工。

具有优良高温力学性能的刀具尤其适合于高速切削加工。陶瓷刀具优良的高温性能使其能够以高的速度进行切削，允许的切削速度可比硬质合金提高 2~10 倍。

（2）刀具材料与加工对象的物理性能匹配　具有不同物理性能的刀具，如高热导率和低熔点的高速钢刀具、高熔点和低热胀系数的陶瓷刀具、高热导率和低热胀系数的金刚石刀具等，所适合加工的工件材料有所不同。加工导热性差的工件时，应采用导热性较好的刀具材料，以使切削热得以迅速传出而降低切削温度。金刚石由于热导率及热扩散率高，切削热容易散出，因此不会产生很大的热变形。这对尺寸精度要求很高的精密加工刀具来说尤为重要。

1）各种刀具材料的耐热温度：金刚石刀具为700～800℃、PCBN刀具为1300～1500℃、陶瓷刀具为1100～1200℃、TiC（N）基硬质合金为900～1100℃、WC基超细晶粒硬质合金为800～900℃、HSS为600～700℃。

2）各种刀具材料的热导率大小顺序：PCD>PCBN>WC基硬质合金>TiC(N)基硬质合金>HSS>Si_3N_4基陶瓷>Al_2O_3基陶瓷。

3）各种刀具材料的热胀系数大小顺序：HSS>WC基硬质合金>TiC（N）基硬质合金>Al_2O_3基陶瓷>PCBN>Si_3N_4基陶瓷>PCD。

4）各种刀具材料的抗热振性大小顺序：HSS>WC基硬质合金>Si_3N_4基陶瓷>PCBN>PCD>TiC（N）基硬质合金>Al_2O_3基陶瓷。

（3）刀具材料与加工对象的化学性能匹配　刀具材料与加工对象的化学性能匹配问题主要是指刀具材料与工件材料化学亲和性、化学反应、扩散和溶解等化学性能参数要相匹配。具有不同化学性能的刀具材料所适合加工的工件材料有所不同。

1）各种刀具材料抗粘接（与钢）温度高低顺序：PCBN>陶瓷>硬质合金>HSS。

2）各种刀具材料抗氧化温度高低顺序：陶瓷>PCBN>硬质合金>金刚石>HSS。

3）各种刀具材料的扩散强度大小顺序：对钢铁时，金刚石>Si_3N_4基陶瓷>PCBN>Al_2O_3基陶瓷；对钛时，Al_2O_3基陶瓷>PCBN>SiC>Si_3N_4基陶瓷>金刚石。

（4）数控刀具材料的合理选择　一般而言，PCBN刀具、陶瓷刀具、涂层硬质合金刀具及TiC(N)基硬质合金刀具适合于钢铁等黑色金属的数控加工；而PCD刀具适合于Al、Mg、Cu等有色金属材料及其合金和非金属材料的加工。表2-3列出了上述刀具材料所适合加工的一些工件材料。表2-4列出了硬质合金刀具选用与切削用量的关系。

表2-3　刀具材料所适合加工的一些工件材料

刀具材料	高硬钢	耐热合金	钛合金	镍基高温合金	铸铁	纯钢	高硅铝合金	纤维增强复合材料(FRP)
PCD	×	×	◎	×	×	×	◎	◎
PCBN	◎	◎	○	◎	◎	●	●	●
陶瓷	◎	◎	×	◎	◎	●	×	×
涂层硬质合金	○	◎	◎	●	◎	◎	●	●
TiC(N)基硬合金	●	×	×	×	◎	●	×	×

注：符号含义是，◎—优，○—良，●—尚可，×—不合适。

4. 数控加工刀具的选用原则与影响因素

（1）数控加工刀具的选用原则

1）尽可能选择大的刀杆横截面尺寸，较短的长度可提高刀具的强度和刚度，减小刀具振动。

表 2-4　硬质合金刀具选用与切削用量的关系

P、K、M 类硬质合金切削用量的选择规律					
P 类	P01	P10	P20	P30	P40
K 类	K01	K10	K20	K30	K40
M 类	M01	M10	M20	M30	M40
进给量	→				
背吃刀量	→				
切削速度	←				

2）选择较大的主偏角（大于 75°，接近 90°）；粗加工时选用负刃倾角刀具，精加工时选用正刃倾角刀具。

3）精加工时选用无涂层刀片及小的刀尖圆弧半径。

4）尽可能选择标准化、系统化刀具。

5）选择正确的、快速装夹的刀杆刀柄。

（2）数控加工刀具选用的影响因素　在选择刀具的角度时，需要考虑多种因素的影响，如工件材料、刀具材料、加工性质（粗、精加工）等，必须根据具体情况合理选择。通常讲的刀具角度是指制造和测量用的标注角度。在实际工作时，由于刀具的安装位置不同和切削运动方向的改变，实际工作的角度和标注的角度有所不同，但通常相差很小。

制造刀具的材料必须具有很高的高温硬度和很好耐磨性，必要的抗弯强度、冲击韧度和化学惰性，以及良好的工艺性（切削加工、锻造和热处理等），并不易变形。

通常当材料硬度高时，耐磨性也好；抗弯强度高时，冲击韧度也高。但材料硬度越高，其抗弯强度和冲击韧度就越低。高速钢由于具有很高的抗弯强度和冲击韧度，以及良好的切削加工性能，因此在现代仍是应用最广的刀具材料，其次是硬质合金。

聚晶立方氮化硼适用于切削高硬度淬硬钢和硬铸铁等；聚晶金刚石适用于切削不含铁的金属，以及合金、塑料和玻璃钢等；碳素工具钢和合金工具钢现在只用作锉刀、板牙和丝锥等工具。

硬质合金可转位刀片现在都已用化学气相沉积法涂覆碳化钛、氮化钛、氧化铝硬层或复合硬层。正在发展的物理气相沉积法不仅可用于硬质合金刀具，也可用于高速钢刀具，如钻头、滚刀、丝锥和铣刀等。硬质涂层作为阻碍化学扩散和热传导的障壁，使刀具在切削时的磨损速度减慢，涂层刀片的寿命与不涂层刀片的寿命相比可提高 1~3 倍。

由于在高温、高压、高速下，以及在腐蚀性流体介质中工作的零件，采用难加工材料的越来越多，切削加工的自动化水平和对加工精度的要求就越来越高。为了适应这种情况，刀具的发展方向将是发展和应用新的刀具材料；进一步发展刀具的气相沉积涂层技术，在高韧性、高强度的基体上沉积更高硬度的涂层，以更好地解决刀具材料硬度与强度间的矛盾。

四、数控加工工序的划分

1. 基本概念

数控加工工艺过程是利用切削工具在数控机床上直接改变加工对象的形状、尺寸、表面位置、表面状态等，使其成为成品和半成品的过程。需要说明的是，数控加工工艺过程往往不是从毛坯到成品的整个工艺过程，而仅是几道数控加工工序工艺过程的具体描述。而数控加工工艺是采用数控机床加工零件时所运用各种方法和技术手段的总和，应用于整个数控加工工艺过程。数控加工工艺是伴随着数控机床的产生、发展而逐步完善起来的一种应用技术，它是人们对大量数控加工实践的总结。

数控加工工艺是数控编程的前提和依据，没有符合实际的、科学合理的数控加工工艺，就不可能有真正可行的数控加工程序。而数控编程就是将制订的数控加工工艺内容程序化。

数控加工工艺过程是由一个或若干个顺序排列的工序组成的，而工序又可分为安装、工位、工步和走刀。

工序是指一个或一组工人，在一个工作地对同一个或同时对几个工件所连续完成的那一部分工艺过程。划分工序的主要依据是工作地是否变动和工作是否连续。工序是工艺过程的基本单元，也是制订劳动定额、配备设备、安排工人、制订生产计划和进行成本核算的基本单元。

安装是指工件经一次装夹后所完成的那一部分工序。在一道工序中，工件可能被装夹一次或多次才能完成加工。在工件加工中，应尽量减少装夹次数，因为多一次装夹，既会增加装夹时间，还会增加装夹误差。

工位是指为了完成一定的工序部分，一次装夹工件后，工件与夹具或设备的可动部分一起相对刀具或设备的固定部分所占据的每一个位置。为了减少工件的装夹次数，常采用各种回转工作台、回转夹具或移动夹具，使工件在一次装夹中先后处于几个不同的加工位置。

工步是指在加工表面和加工工具不变的情况下，所连续完成的那一部分工序内容。划分工步的依据是加工表面和加工工具是否变化。为简化工艺文件，对在一次安装中连续进行的若干个相同的工步，通常都看作一个工步。在数控加工中，有时将在一次安装中用一把刀具连续切削零件上的多个表面划分为一个工步。一道工序可包括几个工步，也可以只有一个工步。

走刀是指在一个工步内，若被加工表面需切去的金属层很厚，就可分几次切削，每切削一次为一次走刀。一个工步可以包括一次或数次走刀。

2. 数控加工工序划分的原则

数控加工工序划分通常需要遵循以下原则：

1）工序集中的原则。

2）先粗后精的原则。

3）基准先行的原则。

4）先面后孔的原则。

3. 数控加工工序划分的方法

具体划分数控加工工序时可按照以下几种方法进行。

（1）按加工设备划分　按数控加工设备的种类和数控加工内容的不同划分工序，有利于在数控加工中根据数控加工内容的不同合理地选择数控加工设备，提高数控设备的利用率和生产率，同时可减少装夹次数，减少不必要的定位误差，缩短加工时间。

（2）按粗、精加工方式划分　根据零件的加工精度、刚度和变形等因素，对于需要进行粗加工、半精加工和精加工的零件，先全部进行粗加工、半精加工，最后再进行精加工，即划分为粗加工工序、半精加工工序和精加工工序。考虑粗加工时零件产生的变形较大，需要一定的时间来恢复，在粗加工之后一般不能紧接着安排精加工，而是先加工其他的加工面，最后再安排一次精加工，如果有必要，还可以在粗、精加工之间安排一次半精加工。只有当工艺系统的刚度足够、数控机床的精度能满足零件的加工要求时，才考虑粗、精加工一次完成。

（3）按所用刀具划分工序　为了减少换刀次数、缩短空行程时间和减少不必要的定位误差，可按刀具集中工序的方法加工零件，即在一次装夹中，尽可能用同一把刀具加工出可能加工的所有部位，然后换另一把刀具加工其他部位。

五、数控加工方法的选择

数控加工方法的选择应以满足加工精度和表面粗糙度要求为原则。由于获得同一级加工精度及表面粗糙度的加工方法一般有许多，在实际选择时，要结合零件的形状、尺寸和热处理要求等全面考虑。

例如，加工尺寸公差等级为 IT7 的孔，采用镗削、铰削和磨削等加工方法均可达到要求，如果加工箱体类零件的孔，一般采用镗削或铰削，而不宜采用磨削加工。一般小尺寸箱体孔选择铰孔，当孔径较大时则应选择镗孔。此外还应考虑生产率和经济性的要求，以及生产设备的实际情况。

表 2-5 为孔加工精度与加工方法之间的关系。图 2-6 所示为常见表面的加工方法与加工精度之间的关系。详细内容可查阅有关工艺手册。

表 2-5　孔加工精度与加工方法之间的关系（孔长度不大于直径的 5 倍）

孔的尺寸公差代号	孔的毛坯性质	
	在实体材料上加工孔	预先铸出或冲出的孔
H13、H12	一次钻孔	用扩孔钻钻孔或镗刀镗孔
H11	孔径不大于 10mm：一次钻孔 孔径为 10~30mm：钻孔及扩孔 孔径为 30~80mm：钻孔、扩孔，或钻、扩、镗孔	孔径不大于 80mm：粗扩、精扩，或用镗刀粗镗、精镗，或根据余量一次镗孔或扩孔
H10 H9	孔径不大于 10mm：钻孔及铰孔 孔径为 10~30mm：钻孔、扩孔及铰孔 孔径为 30~80mm：钻孔、扩孔、铰孔，或钻、镗、铰（或镗）孔	孔径不大于 80mm：用镗刀粗镗（一次或两次，根据余量而定）、铰孔（或精镗）
H8 H7	孔径不大于 10mm：钻孔、扩孔、铰孔 孔径为 10~30mm：钻孔、扩孔及一次或二次铰孔 孔径为 30~80mm：钻孔、扩孔（或用镗刀分几次粗镗）及一次或二次铰孔（或粗镗）	孔径不大于 80mm：用镗刀粗镗（一次或两次，根据余量而定）及半精镗、精镗或精铰

在实际生产中，针对某个具体的加工表面选择加工方法时，一般先根据表面的加工精度和表面粗糙度要求选定最终加工方法，然后再确定精加工前的准备工序的加工方法，即确定加工方案。由于获得同一精度和同一表面粗糙度的方案有好几种，选择时还要考虑生产率和经济性，考虑零件的结构形状、尺寸大小、材料和热处理要求及工厂的生产条件等。下面分别说明选择表面加工方法时主要考虑的几个因素。

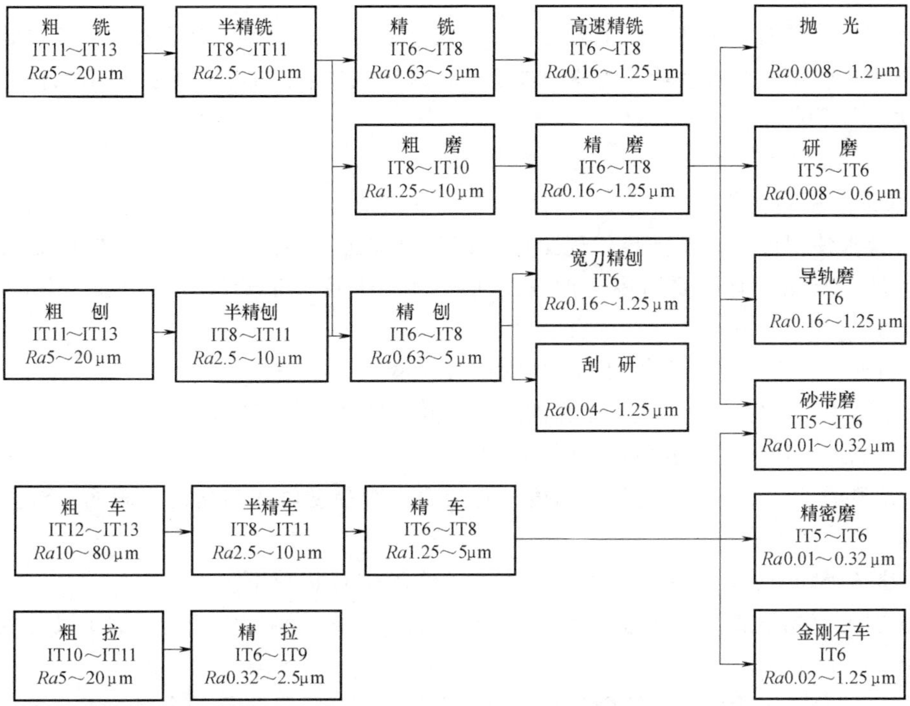

图 2-6　常见表面的加工方法与加工精度之间的关系

1. 经济精度与经济表面粗糙度

任何一种加工方法可以获得的加工精度和表面粗糙度均有一个较大的范围。例如，对精加工而言，如果在操作中选择较低的切削用量，可以获得较高的精度，但会降低生产率，增加生产成本；反之，如果选择较大的切削用量，生产率提高了，生产成本降低了，但精度也降低了。所以，对一种具体的加工方法，只有在一定的精度范围内才是经济的。这个一定范围的精度就是指在正常加工条件下（采用符合质量标准的设备、工艺装备和标准技术等级的工人、合理的加工时间）所能达到的精度，称为经济精度，相应的表面粗糙度称为经济表面粗糙度。

图 2-6 列出了常见工件表面的典型加工方法和能达到的经济精度和经济表面粗糙度（经济精度以公差等级表示）。各种加工方法所能达到的经济精度和经济表面粗糙度在机械加工的各种手册中均能查到。

2. 零件的结构形状和尺寸大小

零件的结构形状和尺寸会影响加工方法的选择。如小孔一般用铰削，而较大的孔常用铣削；箱体上的孔一般采用镗削或铰削；对于非圆的孔，应优先考虑用铣削，批量较少时可以用插削；对于难磨削的小孔，则可采用研磨。

3. 零件的材料及热处理要求

经淬火后的表面，一般应采用磨削；材料未淬硬的精密零件的配合表面，可采用刮研；对硬度低而韧性较大的金属，如铜、铝、镁铝合金等有色金属，为避免磨削时砂轮的嵌塞，一般不采用磨削加工，而采用高速精车、精铣等加工方法。

4. 生产率和经济性

对于较大的平面，铣削生产率较高，而窄长的工件宜用刨削；对于大量生产的低精度孔系，宜采用多轴钻；对批量较大的曲面加工，可采用机械靠模加工、数控加工和特种加工等加工方法。

六、数控加工顺序的安排

1. 加工阶段的划分

为了合理使用设备，安排热处理工序，使冷热加工工序配合得更好，及时发现毛坯缺陷，保证加工质量，有必要对零件的整个加工过程进行加工阶段划分。加工阶段一般可分为：

1）粗加工：主要是去除各加工面的大部分余量。

2）半精加工：完成一些次要表面的加工，并为精加工做好准备。

3）精加工：使各主要表面达到图样要求。

4）光整加工：提高工件的尺寸精度，降低表面粗糙度值或强化加工表面，对位置精度提高不大。

5）超精密加工：使加工尺寸误差和形状误差在 0.1μm 以下。

将精加工、光整加工以及超精密加工安排在后，可保证精加工和光整加工过的表面少受磕碰损坏。

注意：划分加工阶段是对整个工艺过程而言的，因而应以工件的主要加工面来分析，不应以个别表面和个别工序来判断。

2. 确定工序集中与分散的程度

工序集中是将零件加工集中在少数几道工序内完成，而每道工序所包含的加工内容却很多。其特点是工艺路线短，安装次数少，通常采用普通机床，也可采用高效设备以提高生产率。一般单件小批量生产采用工序集中。

工序分散是将零件加工分得很细，工序多，工艺路线长，而每道工序包含的加工内容却很少。其特点是可采用通用设备、专用设备和工艺装备，对工人技术水平要求低，有利于选择合理的切削用量。

3. 数控加工顺序的安排

（1）数控加工工序的安排原则

1）基准先行：为后续加工提供精基准。

2）先主后次：即以主要表面的加工方案为框架，适当穿插次要表面的加工。

3）先粗后精：有利于保证加工精度。

4）先面后孔：用平面定位加工孔，有利于安装稳定。

（2）热处理的分类及安排

1）预备热处理。其目的是改善加工性能、消除内应力和为最终热处理做好组织准备，一般安排在精加工之前，常用的方法有退火、正火、时效处理和调质等。

2）最终热处理。其目的是提高材料的强度和硬度，常用的方法有淬火、渗碳淬火、渗氮淬火等。

（3）辅助工序的安排　辅助工序一般包括检验、去飞边、倒棱边、去磁、清洗和涂防锈油等。

一般轴类零件的加工工艺路线如下：

毛坯→退火（正火、时效）→粗加工→调质→半精加工→精加工→淬火（渗碳淬火）→粗磨→渗氮淬火→精磨。

七、数控加工路线的确定

1. 加工路线的定义

加工路线是指数控机床在加工过程中刀具的刀位点相对于被加工零件的运动轨迹与方向。确定加工路线就是确定刀具运动轨迹和方向。妥善地安排加工路线，对于提高加工质量和保证零件的技术要求是非常重要的。加工路线不仅包括加工时的加工路线，还包括刀具定位、对刀、退刀和换刀等一系列过程的刀具运动路线。

2. 加工路线的确定原则

加工路线是刀具在整个加工过程中相对于工件的运动轨迹，包括了工序的内容，反映工序的顺序，是编写程序的依据之一。在确定加工路线时，主要遵循以下原则：

（1）保证零件的加工精度和表面粗糙度　在铣削加工零件轮廓时，因刀具的运动轨迹和方向不同，可分为顺铣和逆铣，其不同的加工路线所得到的零件表面质量不同。究竟采用哪种铣削方式，应视零件的加工要求、工件材料的特点以及机床刀具等具体条件综合考虑。数控机床一般采用滚珠丝杠传动，其运动间隙很小，顺铣优于逆铣，所以在精铣内外轮廓时，为了改善表面质量，应采用顺铣走刀路线的加工方案。

对于铝镁合金、钛合金和耐热合金等材料，建议采用顺铣加工，这对于减小表面粗糙度值和延长刀具寿命都有利。但如果零件毛坯为黑色金属锻件或铸件，表皮硬而且余量较大，这时粗加工采用逆铣较为有利。

（2）寻求最短加工路线，减少刀具空行程，提高加工效率　以加工图 2-7a 所示零件上的孔的加工路线为例。按照一般习惯，总是先加工均布于同一圆周上的一圈孔后，再加工另外一圈孔，如图 2-7b 所示的加工路线，这种加工路线不是最好的。若改用图 2-7c 所示的加工路线，则可减少空刀时间，节省定位时间，提高加工效率。这两种方案中，图 2-7b 所示方案比图 2-7c 所示方案差。

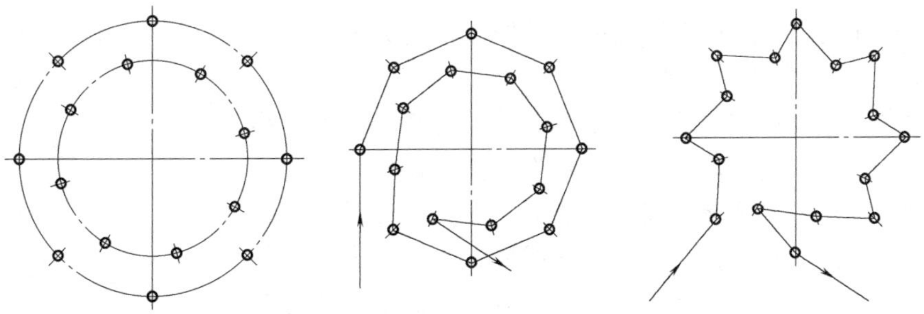

a)　　b)　　c)

图 2-7　最短加工路线的设计

（3）最终轮廓一次连续走刀完成　为保证工件轮廓表面加工后的表面粗糙度要求，最终轮廓应安排在最后一次走刀中连续加工出来。比如型腔的切削，通常分两步完成，第一步粗加工切内腔，第二步精加工切轮廓。粗加工尽量采用大直径的刀具以获得较高的加工效率，但对于形状复杂的二维型腔，若采用大直径的刀具将产生大量的欠切削区域，不便后续加工，而采用小直径的刀具又会降低加工效率。因此，采用大直径刀具还是小直径刀具视具体情况而定；精加工的刀具则主要取决于内轮廓的最小曲率半径。图 2-8a 所示为用行切法加工内腔的走刀路线，这种走刀路线能切除内腔中的全部余量，不留死角，不伤轮廓。但行切法将在两次走刀的起点和终点间留下残留高度，达不到要求的表面粗糙度。所以采用 2-8b 所示的走刀路线，先用行切法加工，最后再沿轮廓切削一周，使轮廓表面光整。图 2-8c 所示为采用环切法加工，表面粗糙度值较小，走刀路线也比行切法长。这三种方案中，图 2-8a 所示方案最差，图 2-8b 所示方案最佳。

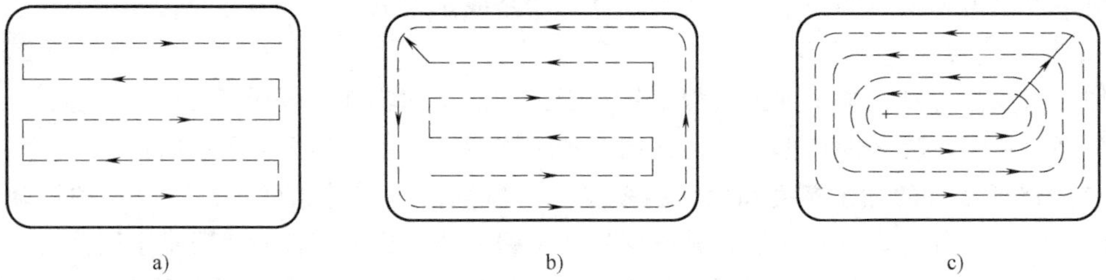

图 2-8　铣削内腔的三种走刀路线

（4）选择切入、切出方式　确定加工路线时首先应考虑切入、切出点的位置和切入、切出工件的方式。

切入、切出点的位置应尽量选在不太重要的位置或表面质量要求不高的位置，因为在切入、切出点会由于切削力的变化影响该点的加工质量。

切入、切出工件的方式有法向切入、切出，切向切入、切出和任意方向切入、切出三种方式。因为法向切入、切出在切入、切出点会留下刀痕，所以一般不用该法而推荐用切向切入、切出和任意方向切入、切出的方法。对于二维轮廓的铣削，无论是内轮廓还是外轮廓，都要求刀具从切向切入、切出，对外轮廓，一般是以直线方式切向切入、切出；而对内轮廓，一般是以圆弧方式切向切入、切出，如图 2-9 所示。

另外，应避免在工件轮廓面上垂直上、下刀而划伤工件表面；尽量减少在轮廓加工切削过程中的暂停（切削力突然变化造成弹性变形），以免留下刀痕。

（5）选择使工件在加工后变形小的路线　对横截面面积小的细长零件或薄板零件应采用分几次走刀加工到最后尺寸或对称去除余量法安排走刀路线。安排工步时，应先安排对工件刚性破坏较小的工步。此外，确定加工路线时，还要考虑工件的加工余量和机床、刀具的刚度等情况，确定是一次走刀还是多次走刀来完成加工，以及在铣削加工中是采用顺铣还是逆铣等。

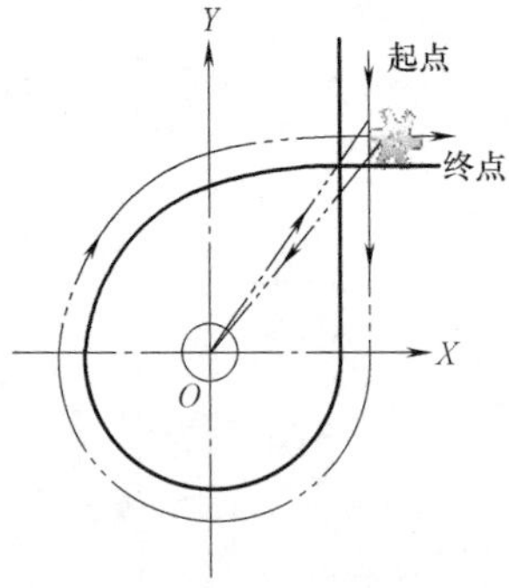

图 2-9　刀具切入和切出时的外延

八、数控加工余量

1. 加工余量的概念

加工余量泛指毛坯实体尺寸与零件（图样）尺寸之差。零件加工就是把大于零件（图样）尺寸的毛坯实体加工掉，使加工后的零件尺寸、精度、表面粗糙度均能符合图样的要求。通常要经过粗加工、半精加工和精加工才能达到最终要求。

2. 加工余量的确定

加工余量的确定应根据下列条件完成。

1）应有足够的加工余量，特别是最后的工序，加工余量应能保证达到图样上规定的精度和表面粗糙度要求。

2）应考虑加工方法、装夹方式和工艺设备的刚性，以及工件可能发生的变形。过大的加工余量反而会由于切削抗力的增加而使工件变形加大，影响加工精度。

3）应考虑零件热处理引起的变形，适当地增大加工余量，否则可能产生废品。

4）应考虑工件的大小。工件越大，由切削力、内应力引起的变形也越大，加工余量也相应增大。

5）在保证加工精度的前提下，应尽量采用最小的加工余量总和，以求缩短加工时间，降低加工费用。

九、数控加工切削用量

数控机床加工的切削用量包括背吃刀量 a_p、进给量 f 和切削速度 v_c（或主轴转速 n），其选用原则与普通机床基本相似。合理选择切削用量的原则是：粗加工时，以提高劳动生产率为主，选用较大的切削用量；半精加工和精加工时，选用较小的切削用量，以保证工件的加工质量。

1. 背吃刀量

背吃刀量通常是根据加工余量确定的。

1）在粗加工时，在机床功率和工艺系统刚度允许的条件下，背吃刀量尽可能取大些，一次走刀切除全部加工余量。

2）下列情况可分几次走刀：

① 加工余量太大，一次走刀切削力太大，会产生机床功率不足或工艺系统刚度不足时。

② 工艺系统刚度不足或加工余量极不均匀，引起很大振动时，如加工细长轴或薄壁工件。

③ 断续切削，刀具受到很大的冲击而造成打刀时。

在上述情况下，如果分多次走刀，第一次走刀的背吃刀量 a_p 也应较大。一般情况是根据最后的加工要求，先留出半精加工和精加工的余量后，视情况确定走刀次数和 a_p 值。通常在半精加工时，$a_p=0.5\sim2\text{mm}$；在精加工时，$a_p=0.1\sim0.4\text{mm}$。

3）切削表层有硬皮的铸锻件或切削不锈钢等冷硬较严重的材料时，应尽量使背吃刀量超过硬皮或冷硬层厚度，以防切削刃过早磨损或破损。

2. 进给量

粗加工时，对工件表面质量没有太高要求，这时切削力往往很大，合理的进给量应是工艺系统所能承受的最大进给量。这一进给量要受到下列因素的限制：机床进给机构的强度、刀杆的强度和刚度、刀片的强度及工件的装夹刚度等。表 2-6 是硬质合金及高速钢车刀粗车外圆和端面时的进给量。表 2-7 是按表面粗糙度选择进给量的参考。

精加工时，最大进给量主要受加工精度和表面粗糙度的限制。

然而，按经验确定的粗车进给量在一些特殊情况下，如切削力很大、工件长径比很大、刀杆伸出长度很大时，有时还需对选定的进给量进行修正。

表 2-6 硬质合金及高速钢车刀粗车外圆和端面时的进给量

加工材料	车刀刀杆截面尺寸(B/mm)×(H/mm)	工件直径/mm	背吃刀量 a_p/mm				
			≤3	>3~5	>5~8	>8~12	>12
			进给量 f/(mm/r)				
碳素结构钢和合金结构钢	16×25	20	0.3~0.4	—	—	—	—
		40	0.4~0.5	0.3~0.4	—	—	—
		60	0.5~0.7	0.4~0.6	0.3~0.5	—	—
		100	0.6~0.9	0.5~0.7	0.5~0.6	0.4~0.5	—
		400	0.8~1.2	0.7~1.0	0.6~0.8	0.5~0.6	—
	20×30 25×25	20	0.3~0.4	—	—	—	—
		40	0.4~0.5	0.3~0.4	—	—	—
		60	0.6~0.7	0.5~0.7	0.4~0.6	—	—
		100	0.8~1.0	0.7~0.9	0.5~0.7	0.4~0.7	—
		600	1.2~1.4	1.0~1.2	0.8~1.0	0.6~0.9	0.4~0.6
铸铁及铜合金	16×25	40	0.4~0.5	—	—	—	—
		60	0.6~0.8	0.5~0.8	0.4~0.6	—	—
		100	0.8~1.2	0.7~1.0	0.6~0.8	0.5~0.7	—
		400	1.0~1.4	1.0~1.2	0.8~1.0	0.6~0.8	—
	20×30 25×25	40	0.4~0.5	—	—	—	—
		60	0.6~0.9	0.5~0.8	0.4~0.7	—	—
		100	0.9~1.3	0.8~1.2	0.7~1.0	0.5~0.8	—
		600	1.2~1.8	1.2~1.6	1.0~1.3	0.9~1.1	0.7~0.9

表 2-7 按表面粗糙度选择进给量的参考

工件材料	表面粗糙度值 Ra/μm	切削速度范围/(m/min)	刀尖圆弧半径 r_ε/mm		
			0.5	1.0	2.0
			进给量 f/(mm/r)		
铸铁、青铜、铝合金	10~5	不限	0.25~0.40	0.40~0.50	0.50~0.60
	5~2.5		0.15~0.20	0.25~0.40	0.40~0.60
	2.5~1.25		0.10~0.15	0.15~0.20	0.20~0.35
碳钢及合金钢	10~5	<50	0.30~0.50	0.45~0.60	0.55~0.70
		≥50	0.40~0.55	0.55~0.65	0.65~0.70
	5~2.5	<50	0.18~0.25	0.25~0.30	0.30~0.40
		≥50	0.25~0.30	0.30~0.35	0.35~0.50
	2.5~1.25	<50	0.10	0.11~0.15	0.15~0.22
		50~100	0.11~0.16	0.16~0.25	0.25~0.35
		>100	0.16~0.20	0.20~0.25	0.25~0.35

3. 切削速度

根据已选定的背吃刀量 a_p、进给量 f 及刀具寿命 T 就可按下列公式计算切削速度 v_c 和机床主轴转速 n。即

$$v_c=\frac{C_v}{T^m a_p^{x_v} f^{y_v}}K_v$$

式中　v_c——切削速度（m/min）；

T——刀具寿命（min）；

m——刀具寿命指数；

C_v——切削速度系数；

x_v、y_v——背吃刀量、进给量对 v_c 影响的指数；

K_v——切削速度修正系数。

上述 C_v、x_v、y_v 的值见表 2-8，加工其他材料和用其他切削加工方法加工时的系数及指数可由切削用量手册查出。

表 2-8　外圆车削时切削速度公式中的系数和指数

工件材料	刀具材料	进给量 f/(mm/r)	公式中的系数和指数			
			C_v	x_v	y_v	m
碳素结构钢	P 类硬质合金	≤0.30	291	0.15	0.20	0.20
		>0.30~0.70	242		0.35	
		>0.70	235		0.45	
	高速钢	≤0.25	67.2	0.25	0.33	0.125
		>0.25	43		0.66	
灰铸铁（190HBW）	K 类硬质合金	≤0.40	189.8	0.15	0.20	0.20
		>0.40	158		0.40	

切削速度确定后，便可计算机床主轴转速 n。即

$$n=\frac{1000v_c}{\pi d_w}$$

式中　n——机床主轴转速（r/min）；

d_w——工件待加工表面直径（mm）。

通过 v_c 的计算公式可以看出，粗加工时，a_p、f 均较大，所以 v_c 较小；精加工时，a_p、f 均较小，所以 v_c 较大。工件材料强度、硬度较高时，应选较小的 v_c；反之，应选较大的 v_c。工件材料的加工性越差，v_c 越小；刀具材料的切削性能越好，v_c 越大。此外，在选择 v_c 时，还应考虑精加工时，应尽量避免积屑瘤和鳞刺产生的区域；断续切削时，为减小冲击和热应力，宜适当降低 v_c；在易发生振动的情况下，v_c 应避开自激振动的临界速度；加工大件、细长件、薄壁件以及带硬皮的工件时，应选用较小的 v_c。

第四节　数控加工工艺规程

编写数控加工工艺文件是数控加工工艺分析结果的具体表现。这些工艺文件既是数控加工和产品验收的依据，也是操作者要遵守和执行的规程，同时还是以后产品零件加工生产在技术上的工艺资料的积累和储备。它是编程人员在编制数控加工程序单时做出的相关技术文

件。不同的数控机床和加工要求，工艺文件的内容和格式有所不同，因目前尚无统一的国家标准，各企业可根据自身特点制订出相应的工艺文件。下面介绍企业中常用的几种工艺文件。

一、工序卡片

数控加工工序卡片与普通加工工序卡片有较大的区别。数控加工一般采用工序集中原则，每个加工工序可划分为多个工步。工序卡片不仅应包含每一工步的加工内容，还应包含其程序段号、所用刀具类型及材料、刀具号、刀具补偿号及切削用量等内容。它不仅是编程人员编制程序时必须遵循的基本工艺文件，同时也是指导操作人员进行数控机床操作和加工的主要资料。不同的数控机床，数控加工工序卡片可采用不同的格式和内容。表 2-9 是数控车削加工工序卡片的一种格式。

表 2-9　数控车削加工工序卡片

零件图号		零件名称			编制日期			
程序号				编制				
工步号	工步内容	刀具			切削用量			备注
		刀具号	长度补偿地址	刀尖圆弧半径补偿地址	主轴转速/(r/min)	进给量/(mm/r)	背吃刀量/mm	

二、刀具卡片

数控加工刀具卡片主要反映数控加工中使用刀具的名称、编号、规格、长度和半径补偿值以及所用刀柄的型号等内容，它是机床操作人员准备刀具、调整机床以及设定参数的依据。表 2-10 是数控车削加工刀具卡片的一种格式。

表 2-10　数控车削加工刀具卡片

零件图号		零件名称		编制日期	
刀具清单		编制			
序号	名称	规格	刀具编号	数量	

三、量具卡片

数控加工中的量具卡片主要反映数控加工过程中使用的各种量具的名称、规格、检验精度以及数量等信息，它是机床操作人员准备量具、及时发现加工问题、保证加工质量的必要工具。表 2-11 是数控车削加工量具卡片的一种格式。

表 2-11　数控车削加工量具卡片

<table>
<tr><td>零件图号</td><td></td><td>零件名称</td><td></td><td>编制日期</td><td></td></tr>
<tr><td colspan="2">量具清单</td><td colspan="2">编制</td><td colspan="2"></td></tr>
<tr><td>序号</td><td>名称</td><td>规格</td><td>检验精度</td><td colspan="2">数量</td></tr>
<tr><td></td><td></td><td></td><td></td><td colspan="2"></td></tr>
<tr><td></td><td></td><td></td><td></td><td colspan="2"></td></tr>
<tr><td></td><td></td><td></td><td></td><td colspan="2"></td></tr>
</table>

四、数控加工走刀路线图

一般用数控加工走刀路线图来反映刀具具体的运动路线，该图应准确描述刀具从起刀点开始，直到加工结束返回结束点的全部运动轨迹。它既是程序编制的基本依据，同时也能帮助机床操作者了解刀具运动路线（如从哪里进刀、从哪里抬刀等），保证正确的装夹位置，控制夹紧元件的高度，以避免发生碰撞事故。走刀路线图一般可用统一约定的符号来表示（如用虚线表示快速进给，实线表示切削进给等），不同的机床可以采用不同的图例与格式。

五、数控加工程序单

数控加工程序单是编程人员根据工艺分析情况，经过数值计算，按照数控机床的程序格式和指令代码编制的。它是记录数控加工工艺过程、工艺参数、位移数据的清单以及手动数据输入、实现数控加工的主要依据，同时可帮助操作人员正确理解加工程序内容。不同的数控机床和不同的数控系统，数控加工程序单的格式也不同。表 2-12 是 FANUC 系统数控铣床加工程序单的一种格式。

表 2-12　FANUC 系统数控铣床加工程序单

<table>
<tr><td>零件号</td><td></td><td>零件名称</td><td></td><td>编制日期</td><td></td></tr>
<tr><td>程序号</td><td colspan="2"></td><td>编制</td><td colspan="2"></td></tr>
<tr><td>程序段号</td><td colspan="2">程序内容</td><td colspan="3">程序说明</td></tr>
<tr><td></td><td colspan="2"></td><td colspan="3"></td></tr>
<tr><td></td><td colspan="2"></td><td colspan="3"></td></tr>
<tr><td></td><td colspan="2"></td><td colspan="3"></td></tr>
<tr><td></td><td colspan="2"></td><td colspan="3"></td></tr>
<tr><td></td><td colspan="2"></td><td colspan="3"></td></tr>
</table>

第五节　数控加工编程的数学处理

根据被加工零件图样，按照已经确定的加工路线和允许的编程误差，计算刀具运动轨迹的位置数据，称为数学处理。这是编程前的主要准备工作之一，不但对手工编程来说是必不可少的工作步骤，即使采用自动编程，也经常需要先对工件的轮廓图形进行数学预处理，才能对有关几何元素进行定义。

对图形的数学处理一般包括两个方面：一方面是根据零件图给出的形状、尺寸和公差等直接通过数学方法计算出编程时所需要的有关各点的坐标值；另一方面，当按照零件图给出的条件还不能直接计算出编程时所需要的所有坐标值，也不能按零件图给出的条件直接进行工件轮廓几何要素的定义进行自动编程时，就必须根据所采用的具体工艺方法、工艺装备等加工条件，对零件原图形及有关尺寸进行必要的数学处理或改动，才能进行各点的坐标计算和编程工作。

一、编程原点的选择及尺寸换算

这里的编程原点是指编制数控加工程序时所使用的参考原点。加工程序中的字大部分是尺寸字，这些尺寸字中的数据是程序的主要内容。同一个零件，同样的加工，由于编程原点选得不同，尺寸字中的数据就不一样，所以编程之前首先要选定编程原点。从理论上讲，编程原点选在任何位置都是可以的。但实际上，为了换算尽可能简便以及尺寸较为直观，应尽可能把编程原点的位置选得合理些。

车削工件的编程原点 X 向均应取在零件的中心线上，所以编程原点的位置只在 Z 向做选择，编程原点 Z 向位置一般在工件的左端面或右端面中做选择。如果是左右对称的零件，Z 向编程原点应选在对称平面内，这样同一个程序可用于调头前后的两道加工工序。对于轮廓中有椭圆之类非圆曲线的零件，Z 向编程原点取在椭圆的对称中心，这样便于数学计算。

铣削工件的编程原点，X、Y 轴原点一般选择在设计基准或工艺基准的端面上或孔中心线上。若工件有对称部分，则应选择在对称面上，以便于利用数控系统功能简化编程。Z 向编程原点习惯于取在工件的上表面，这样刀具切入工件后的 Z 向尺寸字均为负值，离开工件表面后的 Z 向尺寸字均为正值，以便于检查程序。编程原点选定后，就应对零件图样中各点的尺寸进行换算，即把各点的尺寸换算成从编程原点开始的坐标值，并重新标注。在标注中，一般可按尺寸公差中值标注，这样在加工过程中比较容易控制尺寸公差。

二、基点与节点

1. 基点

一个零件的轮廓曲线可能由许多不同的几何要素所组成，如直线、圆弧、二次曲线等。各几何要素之间的连接点称为基点，如两条直线的交点、直线与圆弧的交点或切点、圆弧与二次曲线的交点或切点等。显然，基点坐标是编程中需要的重要数据。

现以图 2-10 所示的零件来介绍基点的计算方法。该零件轮廓由四段直线和一段圆弧组成，其中 A、B、C、D、E 即为基点。基点 A、B、D、E 的坐标值从图样尺寸中可以很容易找出。C 点是过 B 点的直线与中心为 O_2、半径为 30mm 的圆弧的切点。这个尺寸，图样上并未标注，所以要用解联立方程的方法来求出切点 C 的坐标。

求 C 点的坐标可以用下述方法，首先求出直线 BC 的方程，然后与以 O_2 为圆心的圆的方程联立求解。为了计算方便，可将坐标原点选在 B 点上。

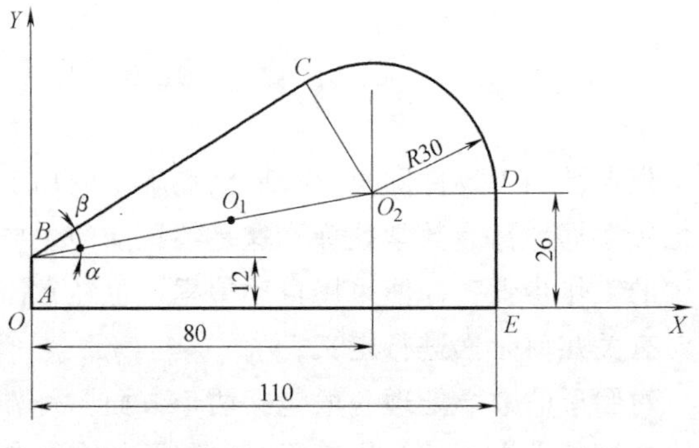

图 2-10 零件轮廓的基点

由图 2-10 可知，以 O_2 为圆心的圆的方程为

$$(X-80)^2+(Y-14)^2=30^2$$

其中，O_2 点的坐标为（80，14），可由图中尺寸直接计算出来。过 B 点的直线方程为 $Y=KX$。从图 2-10 中可以看出，$K=$

$\tan(\alpha+\beta)$。这两个角的正切值由已知尺寸可以很容易求出 $K=0.6153$。然后将两方程联立求解：

$$\begin{cases}(X-80)^2+(Y-14)^2=30^2\\ Y=0.6153X\end{cases}$$

即可求得 C 点坐标为（64.2786，39.5507）。换算成编程坐标系中的坐标为（64.2786，51.5507）。显然，C 点坐标也可以采用其他求法。

在计算时，要注意将小数点以后的位数留够。

2. 节点

当被加工零件轮廓形状与机床的插补功能不一致时，如在只有直线和圆弧插补功能的数控机床上加工椭圆、双曲线、抛物线、阿基米德螺线或用一系列坐标点表示的列表曲线时，可用直线或圆弧去逼近被加工曲线。这时，逼近线段与被加工曲线的交点就称为节点。例如，当用直线逼近图 2-11 中的曲线时，其交点 A、B、C、D、E 即为节点。

在编程时，要求计算出节点的坐标，并按节点划分程序段。节点数目的多少，由被加工曲线的特性方程（形状）、逼近线段的形状和允许的插补误差来决定。

很显然，当选用的机床数控系统具有相应几何曲线的插补功能时，编程中的数值计算最简单，只要求出基点，并按基点划分程序段就可以了。但二次曲线等的插补功能在一般数控机床上是不具备的，因此，此时就要用逼近的方法去加工，需要求各节点的坐标。

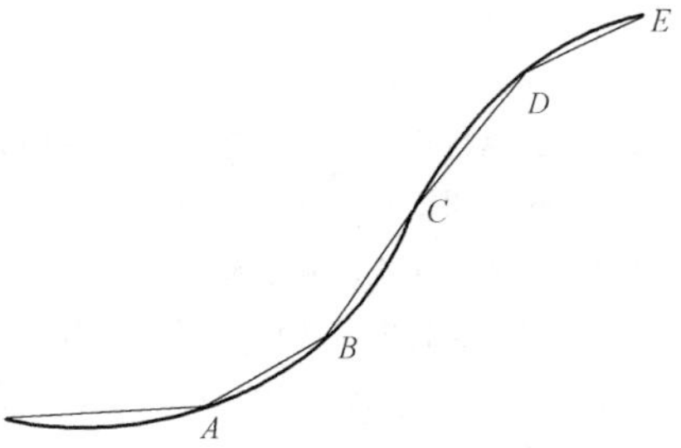

图 2-11　零件轮廓的节点

三、公差的换算

对于零件图中标注的公差，数控编程时常采用以下两种方法来处理。

1）取公差的中值计入编程尺寸。

2）将相关尺寸进行同向偏差处理，然后用数控系统提供的补偿功能解决问题。

第六节　数控加工编程误差

程序编制中的误差 $\Delta_{程}$ 是由三部分组成的，即

$$\Delta_{程}=f(\Delta_{逼},\Delta_{插},\Delta_{圆})$$

式中　$\Delta_{逼}$——采用近似计算方法逼近零件轮廓曲线时产生的误差，称为逼近误差，这种误差只出现在零件轮廓形状用列表曲线表示的情况；

$\Delta_{插}$——采用插补线段逼近零件轮廓曲线时产生的误差，称为插补误差；

$\Delta_{圆}$——进行数据处理时，将小数脉冲圆整成整数脉冲时产生的误差，称为圆整误差。

当用数控机床加工零件时，根据数控装置所具有的插补功能的不同，可用直线或圆弧去逼近零件轮廓。当用直线或圆弧逼近零件轮廓曲线时，逼近曲线与零件实际原始轮廓曲线之间的最大差值，称为插补误差。图 2-12 中的 δ 是用直线逼近零件轮廓曲线时的插补误差。

圆整误差是将脉冲值中的小数用四舍五入法圆整成整数脉冲值时所产生的误差。圆整误

差的值不超过脉冲当量的一半。

零件的数控加工，除编程误差外，还有其他误差，如控制系统误差 $\Delta_{控}$、进给误差 $\Delta_{进}$、零件定位误差 $\Delta_{定位}$、对刀误差 $\Delta_{对刀}$ 等。可见，零件数控加工误差应为上述各项误差的综合，即

$$\Delta_{加工}=f(\Delta_{程},\Delta_{控},\Delta_{进},\Delta_{定位},\Delta_{对刀}\cdots\cdots)$$

由于数控加工中，进给误差和定位误差是不可避免的误差，且在数控加工误差中占有的比例很大，因此编程误差允许占有的比例很小，一般取

$$\Delta_{程}=(1/5\sim1/10)\Delta_{加工}$$

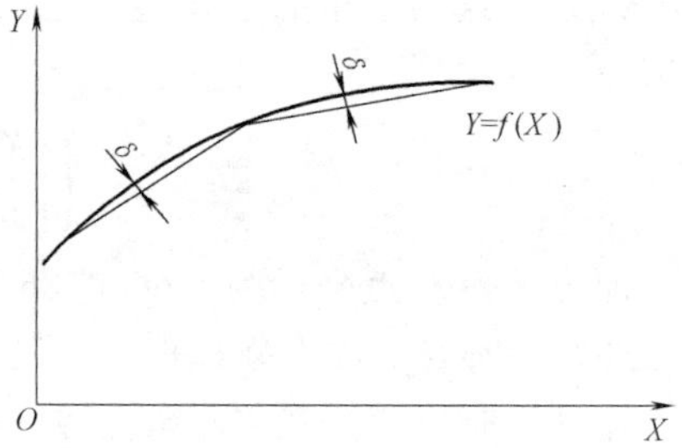

图 2-12 插补误差

要想减小编程误差，就要增加插补线段，这将增加数据计算工作量，所以，合理控制编程误差是程序编制的重要问题之一。

思 考 题

2-1 选择数控刀具通常应考虑哪些因素？

2-2 什么叫基点？什么叫节点？它们在零件轮廓上的数目如何确定？

2-3 什么是超细晶粒硬质合金刀片？它与普通硬质合金刀片相比有哪些优点？

2-4 数控设备的主要组成部分有哪些？各部分的功用是什么？

2-5 简要分析比较传统切削加工和数控加工的异同点。

2-6 常用超硬刀具材料有哪些？各有何主要特点？

2-7 试述确定切削用量三要素的基本原则。

3

第三章

数控加工编程基础

第一节 知 识 引 入

加工图 3-1 所示的零件。

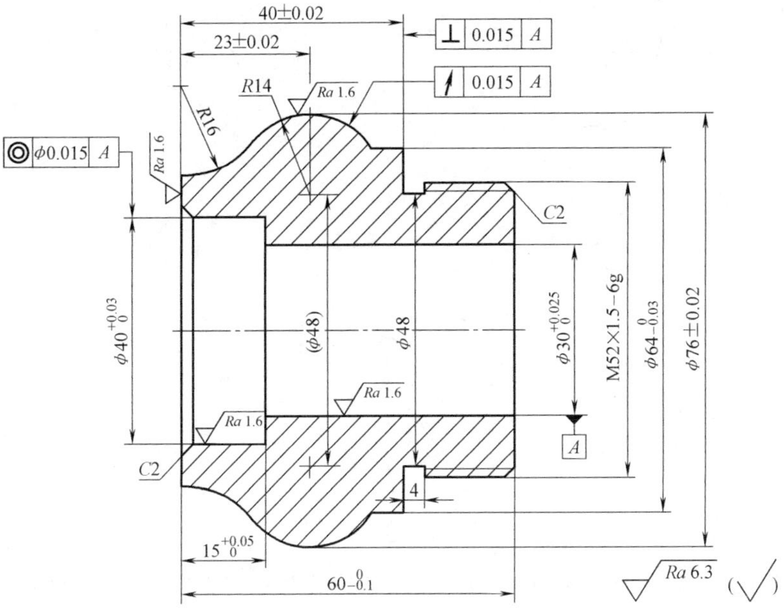

图 3-1 零件图

该零件外轮廓要求有光滑的圆弧连接，要求表面粗糙度值较小，并且几何精度要求也较高，显然需要采用数控车削加工，加工之前需要编制数控车削程序。那么该如何根据零件的要求编制合理的数控加工程序呢？本章主要就是介绍数控加工程序编制的基础知识。

第二节 数控机床程序编制的有关规定

数控加工中，对零件上某一个位置的描述是通过坐标来完成的，任何一个位置都可以参照某一个基准点，准确地用坐标描述，这个基准点常被称为坐标系原点。数控加工之前，必须建立适当的坐标系。而且数控机床用户、数控机床制造厂及数控系统生产厂也必须要有一个统一的坐标系标准。

一、数控机床坐标系的确定

1. 标准坐标系的相关规定

国际标准化组织（ISO）对数控机床的坐标和方向制定了统一的标准（ISO 841：2001），我国也同样采用了这个标准，制定了 GB/T 19660—2005《工业自动化系统与集成 机床数值控制 坐标系和运动命名》。

标准规定机床坐标系为右手坐标系，如图 3-2 所示，规定基本的直线运动坐标轴用 *X*、*Y*、*Z* 表示，围绕 *X*、*Y*、*Z* 轴旋转的圆周进给坐标轴分别用 *A*、*B*、*C* 表示。

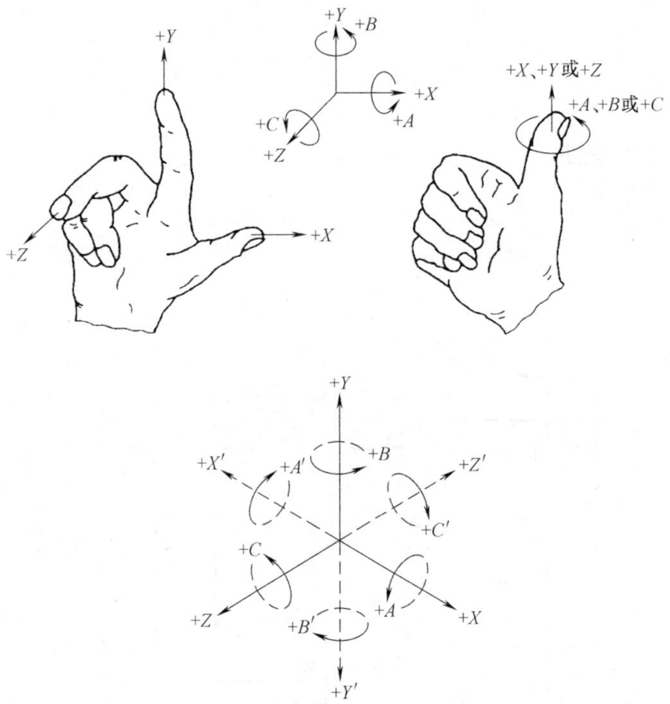

图 3-2　右手坐标系

标准规定直角坐标系的直线轴 *X*、*Y*、*Z* 三者的关系及其方向由右手定则判断，即拇指、食指、中指分别表示 *X*、*Y*、*Z* 轴及其方向，*A*、*B*、*C* 三者的正方向用右手螺旋定则判定，即分别用右手握着直线轴 *X*、*Y*、*Z*，其中拇指指向 *X*、*Y*、*Z* 的正方向，则其余四指握拳的方向分别代表回转轴 *A*、*B*、*C* 的正方向。

标准规定上面的法则适用于工件固定、刀具移动时；如果工件移动、刀具固定，则正方向相反，并加“′”表示。

这样规定之后，编程人员在编程时不必考虑在具体的机床上是工件固定还是工件移动进行的加工，而是永远假设工件固定不动、刀具移动来决定机床坐标轴的正方向。

2. 数控机床坐标轴及方向的确定

标准规定：机床某部件运动的正方向是增大工件与刀具之间距离的方向。坐标轴确定顺序：先确定 *Z* 轴，再确定 *X* 轴，最后确定 *Y* 轴。

（1）*Z* 轴　*Z* 轴是由传递主切削动力的主轴所决定的，一般平行于数控机床主轴轴线的坐标轴即为 *Z* 轴，如图 3-3a 所示，*Z* 轴的正向为刀具离开工件的方向。

如果机床上有几个主轴，则选一个垂直于工件装夹平面的主轴方向为 *Z* 轴方向，如图 3-3g 所示；如果主轴能够摆动，则选垂直于工件装夹平面的方向为 *Z* 轴方向，如图 3-3d 所示；如果机床无主轴，则选垂直于工件装夹平面的方向为 *Z* 轴方向，如图 3-3e 所示。

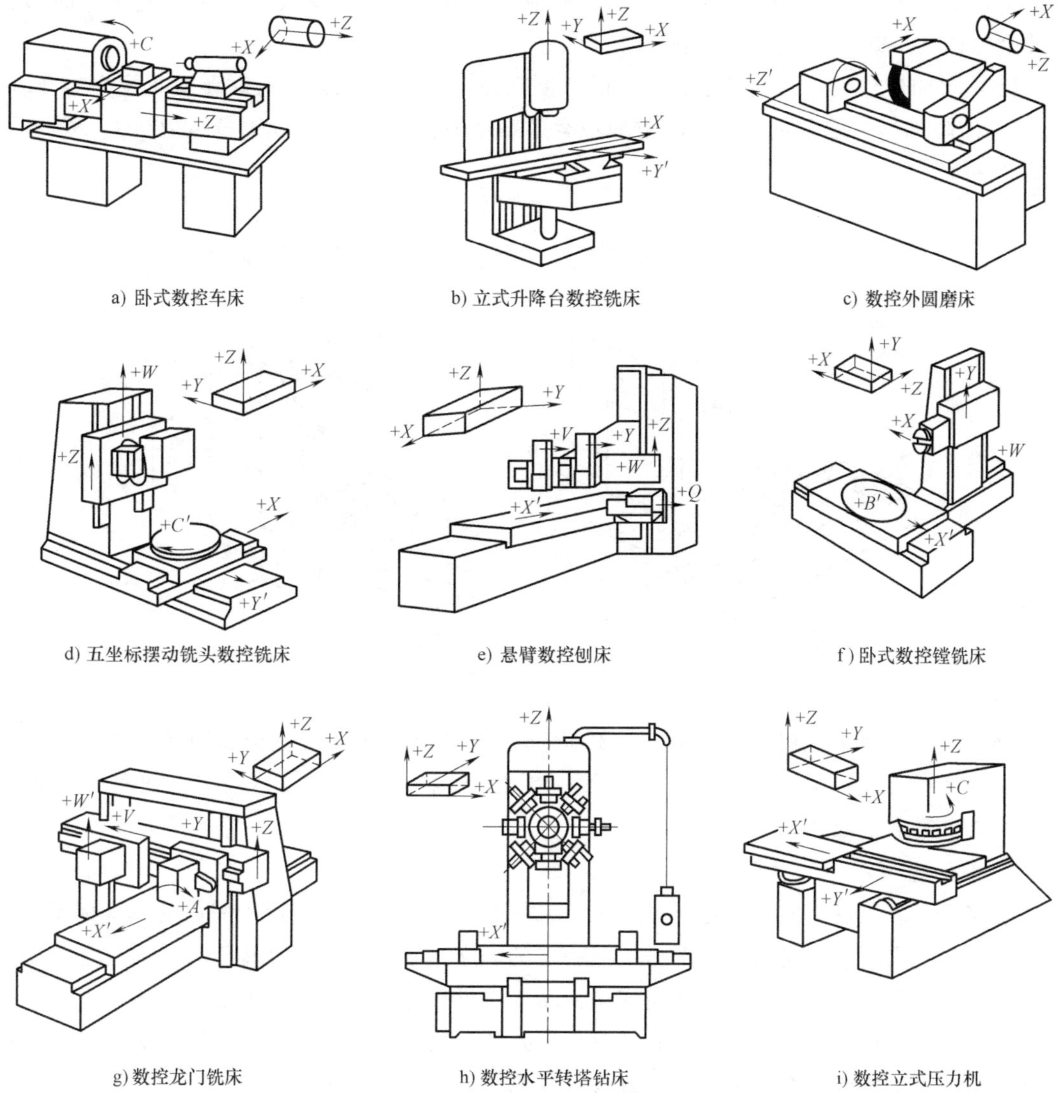

a) 卧式数控车床　b) 立式升降台数控铣床　c) 数控外圆磨床

d) 五坐标摆动铣头数控铣床　e) 悬臂数控刨床　f) 卧式数控镗铣床

g) 数控龙门铣床　h) 数控水平转塔钻床　i) 数控立式压力机

图 3-3　常见数控机床的坐标系

（2）*X* 轴　*X* 轴通常平行于工件的装夹平面，一般在水平面内。确定 *X* 轴的方向时，要考虑以下两种情况：

1）如果工件做旋转运动，*X* 轴在工件的径向，则刀具离开工件的方向为 *X* 轴的正方向，如图 3-3a 所示数控车床的 *X* 轴。

2）如果刀具做旋转运动，则又分为两种情况：①当 *Z* 轴水平时，观察者沿刀具主轴向工件看时，+*X* 运动方向指向右方，如图 3-3f 所示卧式数控镗铣床的 *X* 轴；②当 *Z* 轴垂直时，观察者面对刀具主轴向立柱看时，+*X* 运动方向指向右方，如图 3-3b 所示立式升降台数

控铣床的 X 轴。

（3）Y 轴　在确定好 X、Z 轴的正方向后，即可按照右手直角坐标系来确定 Y 轴的方向。

（4）旋转坐标　围绕 X、Y、Z 坐标轴旋转的旋转坐标轴分别用 A、B、C 表示，根据右手螺旋定则，大拇指的指向为 X、Y、Z 坐标中任意轴的正向，则其余四指的旋转方向即为旋转坐标轴 A、B、C 的正向，如图 3-2 所示。

（5）附加坐标轴　为了编程和加工的方便，在 X、Y、Z 轴以外有时还要指定平行于 X、Y、Z 轴的附加轴。通常可以采用的附加轴有第二组 U、V、W 坐标和第三组 P、Q、R 坐标，如图 3-4 所示。

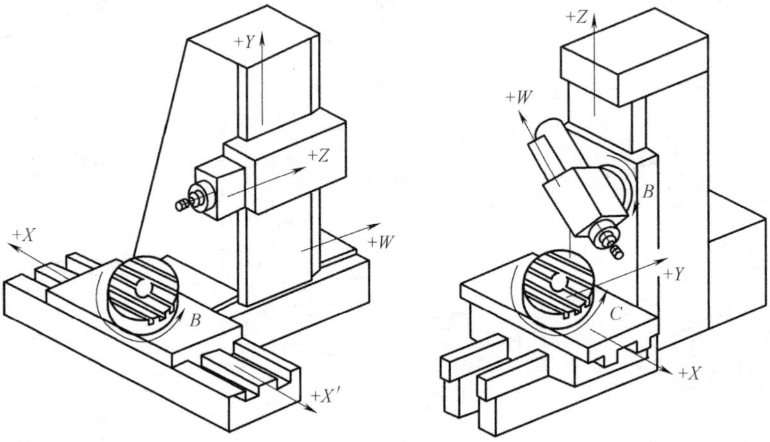

图 3-4　数控铣床的附加轴

（6）对于运动方向的规定　对于工件运动而不是刀具运动的机床，用带“′”的字母，如 X'表示工件相对于刀具的正向运动指令，如“$X=-X'$，$Y=-Y'$，$Z=-Z'$”，如图 3-4 所示。编程人员只考虑不带“′”的坐标系。

3. 机床坐标系和工件坐标系

数控机床加工零件的过程是通过机床、刀具和工件三者的协调运动完成的。坐标系正是起这种协调作用的。它能保证各部分按照一定的顺序运动而不至于互相干涉。数控加工中常用到两个坐标系和一个参考点，即机床坐标系、工件坐标系和刀具参考点。

工件安装在机床的工作台上，其相对位置是通过机床坐标系确定的，而刀具相对于工件的运动是通过工件坐标系确定的，刀具参考点则代表了刀具与工件的接触点。

（1）机床坐标系　机床坐标系是以机床原点（或零点）为基准而建立的坐标系，机床原点的位置随机床生产厂家的不同而不同，是机床设计和调整的基准点。数控机床原点一般位于每根直线移动轴行程范围的正半轴的末端，如图 3-5 和图 3-6 所示。笼统地说，数控机床有两根、三根或者更多的直线移动轴，这由机床的类型来决定。厂家为每一根直线移动轴设定了一个最大的行程范围，每一根直线移动轴的行程范围都不一样。如果操作人员操作机床超过任一直线移动轴的范围，就会发生超程错误。在机床的调整过程中，尤其是在电源打开以后，所有轴预先设置位置应该始终一致，不随日期和工件的改变而改变。这一步骤在现代机床上可以通过返回机床参考点操作来实现。

（2）工件坐标系　工件坐标系是以工件原点为基准而建立的坐标系，用于确定与机床坐标系、刀具参考点以及图样尺寸的关系，由编程人员确定。从理论上讲，工件原点的位置可以任意确定，但由于实际机床操作中的限制，只能考虑最有利于加工的可能方案，如图 3-5 和图 3-6 所示，而且工件原点的位置会直接影响工件的安装调试和加工效率。

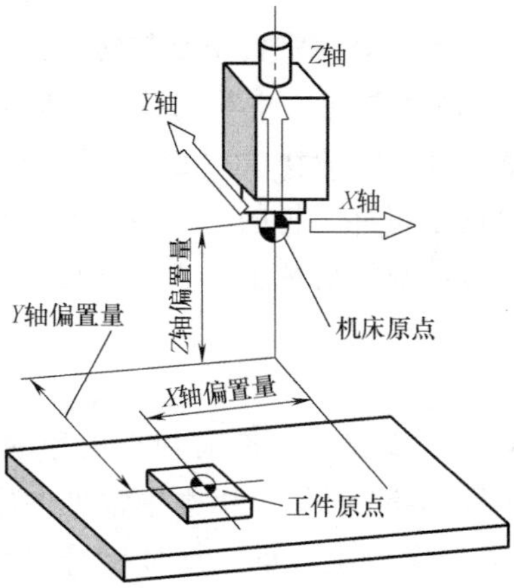

图 3-5　立式数控机床的坐标系

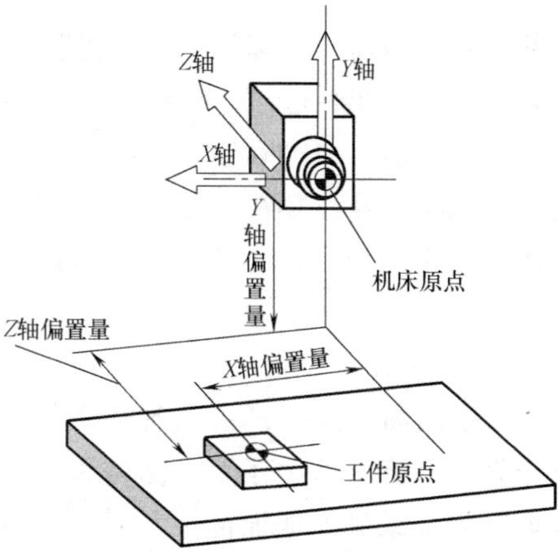

图 3-6　卧式数控机床的坐标系

二、数控程序的结构

1. 字符与代码

字符是一个关于信息交换的术语，它是用来组织、控制或表示数据的一些符号，如数字、字母、标点符号、数学运算符等。字符也是加工程序的最小组成单元。数控加工程序中常见的字符分为以下四类。

第一类是地址字符，它由 26 个英文字母组成。

例如，数控加工程序中使用的地址字符如下：

D	刀具半径补偿
F	进给速度
G	准备功能
X、Y、Z	坐标尺寸
S	主轴转速

第二类是数字和小数点字符，它由 0~9 共 10 个阿拉伯数字及一个小数点组成。

第三类是符号字符，由正号（+）和负号（-）组成。

第四类是功能字符，它由程序开始字符、结束字符、程序段结束字符、跳过程序段字符、机床控制暂停字符等组成。

数控加工程序中使用的功能字符如下：

( )	圆括弧，用于程序注释和信息
%	百分号，停止代码（程序文件的结束）
,	逗号，只用于注释中

[ ]	中括号，用于 FANUC 系统宏程序中的变量运算
;	分号，用于程序段结束符号（用于屏幕显示）
=	等号，用于 FANUC 系统宏程序中的等式
#	井号，用于 FANUC 系统变量定义
/	斜杠（左斜杠），跳过程序段字符、FANUC 系统宏程序中的除法字符
*	乘号，用于 FANUC 系统宏程序中的乘法字符

数控系统与通用计算机一样只接受二进制数字信息，所以必须把每个字符转换成 8bit 信息组合的字节（Byte）。每个字符在内存中占用一个字节内存单元。字符的编码，国际上广泛采用两种标准，即国际标准化组织（ISO）标准和美国电子工业协会（EIA）标准，它们分别称为 ISO 代码和 EIA 代码。这两种代码的区别不仅仅是每种字符的二进制八位数编码不同，而且功能的符号、含义和数量都有很大区别，在大多数数控机床上，这两种代码都可以使用。

2. 程序字及其功能

程序字的简称是字，它是数控机床的专用术语。它的定义是：一套有规定次序的字符，可以作为一个信息单元存储、传递和操作，如 X250 就是“字”。加工程序中常见的字都是由地址字符（或称为地址符）与随后的若干位十进制数字字符组成的。地址字符与后续数字字符间可加正、负号，正号可省略不写。常用的程序字按功能不同可分为七种类型，分别称为顺序号字、准备功能字、尺寸字、进给功能字、主轴转速功能字、刀具功能字和辅助功能字。

（1）顺序号字　顺序号字也叫程序段号或程序段序号。顺序号字位于程序段之首，它的地址符是 N，后续数字一般为 2~4 位。

1）顺序号的使用规则。

① 数字部分应为正整数，所以最小顺序号是 N1。

② N 与数字间、数字与数字间一般不允许有空格。

③ 顺序号的数字可以不连续使用，如第 1 段用 N1、第 2 段用 N10、第 3 段用 N15。

④ 顺序号的数字不一定要从小到大使用，如第 1 段用 N10、第 2 段用 N2。

⑤ 顺序号不是程序段的必用字。

⑥ 对于整个程序，可以每个程序段都设顺序号，也可以只在部分程序段中设顺序号。

2）顺序号的作用。

① 便于人们对程序做校对和检索修改。

② 便于在图上标注。在加工轨迹图的几何基点处标上相应程序段的顺序号。

（2）准备功能字　准备功能字的地址符是 G，所以又称为 G 功能或 G 指令。它的定义是：建立机床或控制系统工作方式的一种命令。准备功能字中的后续数字大多为两位正整数（包括 00）。不少机床此处的前置“0”允许省略，如 G4，实际是 G04。随着数控机床功能的增加，G00~G99 已不够使用，所以有些数控系统的 G 功能字中的后续数字已经使用三位数。现在国际上实际使用的 G 功能字的标准化程度较低，只有 G00~G04、G17~G19、G40~G42 等的含义在各系统基本相同；有些数控系统规定可使用几类 G 指令，用户在编程时必须遵照机床编程说明书行事，不可张冠李戴。

表 3-1 是 FANUC-0T 系统和 SINUMERIK 系统部分 G 功能字的含义对照。

表 3-1　FANUC-0T 系统和 SINUMERIK 系统常用 G 功能字含义

G 功能字	FANUC-0T 系统	SINUMERIK 系统
G00	快速移动点定位	快速移动点定位
G01	直线插补	直线插补
G02	顺时针圆弧插补	顺时针圆弧插补
G03	逆时针圆弧插补	逆时针圆弧插补
G04	暂停	暂停
G05	—	通过中间点圆弧插补
G17	*XY* 平面选择	*XY* 平面选择
G18	*ZX* 平面选择	*ZX* 平面选择
G19	*YZ* 平面选择	*YZ* 平面选择
G32	螺纹切削	—
G33	—	恒螺距螺纹切削
G40	刀具补偿注销	刀具补偿注销
G41	刀具半径补偿——左	刀具半径补偿——左
G42	刀具半径补偿——右	刀具半径补偿——右
G43	刀具长度补偿——正	—
G44	刀具长度补偿——负	—
G49	刀具长度补偿注销	—
G50	主轴最高转速限制	—
G54～G59	加工坐标系设定	零点偏置
G65	用户宏指令	—
G70	精加工循环	英制
G71	外圆粗切循环	米制
G72	端面粗切循环	—
G73	封闭切削循环	—
G74	深孔钻循环	—
G75	外径切槽循环	—
G76	复合螺纹切削循环	—
G80	撤销固定循环	撤销固定循环
G81	定点钻孔循环	固定循环
G90	绝对值编程	绝对尺寸
G91	增量值编程	增量尺寸
G92	螺纹切削循环	主轴转速极限
G94	每分钟进给量	直线进给率
G95	每转进给量	旋转进给率
G96	恒线速控制	恒线速度
G97	恒线速取消	注销 G96

(3) 尺寸字　尺寸字也叫尺寸指令或坐标尺寸。尺寸字在程序段中主要用来指令机床的运动部件到达的坐标位置，表示暂停时间等指令也列入其中。地址符用得较多的有三组。第一组是 X、Y、Z、U、V、W、R 等，主要用于指令到达点的直线坐标尺寸，有些地址例如 X 还可用于在 G04 之后指定暂停时间；第二组是 A、B、C、D、E，主要用来指令到达点的角度坐标；第三组是 I、J、K，主要用来指令零件圆弧轮廓圆心点的坐标尺寸。尺寸字中地址符的使用虽然有一定规律，但是各系统往往还有一些差别。

(4) 进给功能字　进给功能字的地址符用 F，所以又称为 F 功能或 F 指令。它的功能是指令切削的进给速度。现在一般都能使用直接指定方式，即可用 F 后的数字直接指定进给速度。对于车床，可用对应的 G 指令分为每分钟进给和每转进给两种。

F 指令在螺纹切削程序段中常用来指令螺纹的导程。

(5) 主轴转速功能字　主轴转速功能字用来指定主轴的转速，单位为 r/min，地址符使用 S，所以又称为 S 功能或 S 指令。中档以上的数控机床的主轴驱动已采用主轴控制单元，它们的转速可以直接指令，即用 S 的后续数字直接表示主轴转速。例如，要求主轴转速为 1300r/min，就指令 S1300。对于中档以上的数控车床，还有一种使切削线速度保持不变的所谓恒线速度功能。这意味着在切削过程中，如果切削部位的回转直径不断变化，那么主轴转速也要不断地做相应变化。在这种场合，程序中的 S 指令指定的是车削加工的线速度。

(6) 刀具功能字　刀具功能字用地址符 T 及其后的数字表示，所以也称为 T 功能或 T 指令。T 指令的功能含义主要是用来指定加工时用的刀具号。例如，T1 表示调用 1 号刀具进行切削加工。对于数控车床，其后的数字还兼作指定刀具长度补偿和刀尖圆弧半径补偿用。

(7) 辅助功能字　辅助功能字由地址符 M 及其后 1 位或 2 位数字组成，所以也称为 M 功能或 M 指令。与 G 指令一样，M 指令在实际使用中的标准化程度也不高。各种系统 M 代码含义的差别很大，但 M00~M05 及 M30 等的含义是一致的。随着机床数控技术的发展，两位数 M 代码已不够使用，所以当代数控机床已有不少使用三位数的 M 代码。

3. 程序段及程序格式

程序段是可作为一个单元来处理的连续字组，它实际是数控加工程序中的一句，多数程序段用来指令机床完成（执行）某一个动作。程序的主体是由若干个程序段组成的，各程序段之间用程序段结束符来分开。

(1) 程序段格式　在数控机床的发展过程中曾经用过固定顺序格式和分隔符程序段格式（也叫分隔符顺序格式）。后者用的分隔符，在 EIA 代码中是 TAB，在 ISO 代码中是 HT，这两种形式目前已经过时，现在都使用字地址可变程序段格式，又称为字地址格式。对于这种格式，程序段由若干个字组成，且上一段程序中已写明、本程序段中又不必变化的那些字仍然有效，可以不再重写。具体地说，对于模态（续效）G 指令，在前面程序段中已有时可不再重写。如下面列出某程序中的两个程序段：

N30 G01 X88.467 Z47.5 F0.4 S250 T0303 M03

N35 X75.4

这两段的程序字数相差很大。绝大多数数控系统对程序段中各类字的排列不要求有固定的顺序，即在同一程序段中各程序字的位置可以任意排列。如上述 N30 段也可写成：

N30 M03 T0303 S250 F0.4 Z47.5 X88.467 G01

当然，还有很多种排列形式，它们对数控系统是等效的。在大多数场合，为了书写、输入、检查和校对的方便，程序字在程序段中习惯按一定的顺序排列，如按 N、G、X、Y、Z、F、S、T、M 的顺序排列。

（2）加工程序的一般格式　常规加工程序由程序开始符（单列一段）、程序名（单列一段）、程序主体（若干段）、程序结束指令（一般单列一段）和程序结束符（单列一段）组成。

1）程序开始符、结束符。程序开始符、结束符是同一个字符，ISO 代码中是%，EIA 代码中是 EP，书写时要单列一段。

2）程序名。程序名位于程序主体之前、程序开始符之后，它一般独占一行。程序名有两种形式：一种是由英文字母 O 和 1~4 位正整数组成的；另一种是由英文字母开头，字母数字混合组成的。程序名用哪种形式是由数控系统决定的。

3）程序主体。程序主体是由若干个程序段组成的，每个程序段一般占一行。程序主体是数控加工所有操作信息的具体描述。

4）程序结束指令。程序结束指令可以用 M02 或 M30，一般要求单列一段。

加工程序的一般格式举例：

```
O1000;                                  // 程序名
N10 G00 G54 X50 Y30 M03 S3000;  ┐
N20 G01 X88.1 Y30.2 F500 T02 M08; ├     // 程序主体
N30 X90;                        ┘
……
N300 M30;                               // 程序结束指令
```

（3）常规加工程序的允许字长　字长是指一个程序字中包含的字符的个数。具体的数控系统对各类字的允许字长都有规定，一般情况下，可用如下形式表达：

N4 G2　X±5.3　Z±5.3　F0.3　S4　T0404 M2

其中，N 字最多能用不含小数点的 4 位数，X 字最多能用小数点前 5 位、小数点后 3 位的数据，而且可以带正、负号，其余类推。数控系统对常规加工程序中的正号可以省略。

4. 主程序和子程序

在加工过程中对于需要反复执行的动作，为简化编程可预先将其编制为子程序，在需要调用的时候在主程序中用指令 M98 实现调用，并且允许在子程序中再次调用其他子程序，如下所示：

```
主程序    O1000;
          N10 ……;
          N20 ……;
          N30 M98 P1001; (调用子程序 1001)
          ……
          N100 M98 P1002; (调用子程序 1002)
          ……
          N400 M30;
子程序 1  O1001;
```

```
        N10 ……;
        N20 ……;
        ……
        N300 M99;      (子程序 1001 返回)
子程序 2 O1002;
        N10 ……;
        N20 ……;
        ……
        N300 M99;     (子程序 1002 返回)
```

三、数控程序编制方式

数控程序的编制方法主要有两种：手工编程和自动编程。

1. 手工编程

手工编程就是从零件图样分析、确定工艺过程、数值处理、编写加工程序到程序的检验主要由人工完成。一般对几何形状不太复杂的零件，所需的加工程序不长，计算比较简单，用手工编程比较合适。手工编程的特点：耗费时间较长，容易出现错误，无法胜任复杂形状零件的编程。

2. 自动编程

自动编程是指在编程过程中，除了分析零件图样和制订工艺方案由人工进行外，其余工作均由计算机辅助完成。自动编程分为语言数控自动编程和图形数控自动编程等。目前，使用最广泛的是图形数控自动编程。图形数控自动编程是指将零件的图形信息直接输入计算机，通过自动编程软件的处理，得到数控加工程序。采用自动编程时，数学处理、编写程序、检验程序等工作是由计算机自动完成的。由于计算机可自动绘制出刀具中心运动轨迹，使编程人员可及时检查程序是否正确，需要时可及时修改，以获得正确的程序。又由于计算机自动编程代替程序编制人员完成了烦琐的数值计算，可提高编程效率几十倍乃至上百倍，因此解决了手工编程无法解决的许多复杂零件的编程难题。因而，自动编程的特点就在于编程工作效率高，可解决复杂形状零件的编程难题。

第三节　数控编程的概念内容和步骤

一、数控编程的概念

数控机床是一种高效的自动加工设备，可按照事先编制的加工程序自动地对工件进行自动加工。加工程序就是把工件的加工工艺路线、刀具的运动轨迹、切削参数以及各种辅助功能按数控机床所规定的指令代码及程序格式编写成工件加工程序，通常把这一过程叫作数控程序编制，简称数控编程。

二、数控编程的内容及步骤

一般来说，数控编程的主要内容包括分析零件图样和制订工艺方案、数值处理、编写程序、程序输入、程序校验及首件试切削，如图 3-7 所示。

1. 分析零件图样和制订工艺方案

在数控机床上加工工件时，要把被加工工件的全部工艺过程、工艺参数等预先确定好编入程序。一名合格的编程人员首先应是一名合格的工艺师，要对本企业的数控机床的性能、特点、应用，切削规范和标准工具系统非常熟悉，只有这样才能全面、周到地考虑整个工艺过程并正确合理地编制加工程序。

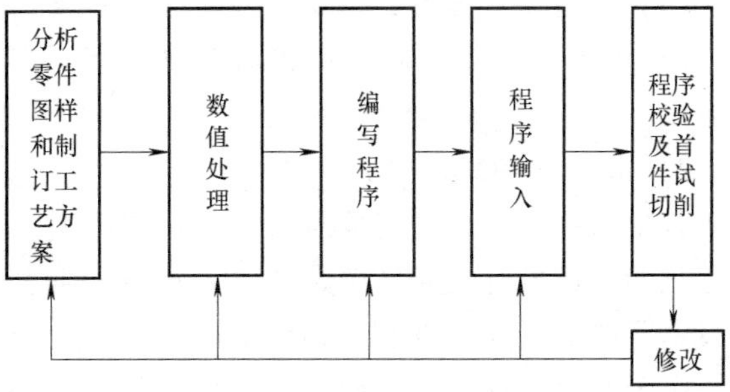

图 3-7　数控编程的内容和步骤

2. 数值处理

在确定了工艺方案后，就需要根据零件的几何尺寸、加工路线及设定的坐标系计算刀具中心运动轨迹数据。数控系统一般均具有直线插补与圆弧插补功能，对于加工由圆弧和直线组成的较简单的平面零件，只需要计算出零件轮廓上相邻几何元素交点或切点的坐标值，得出各几何元素的起点、终点、圆弧的圆心坐标值等，就能满足编程要求。当零件的几何形状比较复杂（如由非圆曲线、曲面组成），且数控系统不具有相应的高级插补功能时，除了要计算基点坐标外还要用直线或圆弧在合理的误差范围内逼近非圆曲线，计算出相应交点的坐标。这种情况需要进行较复杂的数值计算，一般需要借助计算机辅助计算。

3. 编写程序

在完成上述工艺处理及数值计算工作后，程序编制人员使用数控系统规定的功能代码及程序段格式编写程序。程序编制人员只有对数控机床的功能、程序指令及代码十分熟悉，才能编写出正确的程序。

4. 程序输入

程序输入有手动数据输入、介质输入和通信输入等方式，现代数控系统存储量较大，可存储多个零件的加工程序，可在不占用加工时间的情况下进行输入。因此，对于不太复杂零件的加工程序常采用键盘输入，这样比较方便；而对于较复杂零件的加工程序，往往通过通信方式输入。

5. 程序校验及首件试切削

程序必须经过校验才能正式使用，在有图形模拟显示功能的数控机床上用模拟刀具与工件切削过程的方法进行校验，在无图形模拟显示功能的数控机床上可用输入的程序让机床空运转以检验机床动作和运动轨迹的正确性。以上方法只能检查出机床运动的正确性，不能检查出被加工工件的加工精度，因此还要在机床上进行首件试加工。对于形状复杂、价格昂贵的工件可采用与被加工工件材料相近的材料进行试切削，通过检查试件，不仅可确认程序是否正确，还可知道加工精度是否符合要求。当发现加工的零件不符合加工技术要求时，应分析产生加工误差的原因，找出问题并修改程序后再试，直到加工出满足图样要求的零件为止。

第四节　数控编程常用指令

一、准备功能指令——G 指令

1. 工件坐标系设定指令

数控加工中常见的工件坐标系设定指令通常有两种。

(1) 预置寄存器方式设定工件坐标系指令 G92

1) 功能：通过设定刀具相对工件坐标系原点的相对位置来让数控系统识别工件坐标系。

2) 格式：G92 X __ Y __ Z __；

其中，*X*、*Y*、*Z* 的值是当前刀具位置相对于工件原点位置的值，这种方式设置的加工原点是随刀具当前位置（起始位置）的变化而变化的。该程序段运行后，就根据刀具起始点设定了加工原点，如图 3-8 所示。

由于使用 G92 指令一次只能设定一个坐标系，因此每次加工前必须先将刀具移至 G92 设定的坐标位置，而且系统每次断电后设定的坐标系会失效。G92 指令通常用在新产品试制或单件生产中。

【例 3-1】 如图 3-9 所示，用 G92 指令设定工件坐标系。

程序如下：

G92 X50 Y50 Z10；

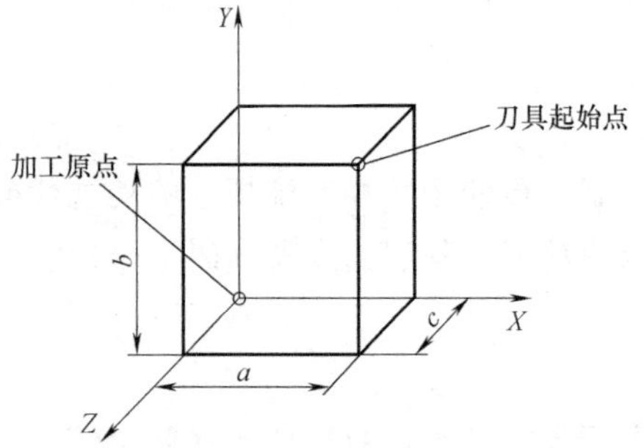

图 3-8 设定工件坐标系

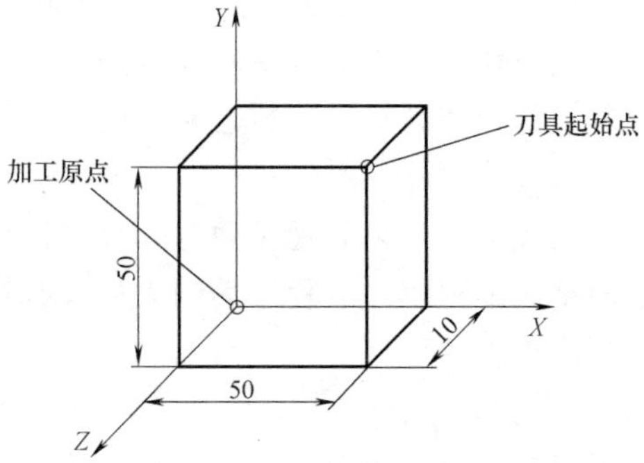

图 3-9 设定工件坐标系的应用

(2) 参数设置方式设定工件坐标系指令 G54~G59

1) 功能：可在数控机床手动数据输入（MDI）方式下通过参数设置的方式设定多个工件坐标系。

2) 格式：G54；

当 G54~G59 在加工程序中出现时，即选择了相应的工件坐标系。

对已选定的加工原点 *O*，将其坐标值 X3 = - 345.700mm，Y3 = - 196.220mm，Z3=-53.165mm 设在机床的 G54 参数中，则表明在数控系统中设定了 G54 工件加工坐标，如图 3-10 所示。

数控机床可预先设定 6 个（G54~G59）独立的工件坐标系，这些坐标系的坐标原点在机床坐标系中的值可预先存储在机床的参数中，在系统断电后不会消失。使用时只需要调用其中之一就建立了对应的工件坐标系。其后程序段中的坐标

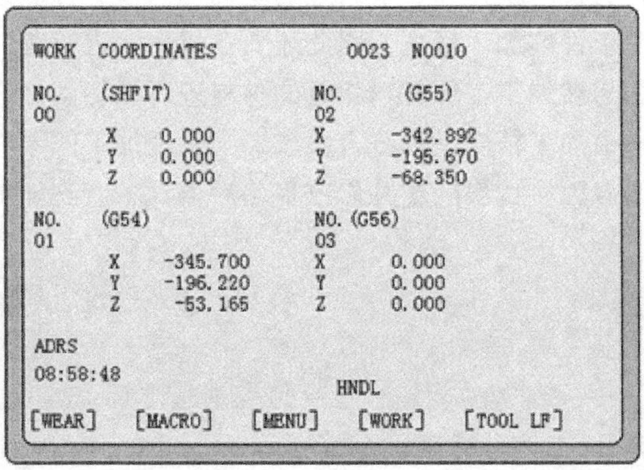

图 3-10 工件坐标系参数设置

就是在该坐标系中的坐标。

【例 3-2】 如图 3-11 所示，在 N10 程序段中的 *X*、*Y* 坐标是在 G54 坐标系中的坐标，N20 程序段中的 *X*、*Y* 坐标是在 G57 坐标系中的坐标。

N10　G00 G90 G54 X80 Y50;

……

N20　G57 X40 Y40 ;

……

2. 加工准备类指令

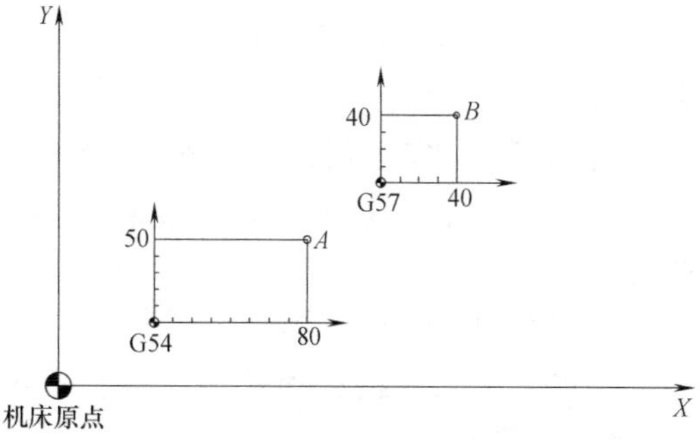

图 3-11　工件坐标系设置

（1）坐标尺寸的单位指令（G20/G21） 多数数控系统可以用准备功能字来选择坐标尺寸的单位，如 FANUC 系统可用 G21/G22 来选择米制单位或英制单位。采用米制时，一般单位为 mm，如 X100.0 指令的坐标单位为 100mm。

（2）坐标尺寸的编程方式指令（G90/G91） 在编程中常根据零件的标注采用绝对尺寸和增量尺寸两种编程方式。绝对尺寸指机床运动部件的坐标尺寸值相对于坐标原点给出，如图 3-12 所示。增量尺寸指机床运动部件的坐标尺寸值相对于前一位置给出，如图 3-13 所示。

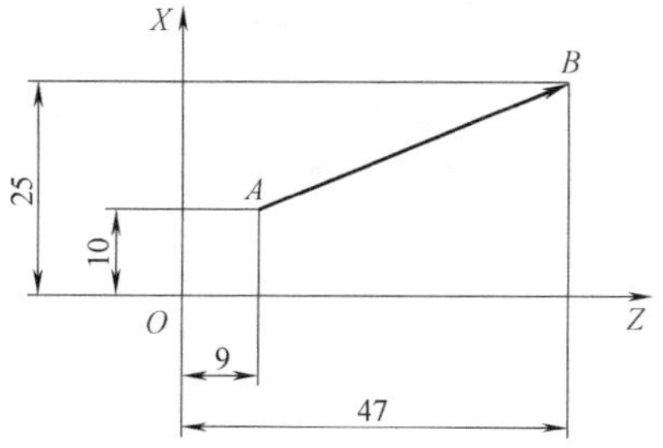

图 3-12　绝对尺寸

B 点 *X*、*Z* 的绝对坐标为（25，47）

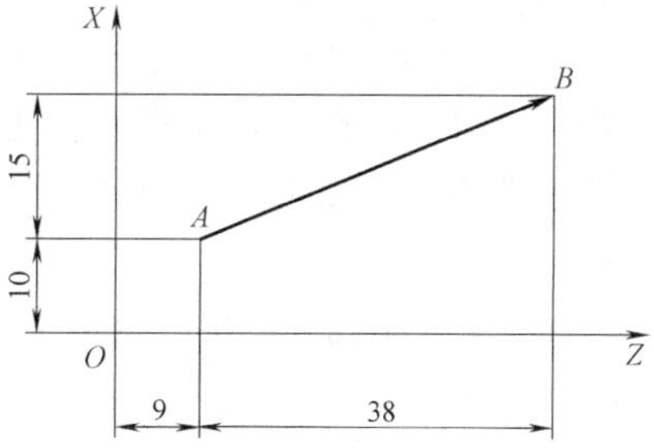

图 3-13　增量尺寸

B 点对 *A* 点的 *X*、*Z* 增量坐标为（15，38）

在程序编制中，绝对尺寸指令和增量尺寸指令有以下两种表达方法。

1）G 功能字指定。这种方式是在尺寸字 X、Z 前加 G90 或 G91 来表示是绝对尺寸还是增量尺寸。此种方式一般用于除数控车床以外的其他机床。

格式：G90　X__　Z__

　　　G91　X__　Z__

这种方式的特点：表示坐标尺寸的地址符是相同的（需根据 G90 或 G91 来判断其后的坐标是绝对坐标还是增量坐标）；同一程序段中只能用一种，不能混合使用。

如：G90　X25.0　Z47.0　　　　X、Z 后面的坐标为绝对坐标值

　　G91　X15.0　Z38.0　　　　X、Z 后面的坐标为增量坐标值

2）用尺寸字的地址符指定。这种方式是根据尺寸字的地址符来表示是绝对尺寸还是增

量尺寸，如果是绝对尺寸就用X、Z来表示，如果是增量尺寸就用U、W来表示。此种方式一般用于数控车床。

格式：X__　Z__　　　　　　　　X、Z后面的坐标为绝对坐标值

U__　W__　　　　　　　　U、W后面的坐标为增量坐标值

这种方式的特点：表示坐标尺寸的地址符是不相同的；同一程序段中绝对尺寸和增量尺寸可混合使用，编程方便。

如：X25.0　W38.0

U15.0　Z47.0

（3）坐标平面选择指令（G17/G18/G19）　坐标平面选择指令是用来选择圆弧插补平面和刀具补偿平面的。

G17表示选择 *XY* 平面，G18表示选择 *ZX* 平面，G19表示选择 *YZ* 平面。

各坐标平面如图3-14所示。一般来说，数控车床默认在 *ZX* 平面内加工，数控铣床默认在 *XY* 平面内加工。

（4）程序暂停指令（G04）

1）功能：机床进给运动暂停指令，常用于平面、孔等的光整加工。

2）格式：G04 X（U）__

或　G04 P—

其中，X、U用于指定时间，允许有小数点，单位为s；P用于指定时间，不允许有小数点，单位为ms。

3）说明：车削沟槽、钻削不通孔、锪孔以及车台阶轴清根时，可设置暂停指令，让刀具在短时间内实现无进给光整加工，使槽底或孔底得到较光滑的表面。

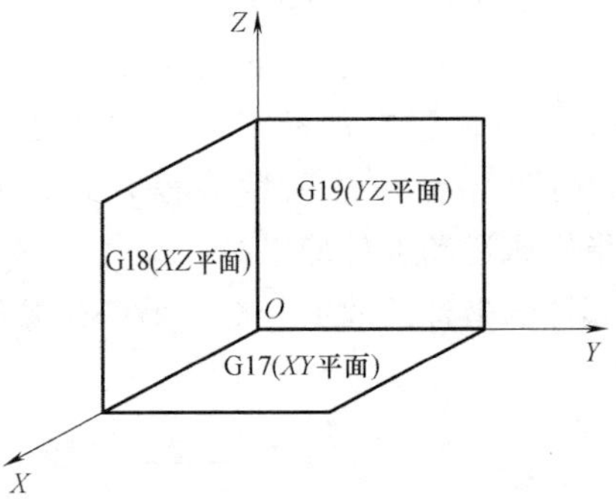

图3-14　坐标平面选择

【例3-3】　加工孔后需延时暂停2s，加工程序可写为：

G04　X2.0

或G04　P2000

3. 基本运动指令

（1）快速定位指令（G00）

1）功能：快速定位指令的功能是控制刀具以点位控制的方式快速移动到目标位置。

2）格式：G00　X（U）__　Y（V）__　Z（W）__

其中，X、Y、Z为刀具要到达的目标点的绝对值坐标；U、V、W为刀具的目标点相对于前一点的增量坐标。

3）说明：

① G00指令只能用作刀具从一点到另一点的快速定位，不能加工，刀具在空行程移动时采用。它的移动速度不是由程序来设定的，而是机床出厂时由生产厂家设置的，可以通过机床操作面板上的进给倍率开关进行调整。

② G00是模态指令，一旦前面程序指定了G00，紧接后面的程序段可不再写，只需写出移动坐标即可。

③ G00 执行过程是刀具从某一点开始加速移动至最大速度，保持最大速度，最后减速到达终点。至于刀具快速移动的轨迹是一条直线还是一条折线，则由各坐标轴的脉冲当量来决定。

【例 3-4】 如图 3-15 所示，从 *A* 点到 *B* 点快速移动的程序段为：

绝对编程方式：G90 G00 X80 Y50；

增量编程方式：G91 G00 X70 Y30；

（2）直线插补指令（G01）

1）功能：直线插补指令的功能是刀具以程序中设定的进给速度，从某一点出发，直线移动到目标点。

2）格式：G01　X（U）__　Y（V）__　Z（W）__　F__

其中，X、Y、Z 为刀具要到达的目标点的绝对值坐标；U、V、W 为刀具的目标点相对于前一点的增量坐标；F 为刀具的进给速度。

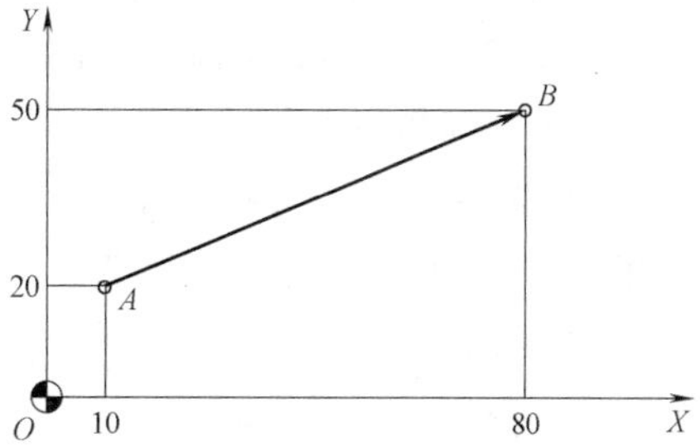

图 3-15　快速定位应用

3）说明：

① G01 指令是在刀具加工直线轨迹时采用的，如车外圆、端面、内孔，切槽，铣轮廓等。

② 机床执行直线插补指令时，程序段中必须有 F 指令。刀具移动的快慢是由 F 后面的数值大小来决定的。

③ G01 和 F 都是模态指令，若前一程序段已指定，后面的程序段都可不再重写，只需写出移动坐标值。

【例 3-5】 实现图 3-16 中从 *B* 点到 *A* 点的直线插补运动，其程序段为：

绝对方式编程：G90 G01 X10 Y20 F100；

增量方式编程：G91 G01 X-40 Y-40 F100；

（3）圆弧插补指令（G02/G03）

1）功能：圆弧插补指令的功能是使刀具在指定平面内按给定的进给速度走圆弧轨迹，加工出要求的圆弧曲线。

根据刀具起始点以及加工方向的不同，圆弧插补可分为顺时针插补和逆时针插补。

判断圆弧顺逆的方法：数控车床是两坐标机床，判断顺逆应从 *Y* 轴的正方向向负方向看，顺时针加工为 G02，逆时针加工 G03。在数控车床上还要特别注意前置刀架和后置刀架的顺逆判别，如图 3-17 所示。

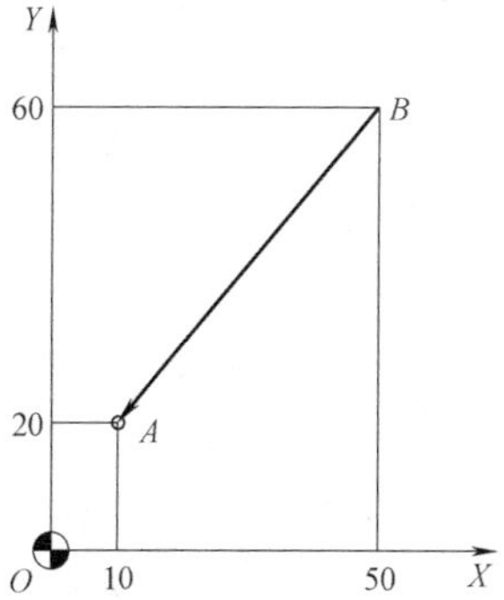

图 3-16　直线插补应用

2）格式：

① *XY* 平面：

G17 G02/G03 X __ Y __ I __ J __ F __

或 G17 G02/G03 X __ Y __ R __　F __

② *ZX* 平面：

G18 G02/G03 X __ Z __ I __ K __ F __

或 G18 G03/G03 X __ Z __ R __ F __

③ YZ 平面：

G19 G02/G03 Y __ Z __ J __ K __ F __

或 G19 G03/G03 Y __ Z __ R __ F __

其中，X、Y、Z 为圆弧插补的终点坐标值；I、J、K 为圆弧起点到圆心的增量坐标，一般与 G90、G91 无关；R 为圆弧半径，当圆弧的起点到终点所夹的圆心角 $\theta_2 \leqslant 180°$时，R 值为正；当圆心角 $\theta_1 > 180°$时，R 值为负，如图 3-18 所示。R 不能用于整圆的加工。

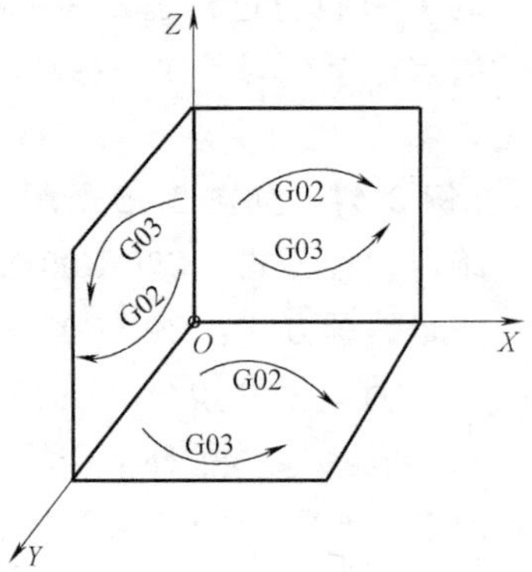

图 3-17 圆弧顺逆方向判别

【例 3-6】 如图 3-19 所示，加工圆弧 AB、BC、CD，加工起点为 A，圆弧插补程序段为：

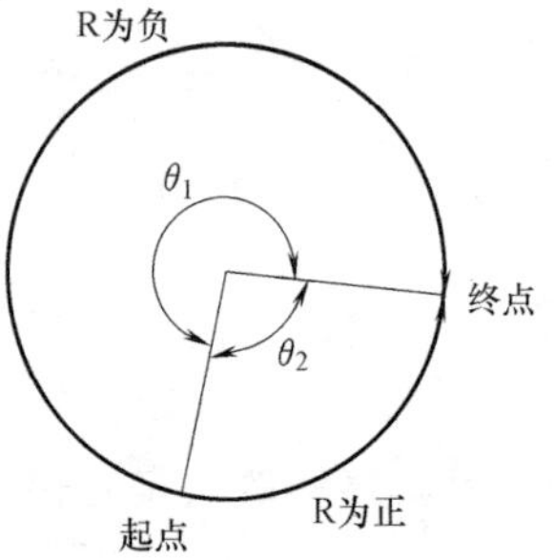

图 3-18 R 值的正负确定

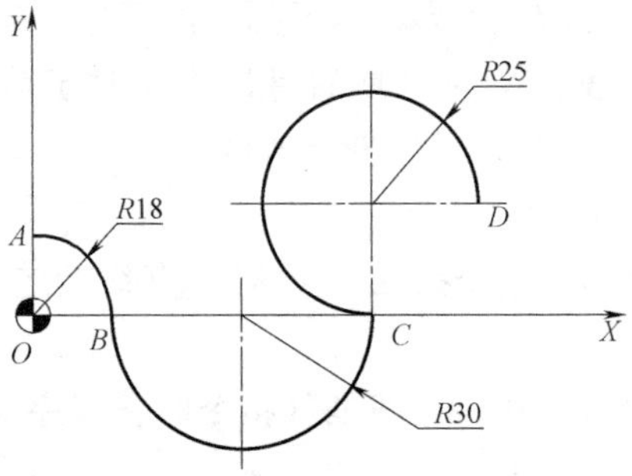

图 3-19 圆弧插补应用

绝对方式编程：

G90 G02 X18 Y0 R18 F100；($A \to B$)

G03 X78 Y0 R30；($B \to C$)

G02 X103 Y25 R-25；($C \to D$)

或 G90 G02 X18 Y0 I0 J-18 F100；($A \to B$)

G03 X78 Y0 I30 J 0；($B \to C$)

G02 X103 Y25 I0 J25；($C \to D$)

增量方式编程：

G91 G02 X18 Y-18 R18 F100；($A \to B$)

G03 X60 Y0 R30；($B \to C$)

G02 X25 Y25 R-25；($C \to D$)

或 G91 G02 X18 Y0 I0 J-18 F100；($A \to B$)

G03 X60 Y0 I30 J0；($B \to C$)

G02 X25 Y25 I0 J25；($C \to D$)

4. 参考点指令（G27/G28/G30）

机床参考点是采用增量式测量的数控机床所特有的。机床原点是由机床参考点体现出来的。

机床参考点是机床上的一个固定点，其位置由 X、Y、Z 向的挡块和行程开关确定。对某台数控机床来讲，参考点与机床原点之间有严格的位置关系，机床出厂前已调试准确，确定为某一固定值，这个值就是参考点在机床坐标系中的坐标。

采用增量式测量的数控机床开机后必须进行返回参考点操作。完成返回参考点操作后，显示器上即显示在参考点位置上刀架基准点在机床坐标系下的坐标值。由此反推出机床原点，即相当于建立一个以机床原点为坐标原点的机床坐标系。

（1）回参考点检查指令（G27）　数控机床通常是长时间连续工作的，为了提高加工的可靠性及保证零件的加工精度，可用 G27 指令来检查工件原点的正确性。

1）格式：G27　X(U)__　Y(V)__　Z(W)__

其中，X、Y、Z 为机床参考点在工件坐标系中的绝对值坐标；U、V、W 为机床参考点相对于刀具目前所在位置的增量坐标。

2）用法：当执行加工完成一个循环，在程序结束前，执行 G27 指令，则刀具将以 G00 的速度自动返回机床参考点。如果刀具到达参考点位置，则操作面板上的参考点指示灯会亮。若工件原点位置在某一坐标轴上有误差，则该轴对应的指示灯不亮，且系统将自动停止执行程序，发出报警提示。

3）注意：

① 若在程序中使用了刀具补偿指令，必须将刀具补偿取消后，才可使用 G27 指令。

② 使用 G27 指令前，机床必须已经回过一次参考点。

③ 执行 G27 指令后，数控系统会继续执行 G27 下面的程序。

（2）自动返回参考点指令（G28）

1）功能：G28 指令的功能是使刀具从当前位置以 G00 快速移动方式，经过中间点回到参考点。指定中间点的目的是使刀具可沿着一条安全路径回到参考点，这一点对于内孔加工尤为重要。

2）格式：G28　X(U)__　Y(V)__　Z(W)__

其中，X、Y、Z 为刀具经过中间点的绝对值坐标；U、V、W 为刀具经过的中间点相对起点的增量坐标。

3）注意：使用 G28 指令时，若先前用了刀具补偿指令，则必须将刀具补偿取消后，才可使用 G28 指令。

如图 3-20 所示，若刀具从当前位置经过中间点（30，15）返回参考点，则程序为：

G28　X30.0　Z15.0；

如图 3-21 所示，若刀具从当前位置直接返回参考点，这时相当于中间点与刀具当前位置重合，则增量方式程序为：

G28　U0　W0；

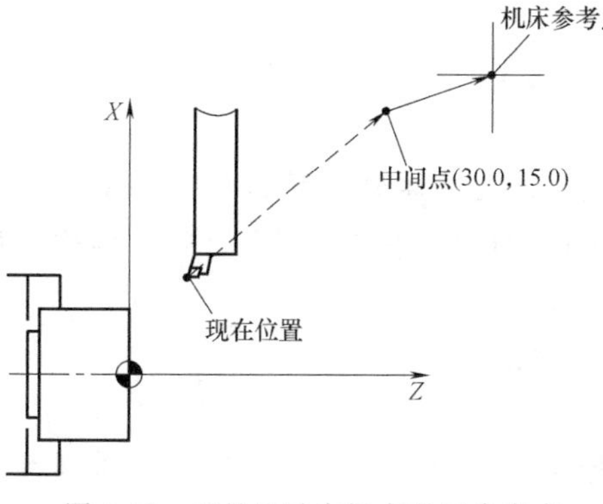

图 3-20　刀具经过中间点返回参考点

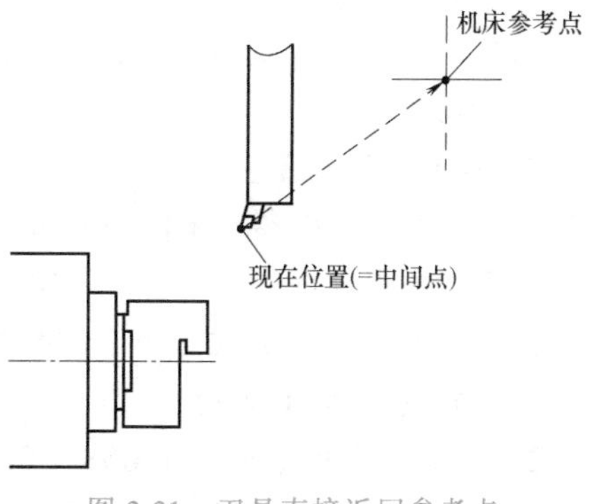

图 3-21　刀具直接返回参考点

（3）返回第 2、3、4 参考点指令（G30） 在 FANUC 系统中，可以用参数设置四个参考点，除了上述讲到的参考点，还有第 2、3、4 参考点可供使用。

格式：G30 P2 X(U)__ Y(V)__ Z(W)__ 返回第 2 参考点

G30 P3 X(U)__ Y(V)__ Z(W)__ 返回第 3 参考点

G30 P4 X(U)__ Y(V)__ Z(W)__ 返回第 4 参考点

其中，X、Y、Z 为刀具经过中间点的绝对值坐标；U、V、W 为刀具经过的中间点相对起点的增量坐标。

二、辅助功能指令——M 指令

辅助功能指令主要用来指令数控机床辅助装置的接通和断开（即开关动作），表示机床各种辅助动作及其状态。FANUC 系统常用 M 代码的含义如下：

M00：程序暂停，在自动加工过程中，当程序运行至 M00 时，程序停止执行，主轴停，切削液关闭。

M01：计划暂停，程序中的 M01 通常与机床操作面板上的“任选停止按钮”配合使用，当“任选停止按钮”是“ON”时，执行 M01 时与 M00 功能相同；当“任选停止按钮”是“OFF”时，执行 M01 时程序不停止。

M03：主轴正转。

M04：主轴反转。

M05：主轴旋转停止。

M06：自动换刀。

M07：切削液开（喷雾状）。

M08：切削液开（切削液泵开，喷液状）。

M09：切削液关（切削液泵关）。

M02：程序停止，程序执行指针不会复位到起始位置。

M30：程序停止，程序执行指针复位到起始位置。

M98：子程序调用。

M99：子程序返回。

三、其他功能指令（F/S/T）

1. 进给速度指令

进给速度指令的功能是指定刀具（或工件）移动的进给速度快慢。它分为每转进给和每分钟进给两种方式。

（1）每转进给方式指令［G99（车床）或 G95（铣床）］

1）格式：G99（G95） F__

2）说明：该指令表示在 G99（G95）后面的 F 指定的是主轴转一转刀具（或工件）沿着进给方向移动的距离，单位是 mm/r，图 3-22 所示为车削加工中的情况。该指令为模态指令，在程序中指定后，直到 G98（G94）被指定前，一直有效。

（2）每分钟进给方式指令［G98（车床）或 G94（铣床）］

1）格式：G98（G94） F__

2）说明：该指令表示在 G98（G94）后面的 F 指定的是刀具（或工件）每分钟移动的距离，单位是 mm/min，图 3-23 所示为车削加工中的情况。该指令也为模态指令，在程序中指定后，直到 G99（G95）被指定前，一直有效。

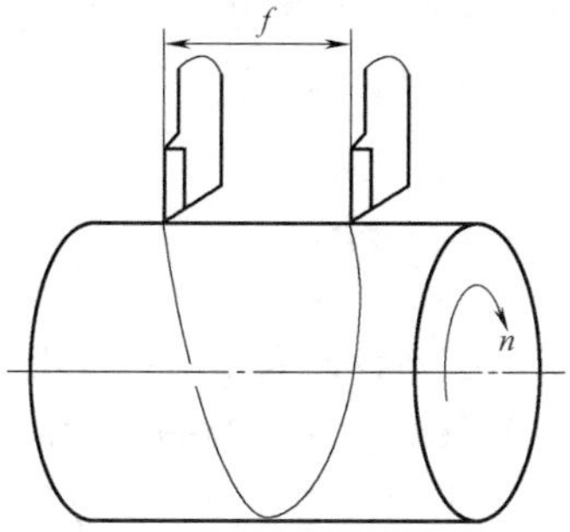

图 3-22　G99 进给方式

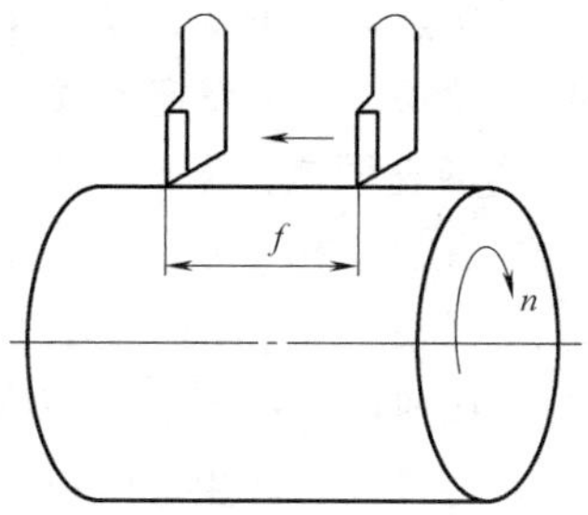

图 3-23　G98 进给方式

这两种进给方式可以相互转化，计算公式为

$$v_F = fn \quad (f = f_z z)$$

式中　v_F——刀具进给速度（mm/min）；

f——刀具每转进给量（mm/r）；

n——刀具的转速（r/min）；

f_z——铣刀的每齿进给量（mm/z）；

z——铣刀的切削刃数。

【例 3-7】　用可转位面铣刀铣削碳钢表面，已知刀具直径为 80mm，切削刃数为 5，查阅工艺手册，选取切削速度为 160m/min，每齿进给量为 0.10mm/z，求加工时的主轴转速 n 和刀具进给速度 v_F。

主轴转速：

$$n = \frac{1000 v_c}{\pi D} = [1000\times160/(3.14\times80)]\text{r/min} \approx 637\text{r/min}$$

刀具进给速度：

$$f = f_z z = 0.10\times5\text{mm/r} = 0.5\text{mm/r}$$

$$v_F = fn = 0.5\times637\text{mm/min} \approx 319\text{mm/min}$$

2. 主轴速度控制指令（以数车为例）

主轴速度控制指令的功能是控制主轴速度的快慢。它分为恒转速控制和恒线速控制两种方式。

（1）恒转速控制指令

1）格式：G97　S__

2）说明：该指令中的 S 指定的是主轴转速，单位为 r/min。此状态一般为数控车床的默认状态，在一般加工情况下都采用此种方式，特别是车削螺纹时，必须设置成恒转速控制方式。

如 G97　S1200，表示设定的主轴转速为 1200r/min。

（2）恒线速控制指令

1）格式：G96　S__

2）说明：该指令中的 S 指定的是主轴的线速度，单位为 m/min。此指令一般在车削盘类零件的端面或零件直径变化较大的情况下采用，这样可保证直径变化但切削的线速度不变，从而保证切削速度不变，使得工件的表面粗糙度保持一致。

如 G96　S250，表示设定的线速度控制在 250m/min。

（3）最高转速限制指令

1）格式：G50　S__

2）说明：该指令中的 S 与 G97 中的 S 相同，都是表示主轴转速大小。当采用 G96 方式加工零件时，线速度保持不变，但当直径逐渐变小时，主轴转速会越来越高。为防止主轴转速太高和离心力过大，产生危险以及影响机床的使用寿命，采用此指令可限制主轴的最高转速。此指令一般与 G96 指令配合使用。

如 G50　S2000，表示最高转速限制在 2000r/min。

3. 刀具控制指令（以 FANUC 系统的数车为例）

刀具控制指令的功能是选择所需的刀具。加工工件时，需用多把刀具，就必须根据工件加工顺序给每把刀具赋予一个编号，在程序中指令不同的编号时就选择相应的刀具。

1）格式：T××××

其中，T 后面的数值表示所选择的刀具号码。一般数控车床 T 后面用四位数字表示，前两位数字是刀具号，后两位数字是刀具补偿号。

2）说明：

① 刀具号与刀具补偿号一般可对应标注，如 T0101，该把刀具用完后一定要取消刀补，应表示为 T0100。

② 后两位的刀具补偿号只是补偿值的寄存器地址号，而不是补偿值。补偿包括的长度补偿和刀尖圆弧半径补偿只能在刀补参数表中输入或查询。

第五节　数控机床加工调整

数控机床加工零件的过程是通过机床、刀具和工件三者的协调运动完成的。坐标系正是起这种协调作用的。它能保证各部分按照一定的顺序运动而不至于互相干涉。数控机床的坐标系是确定的，工件坐标系是可以任意选择的。因此，只要合理选择工件原点以及对刀点和换刀点，就能保证数控加工的正常完成。

一、工件原点的选取与设定

1. 工件原点的作用

工件坐标系是编程人员根据零件结构特点和加工要求等建立的坐标系，也称为编程坐标系，是用来定义工件形状和刀具相对工件位置的坐标系。为保证数控编程和机床加工的一致性，工件坐标系也采用右手直角坐标系。工件坐标系原点也称为工件原点或编程原点，是编程人员为编程计算和机床调整方便而设定的工件坐标系的原点，理论上可任意设定在工件、夹具或机床上一确定位置。但实际上，为了换算尺寸尽可能简便，减少计算误差，应选择一个合理的编程原点。

2. 工件原点的选取

（1）选取工件原点的影响因素　以下三个因素决定如何选择工件原点。

1）加工精度。

2）调试操作的便利性。

3）工作状况的安全性。

（2）选取工件原点的原则　一般应遵循以下原则选取工件原点。

1）工件原点应尽可能选在工件设计基准上。

2）工件原点应尽可能选在已加工表面上。

3）工件原点应尽可能选在对称轴或对称中心上。

4）工件原点应尽可能选在便于对刀的位置。

车削零件工件原点通常设置在主轴中心线与工件右端面的交点，如图 3-24 所示。

铣削零件工件原点一般可选在设计基准或工艺基准的端面或孔的中心线上，习惯选在工件上表面的左下角，如图 3-25 所示。

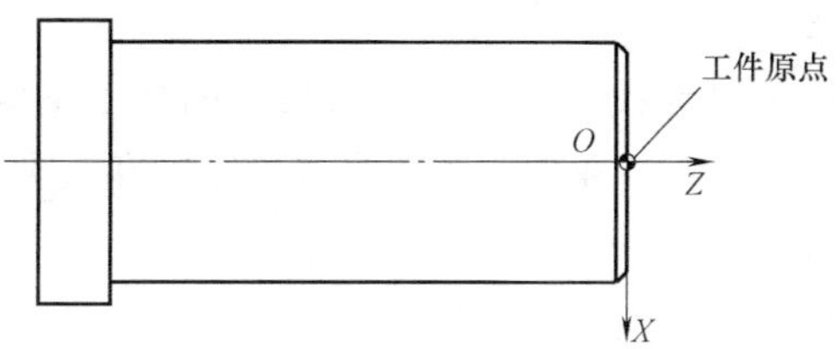

图 3-24　车削零件工件原点

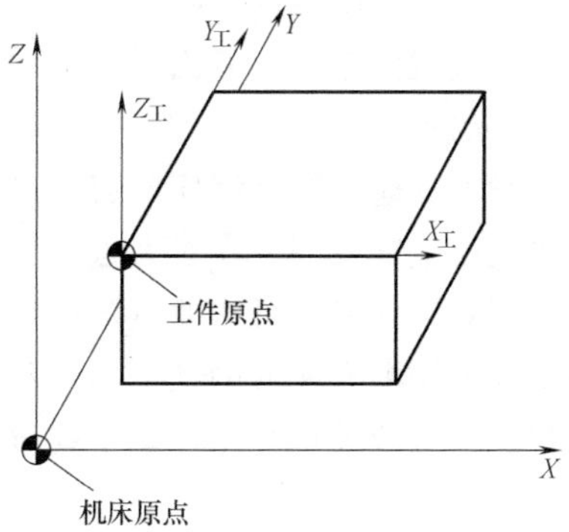

图 3-25　铣削零件工件原点

3. 工件坐标系的设定

数控机床工件坐标系的设定方法主要有两种：一种是在程序中通过刀具当前位置与想要设定的理想工件原点位置的相互关系，利用 G92（G50 用于车床）指令来设定；另一种是利用 MDI 方式在系统的参数中进行设定，需要时调用即可。前者每次开机都需要确认刀具当前点与工件原点之间的关系，占机调整时间较长，多适用于单件生产；后者可以通过系统提供的功能设定多个工件坐标系，而且对批量生产而言，设定的工件坐标系可以保留，效率较高。具体设定格式参见本章第四节中的指令介绍。

二、对刀点、换刀点的确定

在数控加工过程中，正确选择“对刀点”和“换刀点”的位置，对保证加工的正常进行和提高加工效率有很大的影响。

1. 对刀点

对刀点是指通过对刀确定刀具与工件相对位置的基准点，就是在数控机床上加工零件时，刀具相对于工件运动的起点。由于程序段一般从该点开始执行，因此对刀点又称为“程序起点”或“起刀点”。对刀点如图 3-26 所示。

数控编程时，对刀点的选择主要考虑以下几点：

1）使编程简单。

2）容易找正。

3）编程误差小。

4）加工中便于检查。

5）编程计算简单。

6）尽量使加工过程中的进刀和退刀路线短，便于换刀。

7）当对刀精度要求较高时，对刀点应尽量选在零件的设计基准或工艺基准上。例如，以孔定位的工件，可选孔的中心作为对刀点，刀具的位置则以此孔来找正，使“刀位点”与“对刀点”重合。所谓“刀位点”是指车刀、镗刀的刀尖，钻头的钻尖，立铣刀、面铣刀刀头底面的中心，球头铣刀的球头中心。当对刀精度要求不高时，可直接选用零件或夹具上的某些表面作为对刀面，但必须与零件的定位基准有一定的关系。

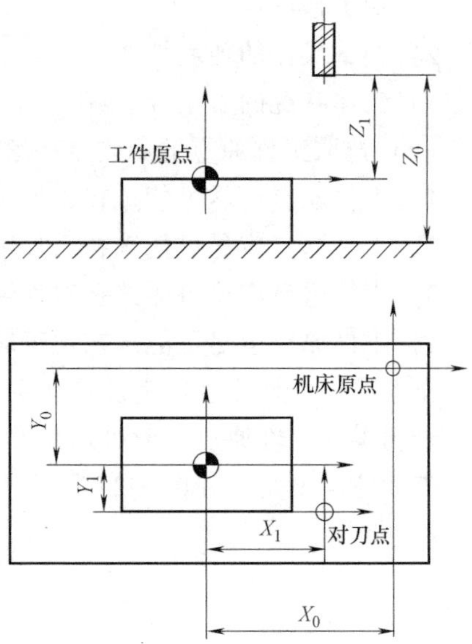

图 3-26　对刀点

对刀点通常既是程序的起点又是程序的终点。因此在成批生产中要考虑对刀点的重复定位精度，该精度可用对刀点相距机床原点的绝对坐标值来校核。对刀点找正的正确度直接影响加工精度，找正的方法根据零件的几何形状和加工精度来确定。现在企业中为了提高找正精度和减少找正时间，一般采用光学或电子式寻边器来进行找正。

2. 换刀点

数控加工通常都是多刀加工，在加工过程中需要更换刀具。当加工过程中需要换刀时，应合理确定换刀点的位置。所谓“换刀点”是指刀架转位换刀时的位置。该点可以是某一固定点（如加工中心，其换刀机械手的位置是固定的），也可以是任意的一点（如车床）。换刀点应设在工件或夹具的外部，以刀架转位时不碰工件及其他部件为准。其设定值可用实际测量方法或计算确定。

思　考　题

3-1　如何选择一个合理的工件原点？

3-2　数控机床加工程序的编制方法有哪些？它们分别适用于什么场合？

3-3　什么是机床坐标系和工件坐标系？什么是绝对坐标和增量坐标？

3-4　简述数控机床加工程序的手工编制步骤。

3-5　指令 G01 与 G00 有什么区别？

3-6　圆弧插补指令 G02 与 G03 如何判别？

3-7　工件坐标系设定指令 G92 与 G54 有什么区别？

3-8　何谓对刀点？如何确定对刀点？

3-9　何谓换刀点？确定换刀点时应注意哪些问题？

4

第四章

数控车削加工工艺与编程

第一节 任务引入

加工图 4-1 所示零件，其毛坯为 ϕ36mm×45mm 的棒料，材料为 45 钢，小批量生产。

要完成图 4-1 所示零件的加工，需要考虑以下问题：

1）分析零件图，确定数控加工内容：首先分析零件图是否完整和正确，其次分析零件图的技术要求是否合理，最后分析零件图的结构工艺性是否合理，各加工内容在什么机床上完成，如何相互衔接。

2）选择毛坯：该零件是否指定了毛坯种类？如果没有，该采用哪种毛坯？

3）拟定工艺路线：选择定位基准，确定加工方法，划分加工阶段，安排加工顺序，以及热处理、检验及其他辅助工序（去毛刺、倒角等）。

4）选择加工设备（包括系统）、夹具及装夹方式、刀具及切削用量、量具等。

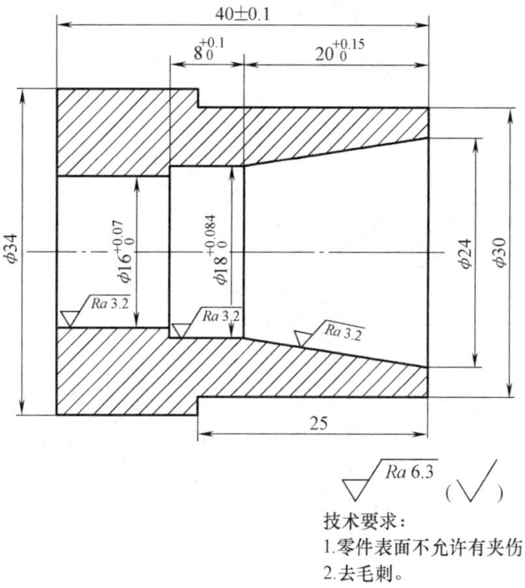

图 4-1 零件图

5）编制数控加工程序：根据选定的数控系统，参照上述工艺分析，按照规定编制零件的数控加工程序清单。

6）零件的试切加工及检验评估。

第二节 相关知识

一、数控车削加工概述

数控车床根据其机型和数控系统的配置，加工范围和加工能力有一定的差别。按数控系统的功能分，数控车床可分为经济型数控车床和全功能型数控车床。经济型数控车床一般采用步进电动机驱动的开环伺服系统，其控制部分多采用单板机或单片机来实现，此类车床结构简单，价格低廉，精度较低。全功能型数控车床一般采用伺服电动机驱动的闭环或半闭环控制系统，具有高刚度、高精度和高效率等特点。按主轴的配置形式分，数控车床有主轴轴线处于水平位置的卧式数控车床和主轴轴线处于垂直位置的立式数控车床，还有具有两根主轴的数控车床。按数控系统控制的轴数分，数控车床可分为两坐标联动数控车床和四坐标联动数控车床。两坐标联动数控车床上只有一个回转刀架，可实现两坐标轴控制；四坐标联动数控车床具有两个回转刀架，可实现四坐标轴控制。而对于车削中心或柔性制造单元，还增加了其他附加坐标轴和附件，以满足机床的其他功能。如车削中心是以全功能型数控车床为主体，并配置刀库、换刀装置、分度装置、铣削动力头和机械手等，实现多工序复合加工的机床，在零件一次装夹后，可完成回转类零件的车、铣、钻、铰、攻螺纹等多种加工工序。

目前，我国使用较多的是中小型规格的两轴联动数控车床。

二、数控车床的基本结构

1. 数控车床的组成

图 4-2 所示为典型数控车床的机械结构系统组成，主要包括主轴传动机构、进给传动机构、刀架、床身、辅助装置（刀具自动交换机构、润滑与冷却装置、排屑装置以及防护装置等）。

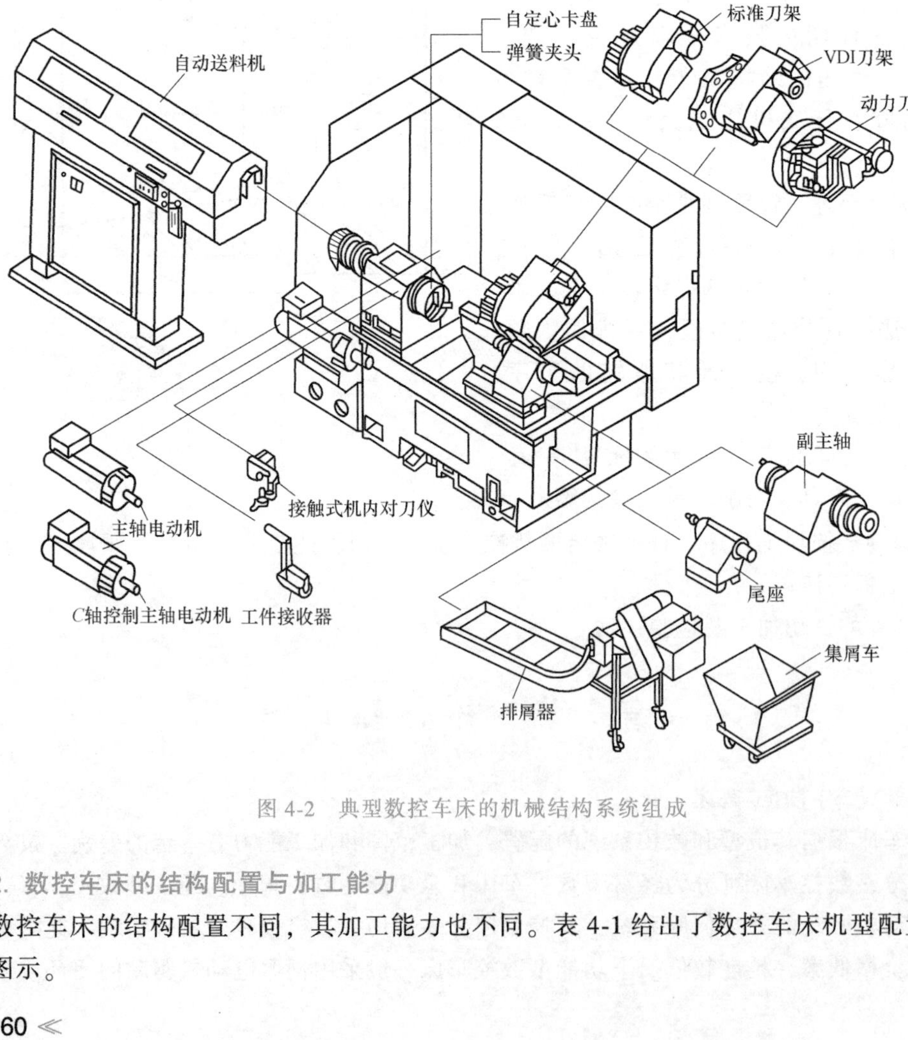

图 4-2　典型数控车床的机械结构系统组成

2. 数控车床的结构配置与加工能力

数控车床的结构配置不同，其加工能力也不同。表 4-1 给出了数控车床机型配置与加工能力图示。

表 4-1　数控车床机型配置与加工能力

机型配置	图例	加工能力图示
标准两轴	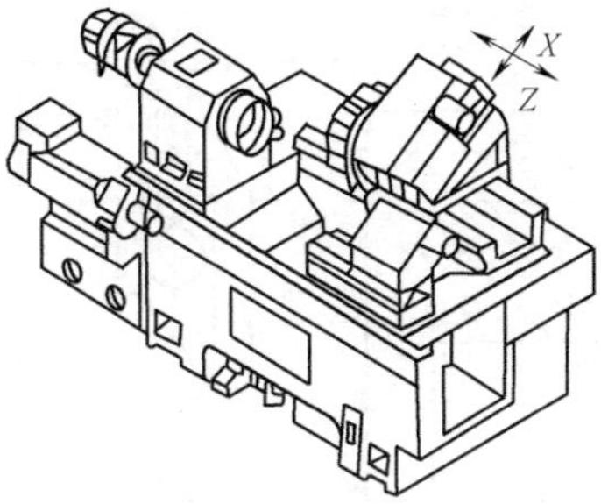	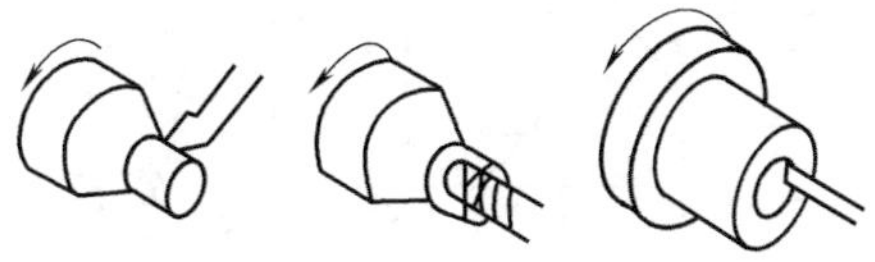
带 *C* 轴和动力刀架	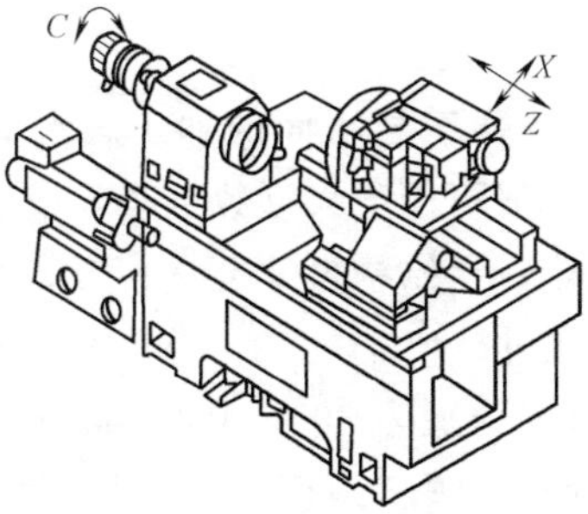	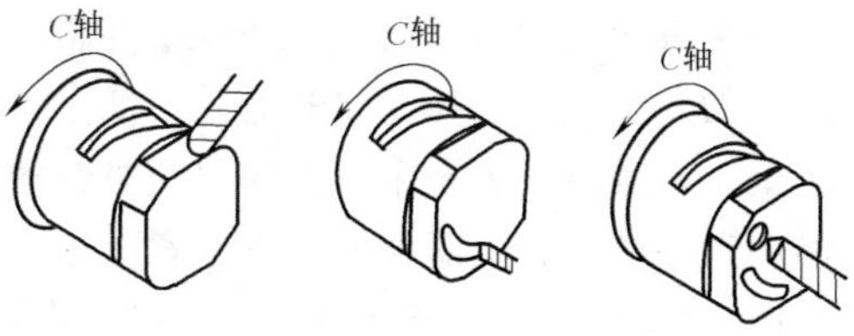
带副主轴	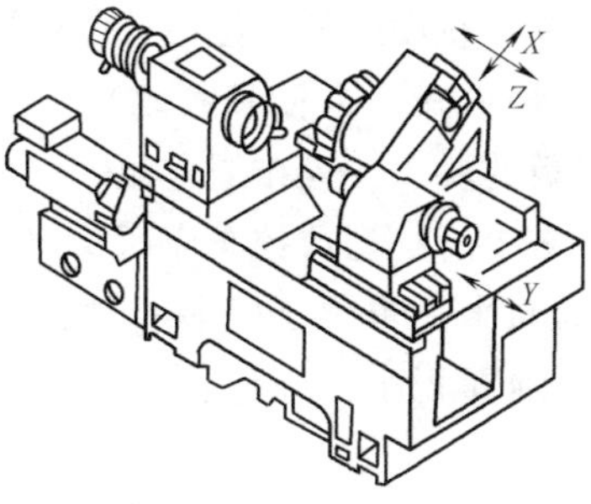	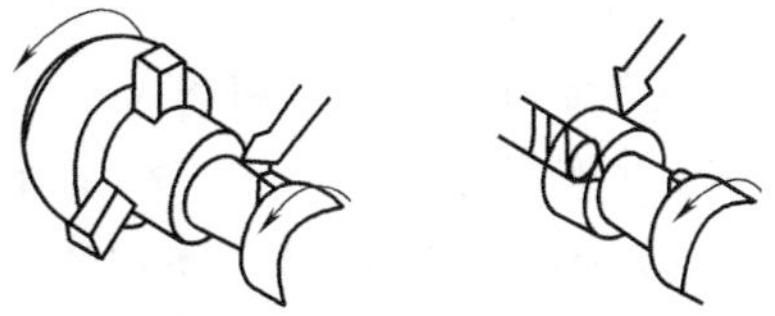

刀架是数控车床非常重要的部件。根据数控车床的功能，刀架上可以安装的刀具数量一般为 4 把、8 把、12 把或 16 把，有些数控车床还可以安装更多的刀具。当数控车床刀架上安装动力铣头后，可以大大扩展数控车床的加工能力。

3. 数控车床机械机构的特点

数控车床机械结构的特点包括以下几个方面：

1）采用高性能的主轴部件，具有传动功率大、刚度大、抗振性好及热变形小等特点。

2）进给伺服传动采用高性能传动件，具有传动链短、结构简单、传动精度高等特点，一般采用滚珠丝杠副、直线滚动导轨副等。

3）高档数控车床有较完善的刀具自动交换和管理系统。工件在车床上一次装夹后，能自动完成较多表面的加工。

4. 数控车床的结构布局

数控车床的布局形式与普通车床基本一致，但数控车床的刀架和导轨的布局形式有很大变化，直接影响数控车床的使用性能及机床的结构和外观。

（1）床身和导轨的布局　数控车床床身和导轨的布局形式如图 4-3 所示。

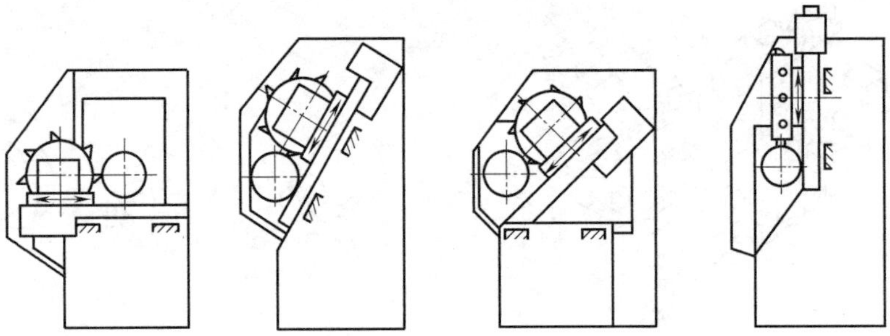

a) 水平床身　b) 斜床身　c) 水平床身斜滑板　d) 立床身

图 4-3　数控车床床身和导轨的布局形式

图 4-3a 所示为水平床身的布局。它的工艺性好，便于导轨面的加工。水平床身配上水平放置的刀架，可提高刀架的运动精度。这种布局一般可用于大型数控车床或小型精密数控车床上。但是由于水平床身下部空间小，故排屑困难。从结构尺寸上看，刀架水平放置使滑板横向尺寸较长，从而加大了机床宽度方向的结构尺寸。

图 4-3b 所示为斜床身的布局。其导轨倾斜的角度分别为 30°、45°、60°和 75°等。当导轨倾斜的角度为 90°时，称为立床身，如图 4-3d 所示。倾斜角度小，排屑不便；倾斜角度大，导轨的导向性及受力情况差。其倾斜角度的大小还直接影响机床外形尺寸高度与宽度的比例。综合考虑以上因素，中小规格的数控车床，其导轨倾斜的角度以 60°为宜。

图 4-3c 所示为水平床身斜滑板的布局。这种布局形式一方面具有水平床身工艺性好的特点，另一方面机床宽度方向的尺寸较水平配置滑板的要小，且排屑方便。

总体上，水平床身斜滑板和斜床身的布局形式被中、小型数控车床所普遍采用。这是由于此两种布局形式排屑容易，热切屑不会堆积在导轨上，也便于安装自动排屑器；操作方便，易于安装机械手，以实现单机自动化；机床占地面积小，外形美观，容易实现封闭式防护。

（2）刀架的布局　刀架可分为排式刀架和回转刀架两大类。目前两坐标联动数控车床多采用回转刀架，它在机床上的布局有两种形式。一种是用于加工盘类零件的回转刀架，其回转轴垂直于主轴；另一种是用于加工轴类和盘类零件的回转刀架，其回转轴平行于主轴。

四坐标联动数控车床的床身上安装有两个独立的滑板和回转刀架，也称为双刀架四坐标数控车床。其每个刀架的切削进给量是分别控制的，因此两刀架可以同时切削零件的不同部位，既扩大了加工范围，又提高了加工效率，适合加工曲轴、飞机零件等形状复杂、批量较大的零件。

三、数控车削加工的主要对象和内容

数控车削是数控加工中用得最多的加工方法之一，主要用于加工轴类零件的内外圆柱面、圆锥面、螺纹表面、成形回转体表面等，对于盘类零件，可进行钻孔、扩孔、铰孔、镗孔等加工，还可以完成车端面、切槽、倒角等加工。数控车床的加工内容如图 4-4 所示。

结合数控车削的特点，与普通车床相比，数控车床适合于车削具有以下要求和特点的回转体零件。

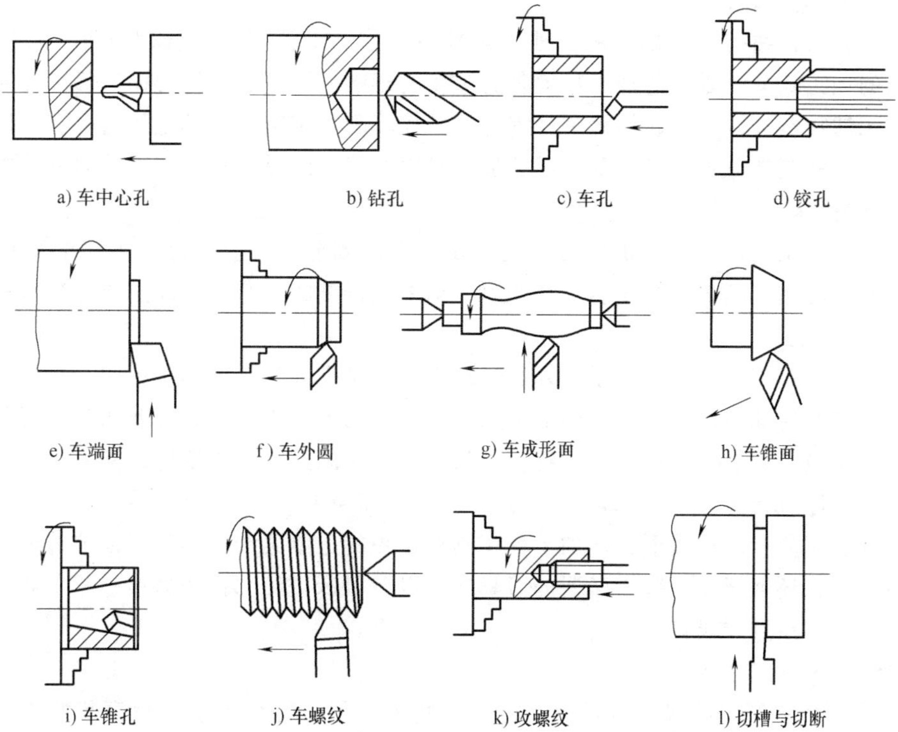

图 4-4　数控车床的加工内容

1. 精度要求高的回转体零件

由于数控车床刚性好，制造和对刀精度高，能方便和精确地进行人工补偿和自动补偿，因此能加工尺寸精度要求较高的零件，在有些场合可以以车代磨。此外，数控车削的刀具运动是通过高精度插补运算和伺服驱动来实现的，所以能加工对直线度、圆度、圆柱度等形状精度要求高的零件。另外，工件一次装夹可完成多道工序的加工，提高了加工工件的位置精度。

2. 表面粗糙度值要求较小的回转体零件

数控车床具有恒线速切削功能，能加工出表面粗糙度值较小的零件。在材质、精车余量和刀具已定的情况下，表面粗糙度取决于进给量和车削速度。使用数控车床的恒线速切削功能，就可选用最佳线速度来切削锥面、球面和端面等，使车削后的表面粗糙度值既小又一致。

3. 轮廓表面形状复杂或难以控制尺寸的回转体零件

由于数控车床具有直线和圆弧插补功能，因此可以车削出任意直线和曲线组成的形状复杂的回转体零件。

4. 带特殊螺纹的回转体零件

数控车床具有加工各类螺纹的功能，包括等导程的直面、锥面和端面螺纹，以及变导程的螺纹；还可以加工高精度的模数螺旋零件。数控车床配有精密螺纹切削功能，再加上一般采用硬质合金成形刀具以及可以使用较高的转速，所以车削出来的螺纹精度高、表面粗糙度值小。

四、数控车削加工零件的工艺性分析

工艺性分析是数控车削加工的前期工艺准备工作。工艺制订得合理与否，对程序的编制、机床的加工效率、零件的加工精度都有重要的影响。因此，应该遵循一般工艺原则并结合数控车床的特点，认真而详细地制订零件的数控车削加工工艺。其主要内容有分析零件图样，确定工件的装夹方式，确定各表面的加工顺序和刀具的进给路线，以及刀具、夹具和切削用量的选择等。

关于零件的工艺性分析、加工方案的确定、工序划分、工步顺序、工序的衔接以及刀具、夹具和切削用量的选择等内容已经在第二章中有详细的介绍，下面主要分析车削加工进给路线的设计方法。

进给路线泛指刀具从程序起始点开始运动起，直至完成加工内容再返回，结束加工程序所经历的所有路径的总和，包括切削加工路线、刀具切入切出和换刀等非切削空行程。设计进给路线的重点是粗加工行程和空行程，因为精加工切削过程的进给路线基本上是沿着零件本身的轮廓顺序进行的。

在保证加工质量的前提下，使加工程序具有最短的进给路线，不仅可以节约整个加工过程的执行时间，还能减少一些不必要的刀具损耗以及机床进给部件的磨损等。下面介绍车削加工中常用的进给路线设计。

1. 进给路线的设计

（1）最短的空行程路线　最短的空行程路线主要是通过合理设计程序起始点、换刀点以及“回零”路线来实现的，这部分内容可以参考第二章有关内容。

如图 4-5 所示，采用矩形进给方式粗车时，其程序起始点 A（或换刀点）以及起刀点的位置设定会直接影响空行程的长短，从而影响加工效率。

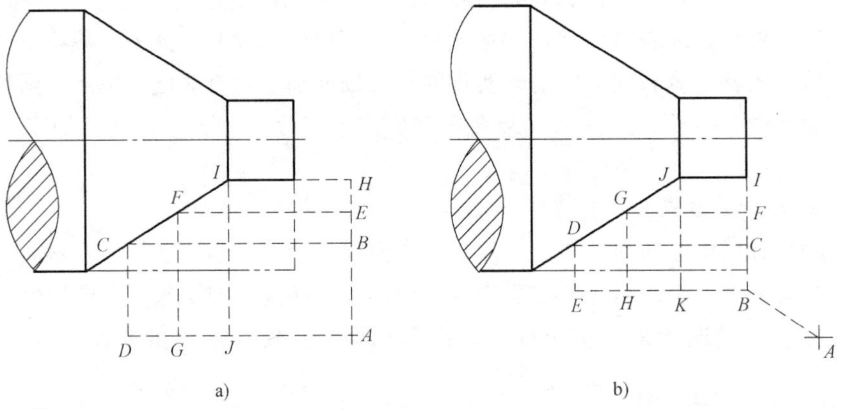

图 4-5　最短空行程路线

图 4-5a 所示的进给路线如下：

第一次走刀：$A \rightarrow B \rightarrow C \rightarrow D \rightarrow A$

第二次走刀：$A \rightarrow E \rightarrow F \rightarrow G \rightarrow A$

第三次走刀：$A \rightarrow H \rightarrow I \rightarrow J \rightarrow A$

图 4-5b 所示的进给路线如下：

换完刀后直接快速到达 B 点（$A \rightarrow B$）

第一次走刀：$B \to C \to D \to E \to B$

第二次走刀：$B \to F \to G \to H \to B$

第三次走刀：$B \to I \to J \to K \to B$

这两种进给路线相比，显然图 4-5b 所示的进给路线最短。

（2）粗加工进给路线

1）常用的粗加工切削进给路线。粗加工切削进给路线直接影响生产率、刀具磨损、零件的刚度以及加工工艺性，因此在设计粗加工和半精加工切削进给路线时，应综合考虑，不能顾此失彼，从编程的角度考虑，还应该充分利用数控系统具有单一循环功能（如矩形循环功能、梯形循环功能）以及复合循环（如轴向粗车复合循环、径向粗车复合循环、螺纹切削复合循环等）功能。

① 圆柱体类零件的粗加工进给路线设计。图 4-6 所示为圆柱表面的粗车进给路线示意图，其进给路线是 $A \to B \to C \to D \to A \to E \to F \to D \to A \to H \to I \to D \to A$。其中，图 4-6a 所示为圆柱表面的轴向粗车进给路线，主要适用于轴向余量较大的情况；图 4-6b 所示为圆柱表面的径向粗车进给路线，主要适用于径向余量较大的情况。

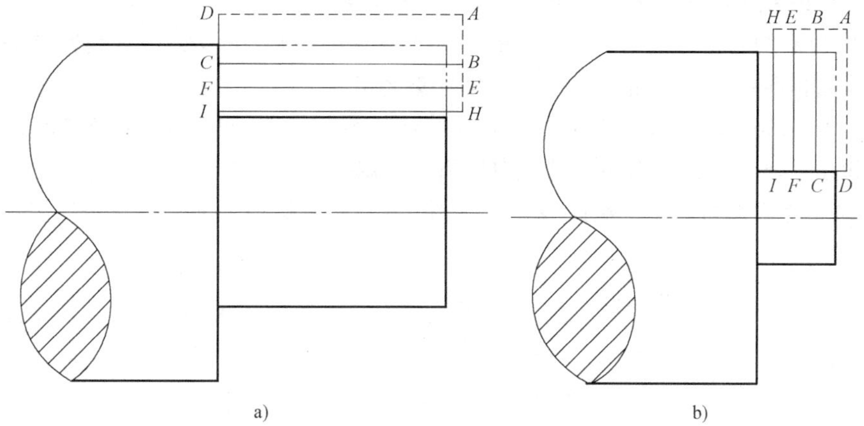

图 4-6　圆柱表面的粗车进给路线

② 圆锥类零件的粗加工进给路线设计。图 4-7 所示为圆锥表面的粗车进给路线示意图。

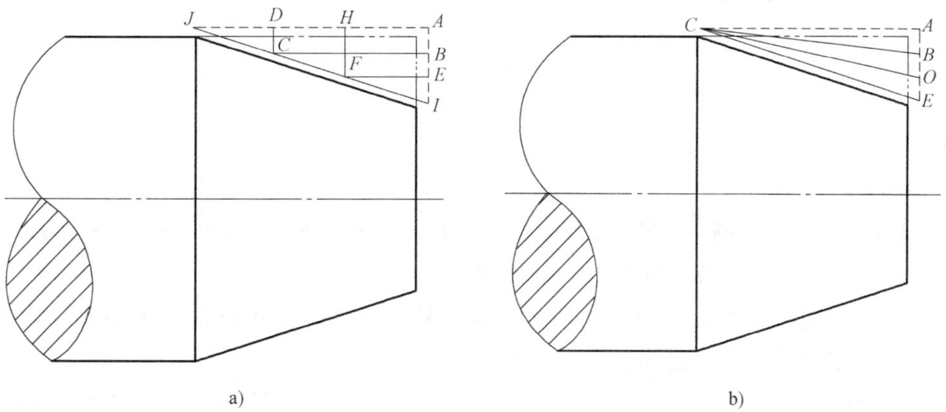

图 4-7　圆锥表面的粗车进给路线

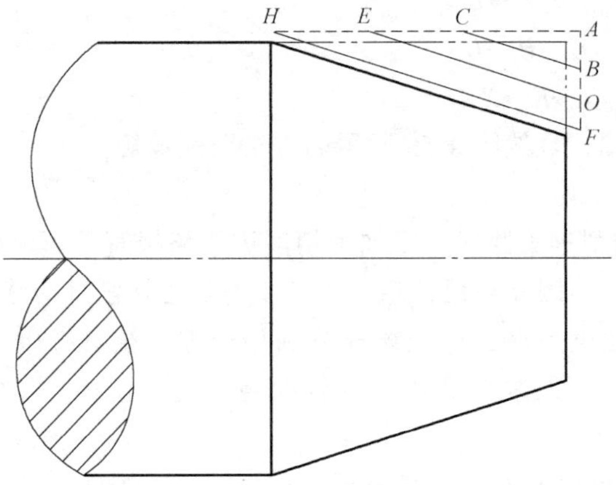

c)

图 4-7　圆锥表面的粗车进给路线（续）

图 4-7a 所示为矩形进给路线 $A \to B \to C \to D \to A \to E \to F \to H \to A \to I \to J \to A$，其特点是进给路线短，计算编程较烦琐，需进行半精加工。

图 4-7b 所示为三角形进给路线 $A \to B \to C \to A \to D \to C \to A \to E \to C \to A$，其特点是进给路线较短，计算编程简单，但粗加工过程中切削力变化大。

图 4-7c 所示为平行进给路线 $A \to B \to C \to A \to D \to E \to A \to F \to H \to A$，其特点是进给路线较短，计算和编程较烦琐，但粗加工过程中切削较稳定。

③ 圆弧类零件的粗加工进给路线设计。图 4-8 所示为圆弧表面的粗车进给路线示意图。

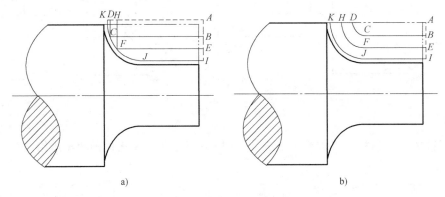

a)　　　b)

图 4-8　圆弧表面的粗车进给路线

图 4-8a 所示为阶梯法的进给路线 $A \to B \to C \to D \to A \to E \to F \to H \to A \to I \to J \to K \to A$，其特点是进给路线短，计算编程较烦琐。

图 4-8b 所示为同心圆法的进给路线 $A \to B \to C \to D \to A \to E \to F \to H \to A \to I \to J \to K \to A$，其特点是进给路线较短，计算编程简单，且切削平稳。

④ 双向切削进给路线。如图 4-9 所示，对于圆弧加工，还可以改用轴向和径向联动的双向进给，沿零件轮廓进行切削。

2）最短的粗加工切削进给路线。如图 4-10 所示，图中有三种不同的切削进给路线。

① 图 4-10a 所示为沿轮廓形状等距线循环进给路线（相当于仿形加工），其特点是切削

进给路线最长，留下的精加工余量较均匀，且需数控系统提供封闭复合循环功能。

② 图 4-10b 所示为三角形循环进给路线，其特点是切削进给路线较长，采用直线插补，编程较简单，但留下的精加工余量不均匀，且数值计算不方便，可以利用数控系统提供的三角形循环功能。

③ 图 4-10c 所示为矩形循环进给路线，其特点是切削进给路线较短，采用直线插补，编程较简单，但留下的精加工余量不均匀，且数值计算不方便，可以利用数控系统提供的矩形循环功能。

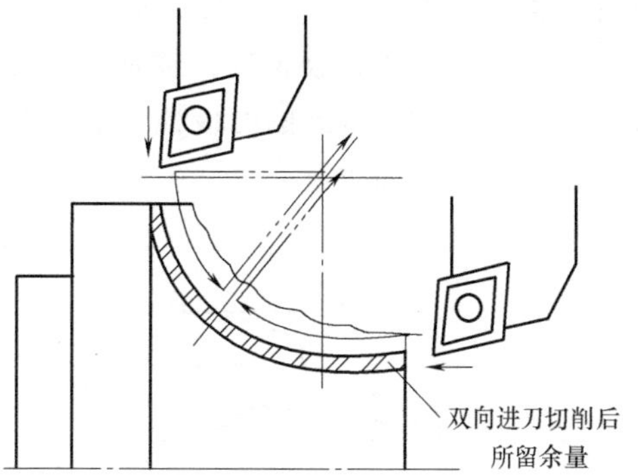

图 4-9　沿零件轮廓的双向进给路线

对比以上三种不同的切削进给路线可知，矩形切削进给路线的总和最短。因此，在同等条件下，其切削所需要的时间（不含空行程）最短，刀具损耗最少，但缺点是粗加工后留下的余量不均匀，需要安排半精加工。

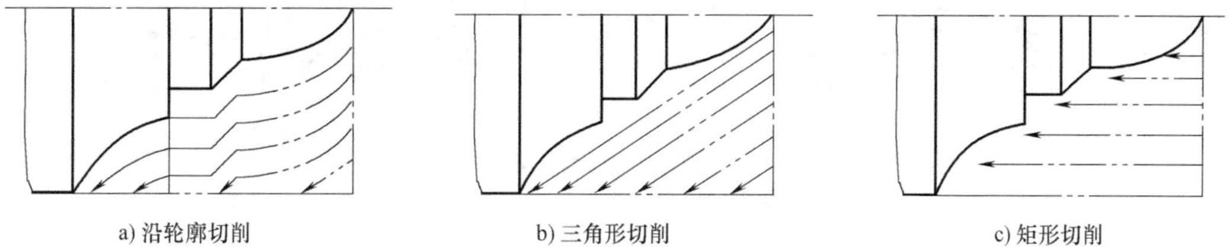

图 4-10　常用粗加工切削进给路线

（3）精加工进给路线　零件精加工进给路线的设计主要应该考虑以下几个方面：

1）零件轮廓的精加工进给路线应该由最后一刀连续加工完成，并且要考虑进、退刀位置，尽量不要在连续的轮廓中途安排切入、切出、换刀或停顿，以免因切削力的忽然变化而影响表面加工质量，造成零件的表面形状突变、滞留刀痕、轮廓不光滑等加工缺陷。

2）换刀加工时的进给路线，主要是根据工步的先后顺序要求，确定每把刀加工的顺序以及每把刀进给路线的前后衔接关系。

3）切入、切出点应选在有空刀槽、表面间有拐点、转角的位置或者便于钳工修理的位置，而有曲线相切或光滑连接部分不能作为切入、切出点及接刀的位置；换刀点的位置应该为在保证安全换刀的前提下，最靠近零件的位置。

4）零件各部分精度要求不一致的精加工进给路线应以最高的精度要求为准，连续加工所有部位；如果各部分精度要求差别很大，则应把精度相接近的表面安排由同一把刀具加工，并且首先加工精度较低的部位，最后单独安排精度要求很高的部位的走刀路线。

（4）特殊的进给路线　当采用尖形车刀加工大圆弧内表面时，有两种不同的进给路线，其结果截然相反。如图 4-11 所示，对于图 4-11a 所示的第一种进给路线（$-Z$ 走向），因切削时尖形车刀的主偏角大于 90°（为 100°～105°），这时切削力在 X 向的分力 F 将沿着图示的 $+X$ 方向作用，当刀尖运动到圆弧的换向处时，即由 $-Z$、$-X$ 向 $-Z$、$+X$ 变换时，背向力马上与传动横向滑板的传动力方向相同，若螺旋丝杠副间有机械传动间隙，就可能使刀尖嵌入零件表面（即扎刀），其嵌入量理论上等于机械传动间隙量 e（见图 4-11c）。即使间隙量很小，由于刀尖在 X 向换向时，横向滑板进给过程的位移量变化也很小，加上处于动摩擦与静摩擦之间呈过渡状态的滑板惯性的影响，仍会导致横向滑板产生严重的爬行现象，从而大大降低零件的表面质量。

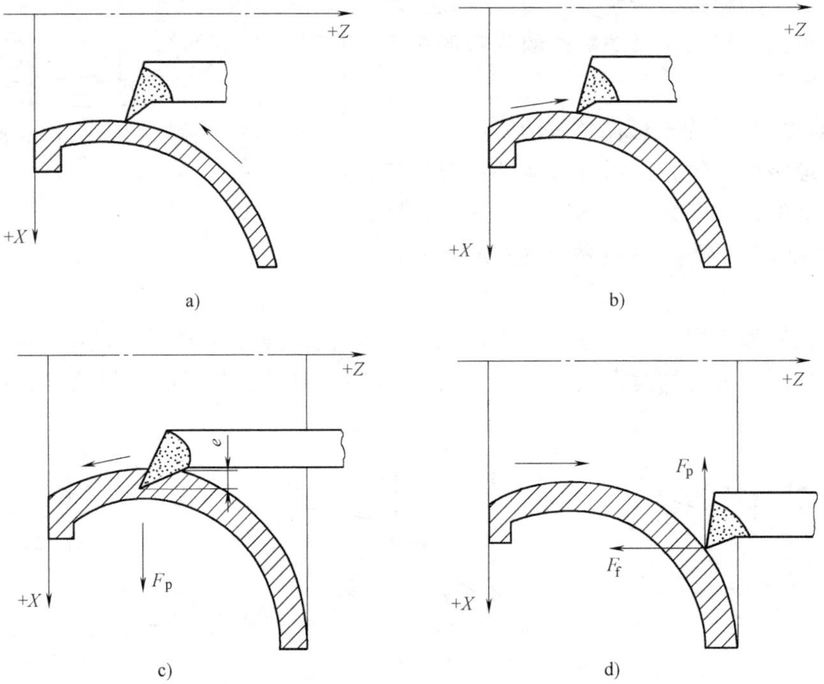

图 4-11　两种不同方向的进给路线对比分析

对于图 4-11b 所示的第二种进给路线，因为刀尖运动到圆弧的换向处时，即由 $-Z$、$-X$ 向 $-Z$、$+X$ 变换时，背向力与丝杠传动横向滑板的传动力方向相反（见图 4-11d），不会受螺旋丝杠副间机械传动间隙的影响而产生嵌刀现象，所以图 4-11b 所示的进给路线较为合理。

2. 数控车削刀具的选择

数控车床一般使用标准的机夹可转位刀具。机夹可转位刀具的刀片和刀体都有标准，刀片材料采用硬质合金、涂层硬质合金等。

数控车床机夹可转位刀具类型有外圆车刀、端面车刀、外螺纹车刀、切断刀具、内圆车刀、内螺纹车刀、孔加工刀具（包括中心孔钻头、镗刀、丝锥等）。

(1) 可转位车刀的结构　目前，数控车床上大多使用系列化、标准化刀具。可转位车刀是使用可转位刀片的机夹车刀，由刀杆、刀片、刀垫和夹紧元件等部分组成，如图 4-12 所示。车刀的前、后角是靠刀片在刀杆槽中安装后得到的。当一条切削刃用钝后可迅速转换成使用另一条切削刃，当刀片上的所有切削刃

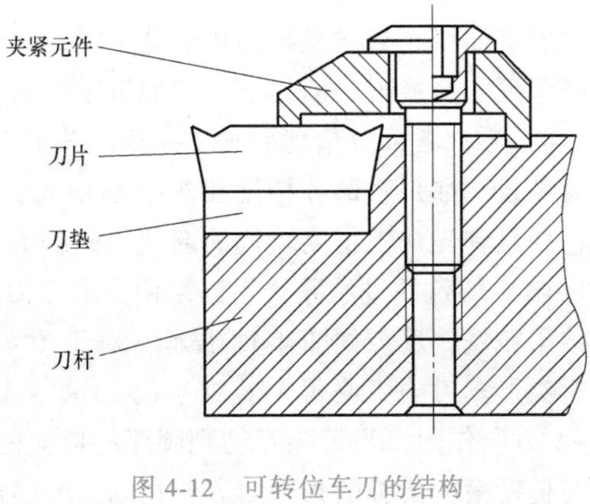

图 4-12　可转位车刀的结构

都用钝后，更换新刀片，车刀又可继续工作。

（2）可转位车刀的优点 与焊接车刀和整体式车刀相比，可转位车刀具有以下优点：

1）刀具寿命长。由于刀片避免了由焊接和刃磨高温引起的缺陷，刀具几何参数完全由刀片和刀杆槽保证，切削性能稳定，从而延长了刀具的寿命。

2）生产率高。由于机床操作工人不需要再磨刀，可大大减少停机换刀等辅助时间。

3）有利于推广新技术、新工艺。可转位车刀有利于推广使用涂层、陶瓷等新型刀具材料。

4）有利于降低刀具成本。刀杆使用寿命长，且大大减少了刀杆的消耗与库存量，简化了刀具的管理工作，降低了刀具成本。

3. 数控车削加工余量、工序尺寸及公差的确定

（1）数控车削加工余量的确定

1）分析计算法。分析计算法是指通过对影响加工余量的各种因素进行分析，然后根据一定的计算公式来计算加工余量的方法。此法确定的加工余量较合理，但需要全面的试验资料，计算也较复杂，故很少采用。

2）查表法。采用查表法时，首先根据机械加工工艺手册提供的资料查出各表面的总余量及不同加工方法的工序余量，然后根据实际情况进行适当的修正。该方法方便迅速，被广泛采用。

3）经验法。经验法是指由一些有经验的工艺设计人员和工人根据经验确定加工余量的方法，为避免产生废品，所确定的加工余量一般偏大。该方法一般用于单件小批生产。

（2）数控车削加工工序尺寸及公差的确定 确定数控车削加工工序尺寸及公差时，应该注意编程原点与零件设计基准不重合时，定位基准依次转换获得的尺寸中，加工误差的累积。无论在哪种情况下，都要保证工件各表面与编程原点的误差控制在机床的加工精度范围之内，所以在分析处理车削加工工序尺寸及公差时，要根据具体的工艺过程灵活处理。

一般对数控车削加工工序尺寸的处理步骤如下：

1）确定该加工表面的总余量，再根据加工路线确定各工序的基本余量，并核对前一道工序的余量是否合理。

2）自终加工工序起，即从设计尺寸起，至第一道工序，逐次加上或减去各工序的余量，便可以得到各工序的公称尺寸。

3）除终加工工序以外，根据各工序的加工方法及经济加工精度，确定其工序公差及表面粗糙度。

4）按入体原则以单向偏差方式标注工序尺寸，可做适当调整。

（3）切削用量的选择

1）背吃刀量的确定。背吃刀量是根据余量确定的。背吃刀量的大小主要依据机床、夹具、刀具和工件组成的工艺系统的刚度来确定。在系统刚性允许的情况下，为保证以最少的进给次数去除毛坯的加工余量，根据被加工零件的余量确定分层切削深度，选择较大的背吃刀量（当然高速加工除外），以提高生产率。在数控加工中，为保证零件必要的加工精度和表面粗糙度，建议留少量的余量，在最后的精加工中沿轮廓连续走一刀。粗加工时，除了留有必要的半精加工和精加工余量外，在工艺系统刚性允许的条件下，应以最少的次数完成粗加工，留给精加工的余量应大于零件的变形量和确保零件表面的完整性。

2）进给速度（进给量）的确定。粗加工时，由于对工件的表面质量没有太高的要求，这时主要根据机床进给机构的强度和刚性、刀杆的强度和刚性、刀具材料、刀杆和工件尺寸以及已选定的背吃刀量等因素来选取进给速度。精加工时，则按表面粗糙度要求、刀具及工件材料等因素来选取进给速度。进给速度 v_f 可以按公式 $v_f=fn$ 计算（式中 f 表示每转进给量，n 表示每分钟的转数）。粗车时，进给量一般取 0.3～0.8mm/r；精车时，进给量常取 0.1～0.3mm/r；切断时，进给量常取 0.05～0.2mm/r。

3）切削速度的确定。切削速度 v_c 可根据已经选定的背吃刀量、进给量及刀具寿命进行选取。实际加工过程中，也可根据生产实践经验和查表的方法来综合考虑选取。粗加工或工件材料的可加工性较差时，宜选用较低的切削速度。精加工或刀具材料、工件材料的切削加工性能较好时，宜选用较高的切削速度。切削速度 v_c 确定后，可根据刀具或工件直径（D）按公式 $n=1000v_c/(\pi D)$ 来确定主轴转速 n（r/min）。

在工厂的实际生产过程中，切削用量一般根据经验并通过查表的方式选取。

4）选择切削用量时应注意的几个问题。

① 主轴转速。主轴转速应根据零件上被加工部位的直径，并按零件和刀具的材料及加工性质等条件所允许的切削速度来确定。切削速度除了可计算和查表选取外，还可根据实践经验确定（需要注意的是，交流变频调速数控车床低速输出力矩小，因而切削速度不能太低）。根据切削速度可以计算出主轴转速。

② 车螺纹时的主轴转速。在数控车床上加工螺纹时，因其传动链的改变，原则上其转速只要能保证主轴每转一周时，刀具沿主进给轴（多为 Z 轴）方向位移一个螺距即可。

在车削螺纹时，车床的主轴转速将受到螺纹的螺距 P（或导程）大小、驱动电动机的升降频特性，以及螺纹插补运算速度等多种因素影响，故对于不同的数控系统，推荐不同的主轴转速选择范围。大多数经济型数控车床推荐车螺纹时的主轴转速 n（r/min）为

$$n \leqslant 1200/P-k$$

式中 P——被加工螺纹螺距（mm）；

k——保险系数，一般取 80。

用数控车床车螺纹时，会受到以下几方面的影响：

a. 螺纹加工程序段中指令的螺距值，相当于以进给量 f（mm/r）表示的进给速度 v_f。如果将机床的主轴转速选得过高，其换算后的进给速度 v_f（mm/min）则必定大大超过正常值。

b. 刀具在其位移过程的始终，都将受到伺服驱动系统升降频率和数控装置插补运算速度的约束。由于升降频率特性满足不了加工需要等原因，则可能因主进给运动产生的“超前”和“滞后”而导致部分螺牙的螺距不符合要求。

c. 车削螺纹必须通过主轴的同步运行功能而实现，即车削螺纹需要有主轴脉冲发生器（编码器）。当其主轴转速选得过高时，通过编码器发出的定位脉冲（即主轴每转一周时所发出的一个基准脉冲信号）可能因“过冲”（特别是当编码器的质量不稳定时）而导致工件螺纹产生乱牙。

五、数控车削编程特点

1）在一个程序段中，根据图样上标注的尺寸，采用手工编程时，可以采用绝对值编程、增量值编程或两者混合编程。如果采用自动编程软件编程，则通常采用绝对值编程。

2）由于被加工零件的径向尺寸在图样上的标注和测量通常都采用直径表示，因此用绝对值编程时，X 值以直径值表示，用增量值编程时，以径向实际位移量的两倍值表示，并附加方向符号。

3）一般回转体零件，径向尺寸精度都比轴向尺寸精度要求要高，为提高零件的径向尺寸精度，X 向的脉冲当量取 Z 向的一半。

4）由于车削加工常用棒料或锻料作为毛坯，加工余量较大，以及加工螺纹时要分多刀进行加工，所以为简化编程，数控装置具备不同形式的固定循环功能，以便在粗加工时可进行多次重复循环切削。

5）数控车床大多数是以车刀上的某一点作为基准来编程的，而实际上有时为延长刀具寿命，提高零件表面质量，需在车刀的刀尖处磨出一个小圆弧（涂层刀片在刀尖处同样存在一段小圆弧，根据刀具规格，小圆弧半径一般为 0.2~2.0mm），为防止产生过切或少切，数控装置一般都具有刀尖圆弧半径自动补偿功能，这类数控车床可直接按照工件轮廓编程，使程序编制简单、零件尺寸准确。

六、数控车削常用编程指令

1. 内外轮廓粗加工

当加工的轴类或盘类零件采用圆柱棒料，或者加工余量较大时，通常需要先进行粗车（或半精车），然后再精车。这样的零件，采用基本切削指令编制程序就会很冗长，特别是粗加工阶段，如果不采用循环指令，坐标尺寸计算量很大且烦琐，编程需要的辅助时间增多且容易出错。因此，在这种情况下，一般都不用基本指令编制数控加工程序，而是采用数控系统的复合固定循环功能编制加工程序，以提高编程效率和保证程序的正确性。

复合固定循环的功能就是通过对零件的轮廓进行正确的定义，选取合理的切削加工参数（粗加工的背吃刀量、切削速度、进给速度，精加工余量、精加工切削速度、精加工进给速度等），在编程时只需按照具体的指令格式编入相关参数，数控系统就会根据零件的轮廓和参数自动计算出粗车的走刀路径，实现粗加工的全部过程。采用复合固定循环指令编制数控加工程序最大的好处就是减少了编程中的数值计算。

下面介绍几种常用的粗加工复合固定循环指令和精加工固定循环指令。这些粗加工复合固定循环指令在针对各自特定的加工情况时，能获得较高的加工效率，但所有的粗加工复合固定循环编程之后，都必须使用精加工固定循环指令进行精加工，使工件达到所要求的尺寸精度及表面粗糙度。

（1）轴向粗车复合固定循环指令（G71）　轴向粗车复合固定循环指令主要用于轴向加工余量较大而径向加工余量较小的情况，而且 FANUC 0i 数控系统的车削加工中，轴向粗车复合固定循环指令 G71 可以根据加工零件的轮廓，分别采用两种不同类型的粗车加工循环方式，即类型Ⅰ和类型Ⅱ。

1）类型Ⅰ。该指令适合于采用圆柱棒料为毛坯，需多次走刀才能完成粗加工的阶梯轴零件的外圆或内孔的加工。其加工外圆轮廓的刀具循环加工路径如图 4-13 所示。

G71 的指令格式：

G00　$X_{循}$　$Z_{循}$

G71　U(Δd)　R(e)

G71　P(n_s)　Q(n_f)　U(Δu)　W(Δw)　F(f)　S(s)　T(t)

N(n_s)G00/G01……

……　F(f)　S(s)

……

N(n_f)……

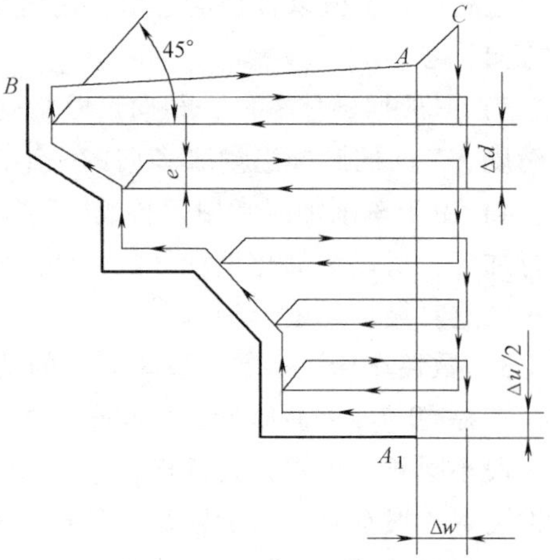

图 4-13　外圆轴向粗车复合循环

该指令中各项的含义解释如下：

$X_{循}$、$Z_{循}$——循环起始点的坐标，该点一定在毛坯之外且靠近毛坯；

Δd——背吃刀量（通常为半径值且不带符号），该值也可以由系统参数 5132 号设定，参数由程序指令改变；

e——退刀量，该值可以由系统参数 5133 号设定，参数由程序指令改变；

n_s——精加工轮廓程序段中开始段的段号；

n_f——精加工轮廓程序段中结束段的段号；

Δu——X 轴方向的精加工余量和方向（通常为直径值，也可以指定为半径值）；

Δw——Z 轴方向的精加工余量和方向；

f、s、t——G71 程序段中的 F、S、T 是粗加工时的进给量、主轴转速及所用刀具，这些参数也可以在循环之前指定；而包含在 n_s 和 n_f 程序段中的 F、S、T 是精加工时的进给量、主轴转速及所用刀具。

注意事项：

① 采用复合固定循环需设置一个循环起点，刀具按照数控系统安排的路径一层一层按照直线插补形式分刀车削成阶梯形状，最后沿着粗车轮廓车削一刀，然后返回到循环起点完成粗车循环。

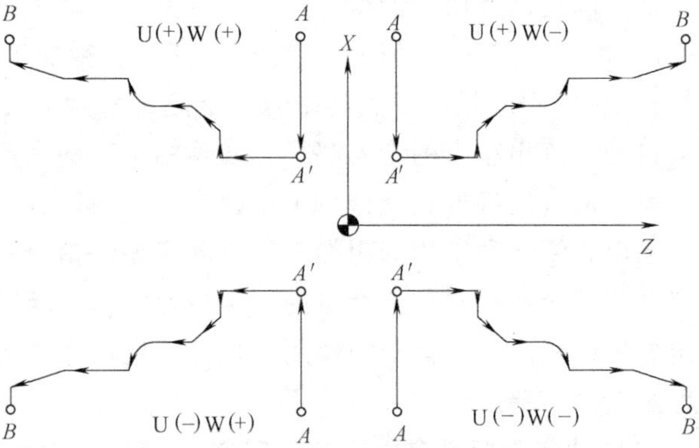

图 4-14　Δu 和 Δw 的符号与外圆、内孔切削走刀轨迹的关系

② 零件轮廓必须符合 X、Z 轴方向同时单调增大或单调减小，即不可有内凹的轮廓外形；精加工程序段中的第一指令只能用 G00 或 G01，且不可有 Z 轴方向移动指令。

③ G71 指令也可用于内孔轮廓的粗车，注意 Δu 应设置成负值，其余参数与外圆循环相同。Δu 和 Δw 的符号与外圆、内孔切削走刀轨迹的关系如图 4-14 所示。

④ G71 指令只是完成粗车程序，虽然程序中编制了精加工程序，但目的只是为了定义零件精加工的轮廓，并不执行精加工程序，只有执行 G70 指令时才完成精车程序。

2）类型Ⅱ。由于类型Ⅰ加工的零件轮廓必须符合 X、Z 轴方向同时单调增大或单调减小，对一些带有凹、凸变化的轮廓，类型Ⅰ的循环就不适合了。FANUC 0i 数控系统提供了类型Ⅱ的粗加工循环方式。类型Ⅱ不同于类型Ⅰ之处就是沿 X 轴的外形轮廓不必单调增大或单调减小，而且最多可以允许有 10 个凹槽的粗加工，但沿 Z 轴的外形轮廓必须单调增大或单调减小，如图 4-15 所示。

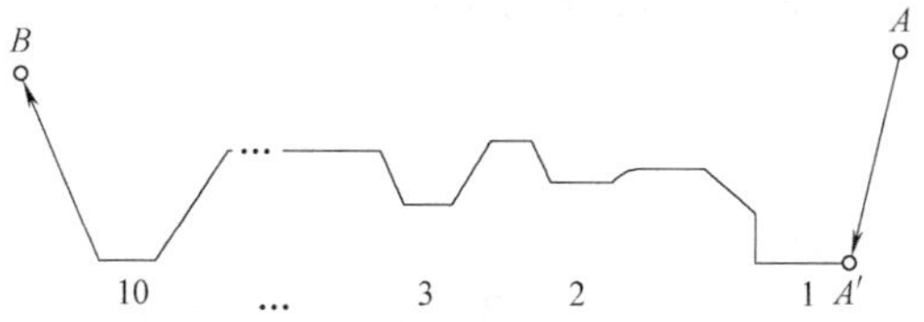

图 4-15 类型Ⅱ粗车的轮廓凹槽

FANUC 0i 数控系统轴向粗车复合固定循环类型Ⅰ和类型Ⅱ的主要区别：

① 类型Ⅰ加工的零件轮廓必须符合 X、Z 轴方向同时单调增大或单调减小；类型Ⅱ沿 Z 轴的外形轮廓必须单调增大或单调减小，而沿 X 轴的外形轮廓允许有增有减，只要凹槽数目不大于 10 个即可。

② 类型Ⅰ的精加工轮廓定义的第一个程序段只指定一根轴移动（X 轴）；类型Ⅱ的精加工轮廓定义的第一个程序段指定两根轴移动（X 轴和 Z 轴），即使不包含 Z 轴移动，都必须指定 W0。两者的编程格式比较如下：

类型Ⅰ的编程格式：

G00 X100.0 Z50.0;

G71 U5.0 R1.0;

G71 P10 Q20 U0.6 W0.3 F0.2 S1200;

N10 G00/G01 X30.0 (或 U-70.0); （只指定 X 轴）

…… F0.1 S1800;

……

N20……;

类型Ⅱ的编程格式：

G00 X100.0 Z50.0;

G71 U5.0 R1.0;

G71 P10 Q20 U0.6 W0.3 F0.2 S1200;

N10 G00/G01 X30.0 Z5.0(或 U-70.0 W-45.0); （必须指定 X 轴和 Z 轴）

或者 N10 G00/G01 X30.0 Z50.0(或 U-70.0 W0 或 X30.0 W0);

…… F0.1 S1800;

……

N20……;

（2）径向粗车复合循环指令（G72） 径向粗车复合循环指令主要是用于径向加工余量较大而轴向加工余量较小的情况，其加工轮廓的刀具循环加工路径如图 4-16 所示。

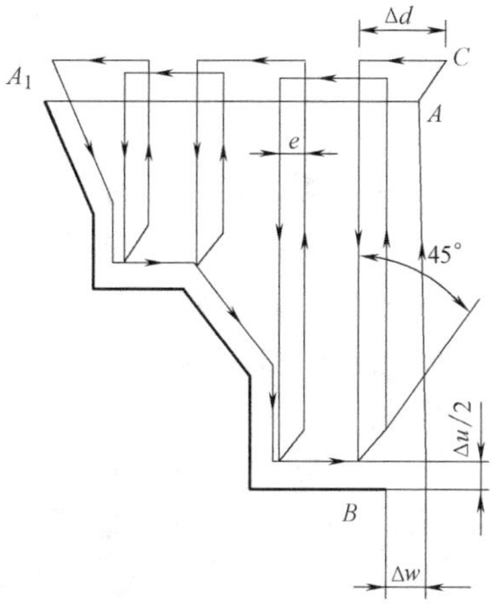

图 4-16 外圆径向粗车复合循环

G72 的指令格式：

G00 $X_{循}$ $Z_{循}$

G72 W(Δd) R(e)

G72 P(n_s) Q(n_f) U(Δu) W(Δw) F(f) S(s) T(t)

N(n_s)　G00/G01……

……　F(f)　S(s)

……

N(n_f)……

该指令的进刀是沿 Z 轴方向进行的，切削是沿平行于 X 轴方向进行的。

其中，Δd、e 分别指沿 Z 轴方向的背吃刀量和退刀量；其余程序字的含义与 G71 指令相同。

(3) 仿形粗车复合循环指令（G73）　该指令适合于零件毛坯已基本成形，X 轴与 Z 轴方向余量比较均匀的铸件或锻件的加工。其粗加工循环进给路线如图 4-17 所示。

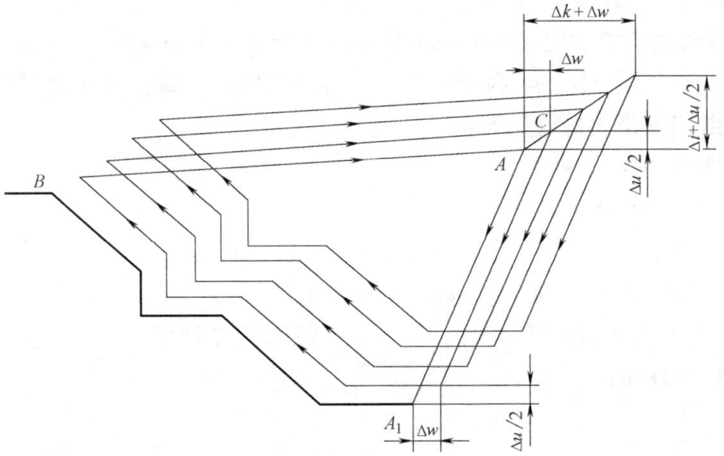

图 4-17　仿形粗车复合循环

G73 的指令格式：G00　$X_{循}$　$Z_{循}$

G73　U(Δi)W(Δk)R(d)

G73　P(n_s)　Q(n_f)　U(Δu)　W(Δw)　F(f)　S(s)　T(t)

N(n_s)　G00/G01……

……　F(f)　S(s)

……

N(n_f)……

其中：

Δi——X 轴方向上的退刀量（半径值）；

Δk——Z 轴方向上的退刀量；

d——粗加工切削次数。

其余程序字的含义与 G71 指令完全相同。

说明：

1) Δi、Δk 为第一次车削时退离零件轮廓的距离，确定该值时应以毛坯的粗加工余量大小来计算，可按下列公式确定：

Δi(X 轴退刀距离)= X 轴粗加工余量-每一次背吃刀量

Δk(Z 轴退刀距离)= Z 轴粗加工余量-每一次背吃刀量

2）G73 循环的每一刀走刀路线都与零件的轮廓是相同的形状，所以它对零件轮廓的单调性是没有要求的。

3）G73 指令完成的也是零件的粗加工程序，精加工同样采用 G70 指令完成。

2. 内外轮廓精加工复合循环指令（G70）

精加工循环的功能是当程序完成粗车循环时，采用此指令可完成零件的精加工程序，使尺寸达到图样要求。

指令格式：G70 P(n_s) Q(n_f)

其中：

n_s——精加工轮廓程序段中开始段的段号；

n_f——精加工轮廓程序段中结束段的段号。

注意：

1）必须先用 G71、G72、G73 指令完成粗加工后，再用 G70 指令进行精加工。

2）精加工时，G71、G72、G73 粗加工程序段中的 F、S、T 指令无效，只有在 $n_s \sim n_f$ 程序段中的 F、S、T 才有效。

3）在 $n_s \sim n_f$ 精加工程序段中，不能调用子程序。

3. 数控车削的刀具补偿

数控车刀的刀具补偿包括刀具长度补偿和刀尖圆弧半径补偿两部分。

（1）数控车床中的刀具长度补偿　刀具长度补偿的含义如图 4-18 所示，有两种常见的方法。图 4-18a 所示为按基准刀尖编程的情况，图 4-18b 所示为按刀架中心编程的情况，两者之间既有区别又有相似之处。

在按基准刀尖编程的情况下，当前刀具的长度补偿就是当前刀具与基准刀具的 X 轴和 Z 轴方向上的偏置量，如图 4-18a 所示，$\Delta X_2=12$，$\Delta Z_2=5$；而当以刀架中心编程时，每把刀具的几何补偿便是当前刀具的刀尖相对于刀架中心的偏置量，如图 4-18b 所示。

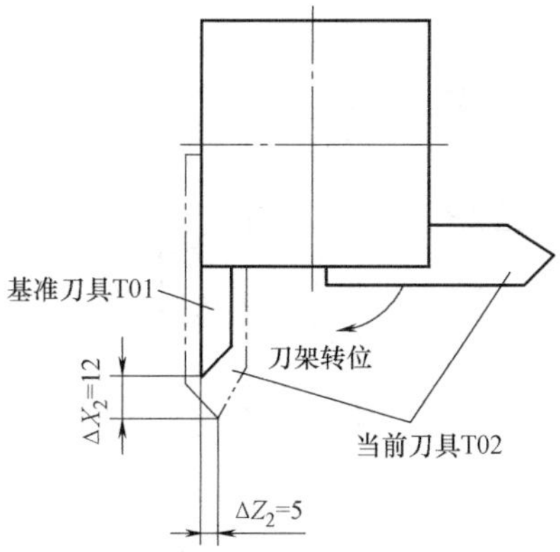

a) 按基准刀尖编程

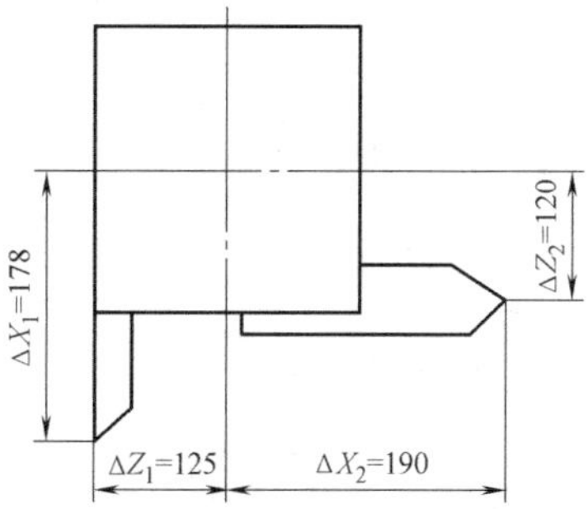

b) 按刀架中心编程

图 4-18　刀具长度补偿

图 4-18a 中 T01 号刀为基准刀具，其补偿号为 01，则在刀具补偿参数设定界面中番号为 G001 的补偿中 X 轴和 Z 轴的补偿值都设为零，如图 4-19a 所示；T02 为当前刀具，其补偿号为 02，它与基准刀具在 X 轴和 Z 轴方向的长度差值如图 4-18a 所示，则在刀具补偿参数设定界面

中番号为 G002 的补偿中 *X* 轴和 *Z* 轴的补偿值分别为 24mm 和−5mm，如图 4-19a 所示。没有设定基准刀具的情况（按刀架中心编程），各把刀具的设定情况如图 4-18b 和图 4-19b 所示。

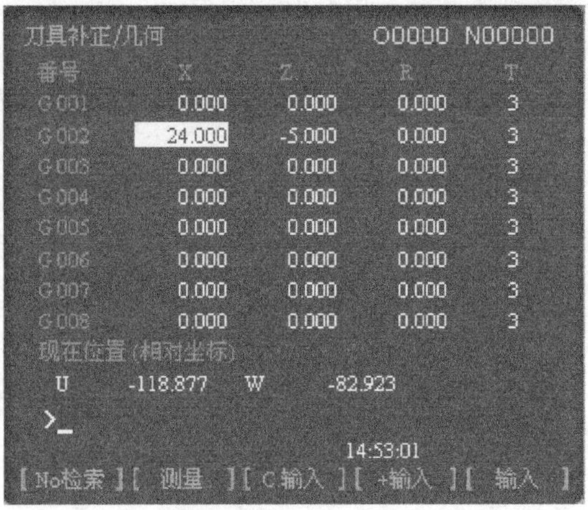

a) 按基准刀尖编程

b) 按刀架中心编程

图 4-19 刀具补偿参数设定

（2）数控车床中的刀尖圆弧半径补偿 编程时，通常都将刀具看作一个特定点（刀具零点，如图 4-20 中的理想刀尖点）来考虑，通过这个点来描述刀具与工件的相对运动轨迹。但实际上刀具或多或少都存在一定的圆弧，如图 4-20 所示，真正的切削位置是在这段圆弧上变化的。当用有圆角的刀具而未进行刀尖圆弧半径补偿加工端面、外径、内径等与轴线平行或垂直的表面时，是不会影响加工尺寸和形状的，但转角处的尖角肯定是无法车出的，并且在切削锥面或圆弧面时，会造成过切或少切，如图 4-21 所示。

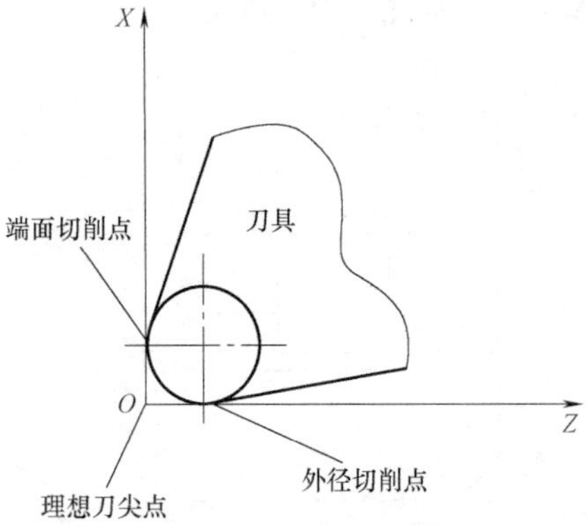

图 4-20 刀尖圆角

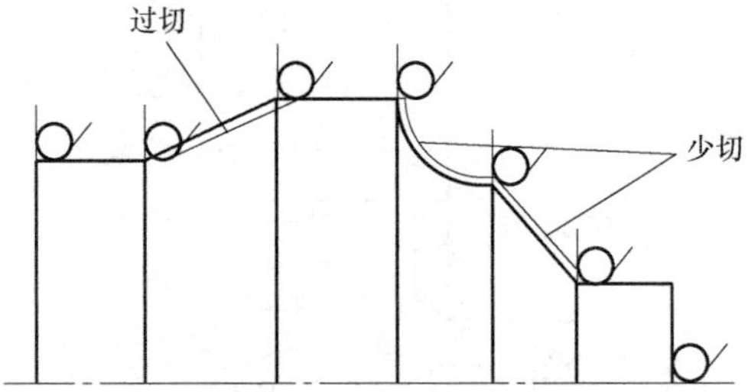

图 4-21 少切和过切现象

具有刀尖圆弧半径自动补偿功能的数控系统，编程时只需按照工件的实际轮廓尺寸编程，而执行程序时系统能根据刀尖圆弧半径相关参数自动计算出补偿量，在切削加工过程中给予自动补偿，从而避免少切和过切现象，以保证加工零件的形状和尺寸。

（3）数控车床中的刀具补偿指令及格式

1）刀具长度补偿指令的格式：

T××××；

其中：指令 T 后面的前两位数字表示刀具号，后两位数字表示刀具补偿号。

2）刀尖圆弧半径补偿指令的格式：

G41/G42　G00/G01　X__　Z__；　建立刀尖圆弧半径补偿

……；　刀尖圆弧半径补偿的执行

……；

G40　G00/G01　X__　Z__；　取消刀尖圆弧半径补偿

说明：

G41——刀尖圆弧半径左补偿，按程序路径前进方向刀具偏在零件左侧进给。

G42——刀尖圆弧半径右补偿，按程序路径前进方向刀具偏在零件右侧进给。

G40——取消刀尖圆弧半径补偿。

图 4-22 所示为 G41/G42 的判断方法。

当系统执行到含 T 代码的程序指令时，仅仅是从中取得了刀具补偿的寄存器地址号（其中包括刀具几何位置补偿和刀尖圆弧半径大小），此时并不会开始实施刀尖圆弧半径补偿。只有在程序中遇到 G41、G42、G40 指令时，才开始从刀库中提取数据并实施相应的刀尖圆弧半径补偿。

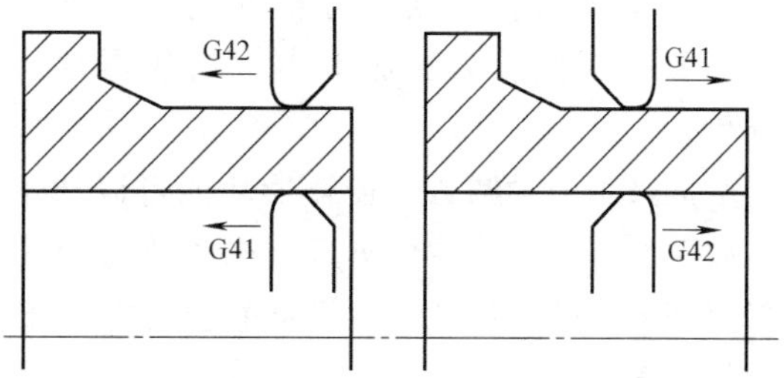

图 4-22　G41/G42 的判断方法

注意事项：

① 执行刀尖圆弧半径补偿 G41 或 G42 的指令后，刀尖圆弧半径补偿将持续对每一编程轨迹有效。

② 若要取消刀尖圆弧半径补偿，则需要在某一编程轨迹的程序行前加上 G40 指令，或单独将 G40 作为程序行书写。

③ 刀尖圆弧半径补偿的引入和取消在 G00 或 G01 运动过程中完成，而不能在 G02、G03 圆弧轨迹程序行上实施，如图 4-23 所示。

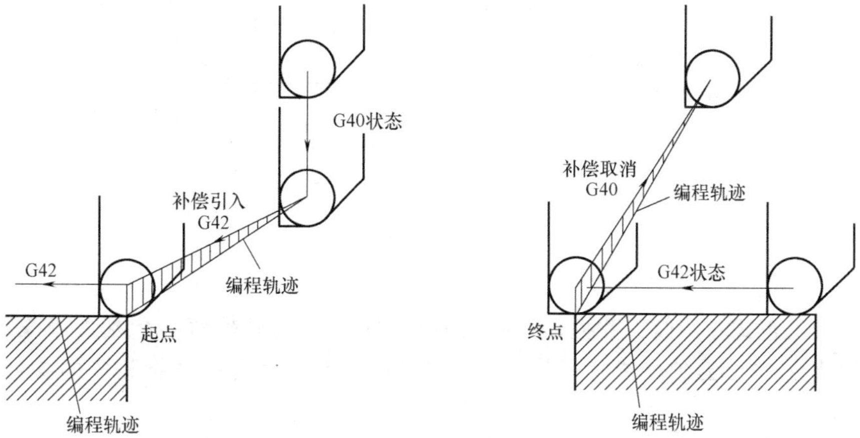

a) 刀尖圆弧半径补偿的引入　a) 刀尖圆弧半径补偿的取消

图 4-23　刀尖圆弧半径补偿的引入及取消

④ 引入和取消刀尖圆弧半径补偿时，刀具位置的变化是一个渐变的过程。

⑤ 当输入刀尖圆弧半径补偿数据时给的是负值，则 G41、G42 互相转化。

⑥ 加工轮廓线的起始或终止若为直线则延长，延长距离必须超过刀尖圆弧半径；加工轮廓线的起始或终止若为圆弧则用相切直线延长，延长距离必须超过刀尖圆弧半径。

⑦ G41、G42 指令不要重复规定，否则会产生一些特殊的不正常的补偿。

（4）刀具零点与刀尖方位　刀具零点实际上就是刀具上作为编程相对基准的参照点。对于数控车刀而言，刀具零点一般有两种情况，如图 4-24a 所示的 *A* 点（假想刀尖）或 *B* 点（刀尖圆弧中心点）。

当执行没有刀尖圆弧半径补偿的程序时，刀具零点正好运行在编程轨迹上，但因刀具零点与实际切削点之间不重合，会带来加工误差；而执行带刀尖圆弧半径补偿的程序时，刀具零点将可能运行在偏离于编程轨迹的位置上，但由于补偿的作用，能减少加工误差。因此，为了加工出合格的零件，一般在精加工过程中，都带有刀尖圆弧半径补偿。

虽然采用刀尖圆弧半径补偿功能可以加工出准确的尺寸形状，但若使用了不合适的刀具，如左偏车刀换成右偏车刀，或者采用了不同的走刀路线，那么采用同样的刀补算法不仅不能保证加工的准确性，而且可能会出现不合理的过切和少切现象。为此，必须要明白刀尖方位的概念。

图 4-24b 所示为按假想刀尖方位以数字代码对应的各种刀具装夹位置的情况；如果以刀尖圆弧中心作为刀具零点进行编程，则应选用 0 或 9 作为刀尖方位号，其他号都是以假想刀尖编程时采用的。在执行程序之前，必须在刀具参数设置数据库内按程序中刀具的实际情况设置相应的刀尖方位号，才能保证加工过程中的正确补偿。

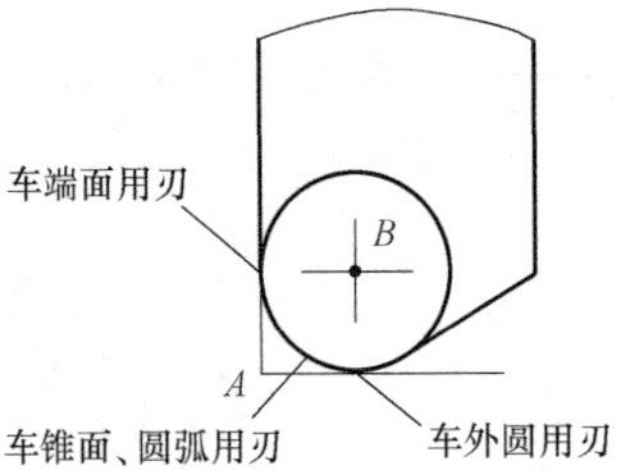

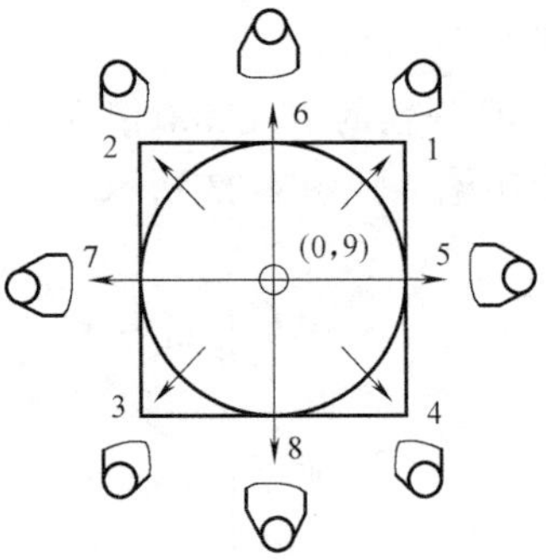

图 4-24　刀位点与刀尖方位

在数控加工正式开始前，数控车刀的相关参数——长度补偿值（包括 X 和 Z）、刀尖圆弧半径补偿值（R）、刀尖位置号码值（T）都需要在数控系统中进行相应的参数设置，如图 4-19 所示。

【例 4-1】 刀具补偿编程举例。

如图 4-25 所示零件的外轮廓精加工，换刀点设在（100，10），考虑刀具补偿。其程序清单见表 4-2。

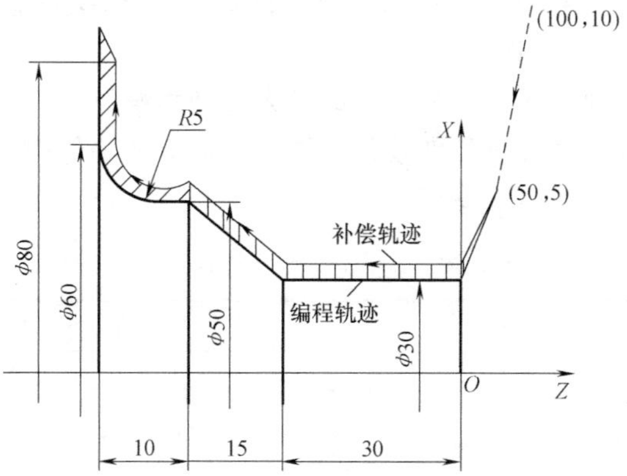

图 4-25　采用刀具补偿的编程

表 4-2　采用刀具补偿后的程序清单

零件号	0008	零件名称	××××	编制日期	××××
程序号		O0008		编制	×××
程序段号	程序内容			程序说明	
N0002	O0008;			程序名	
N0004	G00 X100.0 Z10.0 T0100;			建立工件坐标系,快速到达程序起刀点	
N0006	T0101;			换外圆精车刀,建立刀具长度补偿	
N0008	G97 S1000 M03;			恒转速控制	
N0010	G00 X50.0 Z5.0;			定位到切削起始位置	
N0012	G42 G01 X30.0 Z0.0 F0.2;			刀尖圆弧半径补偿引入	
N0014	G01 Z-30.0;			刀补执行中,加工轮廓	
N0016	X50.0 Z-45.0;			刀补执行中,加工轮廓	
N0018	Z-50.0;			刀补执行中,加工轮廓	
N0020	G02 X60.0 Z-55.0 R5.0;			刀补执行中,加工轮廓	
N0022	G01 X80.0;			刀补执行中,加工轮廓	
N0024	G40 G00 X100.0 Z10.0;			返回并取消刀尖圆弧半径补偿	
N0026	T0100;			关闭刀具数据库,取消刀具长度补偿	
N0028	M30;			程序结束	

4. 螺纹车削加工

（1）螺纹车削加工概述　螺纹车削为数控机床上的常见工序。螺纹有很多种，一般比较常见的有米制、寸制与其他制式的螺纹。一般的数控系统都具备加工各种恒螺距螺纹——圆柱螺纹/圆锥螺纹、外螺纹/内螺纹、单线螺纹/多线螺纹、多段连续螺纹等功能，而且螺纹的牙型也各不相同。本节内容主要以普通外螺纹为例，介绍其常见加工方法，其基本的走刀路线如图 4-26 所示。

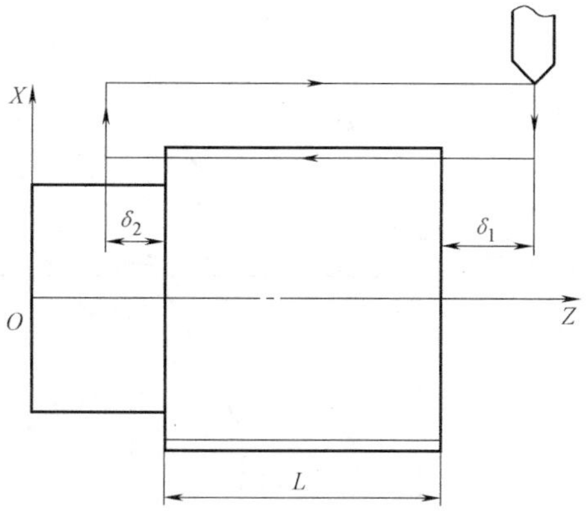

图 4-26　圆柱螺纹切削的走刀路线

FANUC 系统常见的螺纹加工指令有 G32、

G92、G76 三种，且这三种指令各有特点，分别适用于不同的场合。

G32 一般用于小螺距螺纹和淬硬材料。

G92 一般用于小螺距螺纹和淬硬材料，或者大牙型角螺纹。

G76 一般用于粗牙螺纹或接触长度较长的螺纹，可有效降低振动。

螺纹切削的进刀方式比较见表 4-3。

表 4-3　螺纹切削的进刀方式比较

进刀方式	图示	特点及应用
直进法	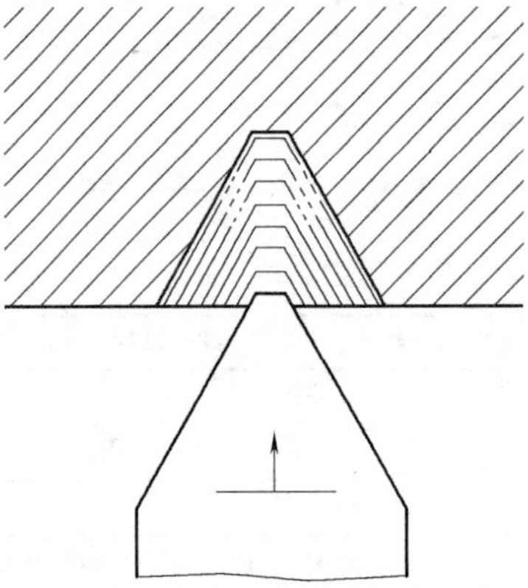	切削力大，易扎刀，切削用量小，牙型精度高；适用于粗、精加工螺距较小(<3mm)的普通螺纹以及精加工螺距较大(≥3mm)的螺纹
斜进法	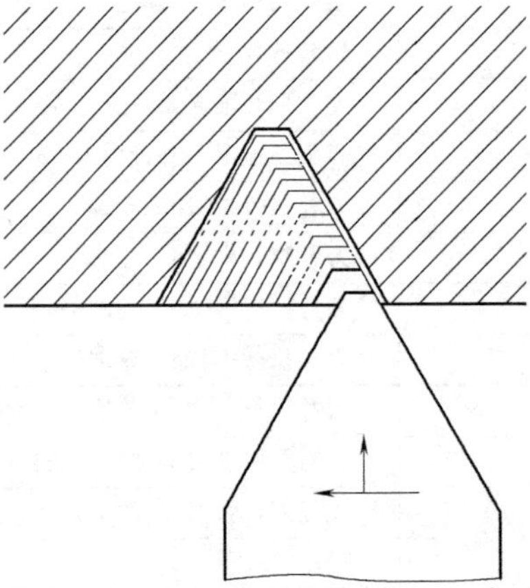	切削力小，不易扎刀，切削用量大，牙型精度低，表面粗糙度值大；适用于粗加工螺距较大(≥3mm)的螺纹
左右切削法	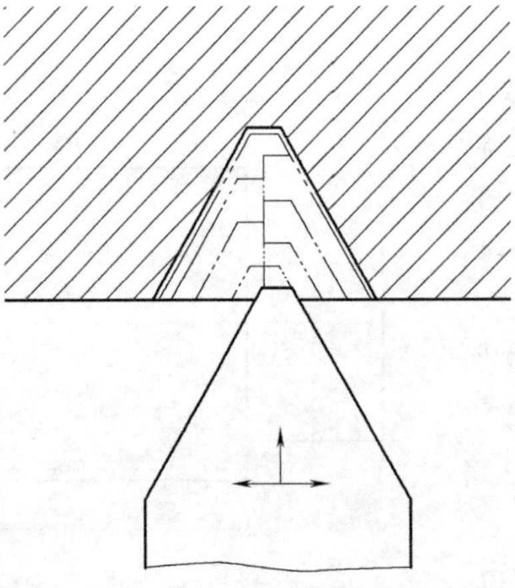	切削力小，不易扎刀，切削用量大，牙型精度低，表面粗糙度值小；适用于粗、精加工螺距较大(≥3mm)的螺纹

在加工工艺路线的安排上，螺纹加工之前应先加工出内、外螺纹的圆柱表面和退刀槽，然后选择合理的加工方法完成螺纹的粗、精加工；特别是加工塑性材料螺纹，车刀挤压作用会使加工后螺纹的大（小）径变化，因此在车螺纹前圆柱的直径应比螺纹公称直径小（大）0.1~0.4mm（一般可取为0.1P，P为螺距），螺纹牙型高度可按照0.6134P（米制螺纹）或0.6495P（寸制螺纹）近似计算。

螺纹加工的注意事项：

1）切削螺纹时，主轴转速要保持不变，所以控制功能一定要用恒转速指令而不能用恒线速指令。

2）在加工螺纹时，面板上的进给速度倍率、主轴速度倍率开关无效。

3）由于伺服系统本身具有滞后特性，主轴在加速和减速过程中，会在螺纹切削起点和终点产生不正确的导程，故在切削螺纹时要考虑足够的空刀切入距离 δ_1 和空刀切出距离 δ_2，如图 4-26 所示。

4）螺纹加工中的背吃刀量大小和进刀次数会直接影响螺纹的加工质量和效率，一般按经验按逐渐递减的方法进行选择。

（2）螺纹车削加工指令介绍

1）螺纹基本切削指令（G32）

格式：G32 X(U)__ Z(W)__ F__

其中：

X、Z——螺纹切削的终点绝对坐标；X 值省略时为圆柱螺纹切削，Z 值省略时为端面螺纹切削，X、Z 均不省略时则为圆锥螺纹切削；

U、W——螺纹切削的终点相对于起点的增量坐标；

F——螺纹导程。

【例 4-2】 G32 指令应用举例。

加工图 4-27 所示的螺纹。光轴和退刀槽已经加工完毕，只需加工螺纹。

在加工螺纹之前，应先计算出牙型高度，再根据其高度分配进刀次数及背吃刀量，并计算空刀切入距离 $\delta_1=5\text{mm}$、空刀切出距离 $\delta_2=2\text{mm}$。

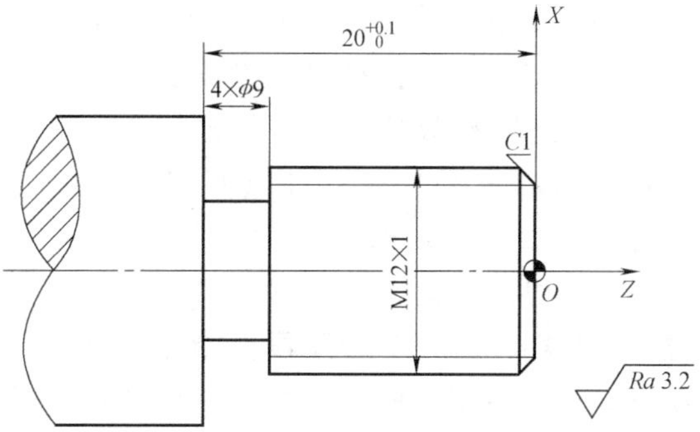

图 4-27 圆柱螺纹切削实例

螺纹加工参考程序清单见表 4-4。

表 4-4 螺纹加工参考程序清单

零件号	0009	零件名称	××××	编制日期	××××
程序号	O0009		编制	×××	
程序段号	程序内容		程序说明		
N0002	O0009;		程序名		
N0004	G90 G00 X100.0 Z150.00 T0100;		建立工件坐标系，快速到达程序起刀点		
N0006	T0404;		换外螺纹车刀，建立刀具长度补偿		

（续）

零件号	0009	零件名称	××××	编制日期	××××
程序号		00009		编制	×××

程序段号	程序内容	程序说明
N0008	G97 S500 M03;	恒转速控制
N0010	G00 X11.3 Z5.0;	定位到第一刀的起始位置
N0012	G32 Z-18.0 F1.0;	第一次进给切螺纹
N0014	G00 X15.0;	沿 X 向退刀
N0016	Z5.0;	沿 Z 向退刀
N0018	X10.9;	沿 X 向进刀
N0020	G32 Z-18.0 F1.0;	第二次进给切螺纹
N0022	G00 X15.0;	沿 X 向退刀
N0024	Z5.0;	沿 Z 向退刀
N0026	X10.7	沿 X 向进刀
N0028	G32 Z-18.0 F1.0;	第三次进给切螺纹
N0030	G00 X15.0;	沿 X 向退刀
N0032	X100.0Z150.00	刀具退回换刀点
N0034	M00	程序暂停，测量检查
……	……;	根据测量结果做相应处理
N0036	M30;	程序结束

2）螺纹切削单一循环指令（G92）。采用螺纹基本切削指令，车削一刀就要编四段程序，当进刀次数较多时，数控程序将会很长，编制过程烦琐，且重复段较多（见上例）。如果采用螺纹切削循环指令，将“进刀→切削→退刀→回程”四个动作作为一个循环，用一个程序段来指令，这样程序就简化多了。螺纹切削单一循环如图 4-28 所示。

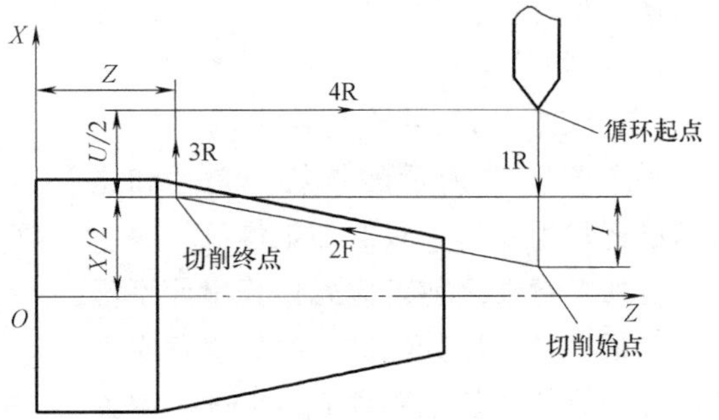

图 4-28　螺纹切削单一循环

格式：G92　X(U)__ Z(W)__　I__　　F__;

其中：

X、Z——螺纹切削的终点绝对坐标值；

U、W——螺纹切削的终点相对于循环起点的增量坐标值；

I——螺纹切削起点与终点的半径差，加工圆柱螺纹时，I=0；加工圆锥螺纹时，当 X 向切削起点绝对坐标小于终点绝对坐标时，I 为负，反之为正；

F——螺纹导程。

说明：

① 采用螺纹切削循环指令，需要在 G92 的前一段设置一个循环起点，每加工完一刀，

刀具都会返回到循环起点。

② 加工圆锥螺纹时，应根据螺纹起点与终点坐标计算出 I 值，特别要注意的是，I 值是起点与终点的半径差，而不是圆锥大、小端的半径差。

【例 4-3】 G92 指令应用举例。

加工一圆锥螺纹，如图 4-29 所示。设圆锥表面已加工完成，切入距离 $\delta_1 = 5\text{mm}$，切出距离 $\delta_2 = 1\text{mm}$，螺纹螺距 $P = 2\text{mm}$，采用螺纹切削循环指令编制程序。

1）计算螺纹参数。牙型高度为 1.299mm，计划分五刀完成，背吃刀量分别为 0.9mm、0.7mm、0.5mm、0.4mm、0.1mm。

2）计算圆锥切削始点与终点直径值及 I 值。

螺纹加工参考程序见表 4-5。

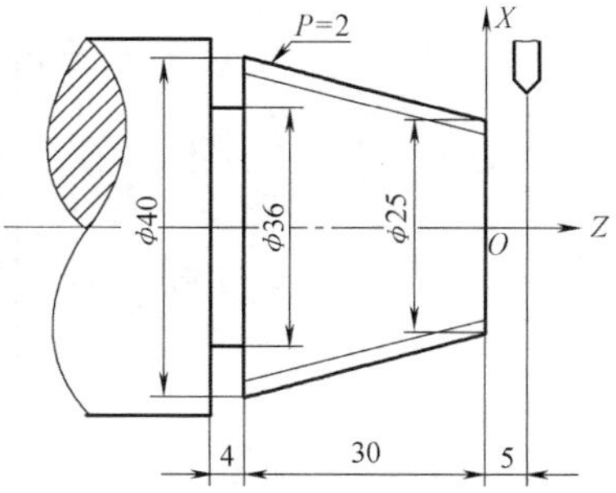

图 4-29　圆锥螺纹循环切削实例

表 4-5　螺纹加工参考程序

零件号	0010	零件名称	××××	编制日期	××××
程序号		O0010	编制		×××
程序段号	程序内容		程序说明		
N0002	O0010;		程序名		
N0004	G90 G00 X80.0 Z50.0 T0100;		建立工件坐标系，快速到达程序起刀点		
N0006	T0404;		换外螺纹车刀，建立刀具长度补偿		
N0008	G97 S500 M03;		恒转速控制		
N0010	G00 X45.0 Z5.0 M08;		该点为循环起点，与切入点对应		
N0012	G92 X40.1 Z - 32 I - 9.25 F2.0;		第一次循环加工螺纹		
N0014	X39.4;		第二次循环加工螺纹		
N0016	X38.9;		第三次循环加工螺纹		
N0018	X38.5;		第四次循环加工螺纹		
N0020	X38.4;		第五次循环加工螺纹		
N0022	G00 X80.0 Z50.0 T0400;		刀具退回换刀点，取消刀补		
N0024	M30;		程序结束		

3）螺纹切削复合循环指令（G76）。该指令适合于车削导程较大、进刀次数较多的螺纹。加工任何螺纹不管进刀次数是多少，该指令始终只需指定一次（两行参数），数控系统就会按照给定的参数自动计算并完成螺纹的全部内容，程序比前面介绍的 G92 指令还要短。另外，该循环采用的是斜进法进刀，所以在加工牙型较深的螺纹时有利于改善刀具的切削条件，加工大导程螺纹时可优先考虑使用该指令。螺纹切削复合循环与进刀方法如图 4-30 所示。

格式：G76　P(m)(r)(α)　Q(Δd_{min})　R(d)

　　　G76　X(U)Z(W)　R(i)　P(k)　Q(Δd)　F(l)

其中：

m——精加工车削次数，从 01~99，必须用两位数字表示，该参数为模态量；

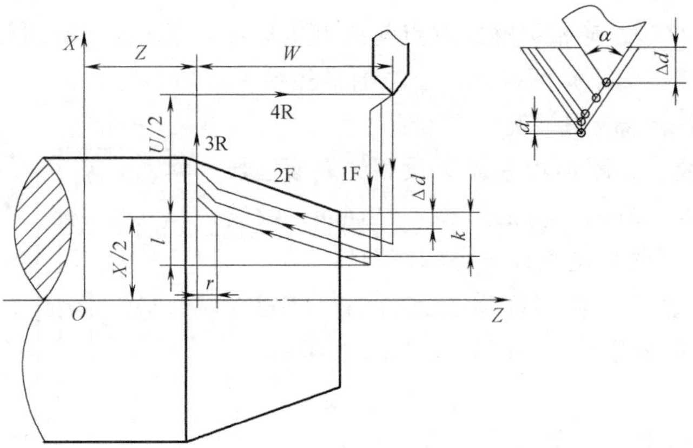

图 4-30　螺纹切削复合循环与进刀方法

r——螺纹末端倒角量，用 01～99 两位整数表示，该参数为模态量；

α——螺纹刀尖角，用两位整数表示（可以从 80°、60°、55°、30°、29°、0°中选择），该参数为模态量；

Δd_{min}——最小背吃刀量，用半径值指定，单位为 μm，为模态量，该数值不可用小数点方式表示；

d——精加工余量，用半径值指定，单位为 μm，为模态量；

X、Z——螺纹终点的绝对坐标值；

U、W——螺纹终点相对于循环起点的增量坐标值；

i——螺纹切削起点与切削终点的半径差。加工圆锥螺纹时，当 X 向切削起点绝对坐标小于终点绝对坐标时，i 为负，反之为正；加工圆柱螺纹时，$i=0$，可以省略；

k——螺纹的牙型高度，用半径值指定，单位为 μm；

Δd 表示第一次背吃刀量，用半径值指定，单位为 μm，该数值不可用小数点方式表示；

背吃刀量递减计算公式：

$d_2=\sqrt{2}\Delta d$；

$d_3=\sqrt{3}\Delta d$；

$d_n=\sqrt{n}\Delta d$；

每次背吃刀量：$\Delta d_n=\sqrt{n}\Delta d-\sqrt{n-1}\Delta d$；当背吃刀量 $\Delta d_n<\Delta d_{min}$ 时，则取 Δd_{min} 作为背吃刀量；

l——螺纹的导程，单位为 mm。

【例 4-4】 G76 指令应用举例。

零件如图 4-31 所示，已知材料为 45 钢，外圆已加工完成，根据螺纹尺寸采用螺纹切削复合循环功能编写零件的螺纹加工程序。假设 3 号刀为外螺纹车刀。

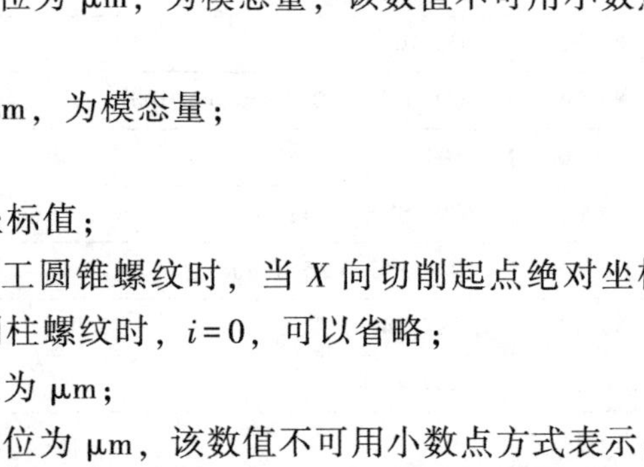

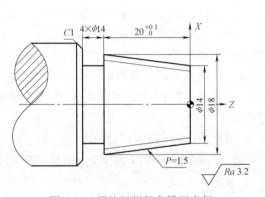

图 4-31　螺纹切削复合循环实例

圆锥螺纹切削数值计算：加工螺纹前的外

圆直径计算可以采用公式 $d_{计}=d-0.1P$ 近似计算，即螺纹大端直径为（18−0.1×1.5）mm=17.85mm，小端直径为（14−0.1×1.5）mm=13.85mm；螺纹实际牙型高度为 0.6134×1.5mm=0.920mm；螺纹终点小径为（18−2×0.920）mm=16.16mm；空刀切入距离取为5mm，空刀切出距离取为2mm（注意：本例为了计算和编程的简单，将切入距离和切出距离已经考虑到螺纹总长20mm当中）。

圆锥螺纹切削循环参数确定见表 4-6。

表 4-6 圆锥螺纹切削循环参数

参数确定	表示方法
精车重复次数：$m=02$，螺纹尾端倒角量取 $r=10$，刀尖角为 $\alpha=60°$	P021060
最小背吃刀量：$\Delta d_{min}=0.05$mm	Q50
精车余量：$d=0.05$mm	R50
螺纹终点坐标：$X=16.16$mm，$Z=-20.0$mm	X16.16 Z-20.0
螺纹起点与终点的半径差：$i=-2.0$mm	R-2.0
螺纹的牙型高度：$k=0.920$mm	P920
第一次背吃刀量：$\Delta d=0.4$mm	Q400
螺纹导程：$l=1.5$mm	F1.5

螺纹加工程序清单见表 4-7。

表 4-7 螺纹加工程序清单

零件号	0012	零件名称	××××	编制日期	××××
程序号	O0012	编制	×××		
程序段号	程序内容	程序说明			
N0002	O0004;	程序名			
N0004	G90 G00 X100.0 Z150.0 T0100;	建立工件坐标系，快速到达程序起刀点			
N0006	T0303;	换外螺纹车刀			
N0008	G97 S500 M03;	恒转速控制			
N0010	G00 X20.0 Z5.0;	定位螺纹切削循环的起始位置			
N0012	G76 P021060 Q50 R50;	设置螺纹切削参数，调用螺纹切削复合循环			
N0014	G76 X16.16 Z-20.0 R-2.0 P920 Q400 F1.5;				
N0016	G00 X100.0 Z150.00;	刀具退回换刀点			
N0018	M00;	程序暂停，测量检查			
N0020	……;	根据测量结果做相应处理			
N0022	M30;	程序结束			

第三节 任务实施

以图 4-1 所示的零件为例，分析其数控加工工艺，并编制数控车削程序。

一、零件的工艺分析

1. 工艺分析

（1）分析图样，确定数控加工内容

1）该零件属于套类零件。零件的表面主要由圆柱面、圆锥面组成，所有表面都需要加工。

2）零件标注完整，尺寸标注基本符合数控加工要求，轮廓描述清晰。

3）零件的材料为 45 钢，可加工性较好，无热处理要求。

4）零件外表面的加工要求不高，容易保证；内表面径向尺寸 ϕ18mm、ϕ16mm 有较高的尺寸精度，加工时需要重点注意。

5）零件属于小批生产，所有内容可以在一台数控车床上完成加工。

（2）确定数控机床和数控系统　根据零件加工要求，选用配备 FANUC 0i 系统的 CK3050 数控车床加工该零件比较合适。

（3）工件的安装和夹具的确定　根据对零件图的分析可知，该零件所有表面都需要加工，显然不能一次装夹完成，经分析可知，至少需要两次装夹，首先装夹零件毛坯的右端，加工左端面和左端外圆面，同时完成内孔的粗加工；然后调头用软爪装夹工件的左端并找正，加工零件右端面保证总长，并完成所有表面以及内孔的精加工。夹具采用自定心卡盘即可。

（4）刀具、量具的确定

1）零件外圆加工可以选择 90°（或 93°）硬质合金偏刀完成，端面采用端面车刀；内孔表面由圆柱面和锥面组成，且有台阶，最好选用 93°硬质合金内孔车刀完成粗、精加工。具体刀具型号见刀具卡片。

2）外圆尺寸精度要求不高，采用游标卡尺测量即可。内径精度要求较高，采用内径千分尺测量；内径孔深用深度千分尺测量，内锥面可以用游标万能角度尺测量。具体量具型号见量具卡片。

（5）工件加工方案的确定　该零件在 CK3050 数控车床上采用自定心卡盘装夹零件毛坯的右端，用划线盘找正（或百分表等其他工具也可以），加工左端面和左端外圆表面，以及内孔各表面的粗加工，然后调头完成右端面、外圆以及内锥面和内孔的加工。

具体的数控加工工序卡片见表 4-11。

2. 确定并绘制走刀路线

该零件需要加工端面、外圆、内孔及锥面，而且加工不能在一次装夹中完成，需要调头装夹。可以先加工左端面、ϕ34mm 外圆和粗加工内孔至 ϕ14mm；然后调头加工右端面、ϕ30mm 外圆及 ϕ16mm、ϕ18mm 和内锥面等内轮廓表面。由于外圆精度要求不高，可以不分粗、精加工；内孔轮廓分粗、精加工完成较好。为了减少编程工作量，内轮廓的粗、精加工采用毛坯循环切削完成。

3. 数值处理

（1）编程原点的确定　由于零件的毛坯为一圆柱棒料，根据零件图样的尺寸标注特点、加工精度要求以及安装情况，夹持左端加工右侧各表面时，编程原点选在零件右端面和轴线交点处。如图 4-32 所示。

（2）计算基点坐标　基点坐标应按照各点极限尺寸的平均值计算。如图 4-32 所示，该零件基点计算非常简单，根据编程原点的位置，内轮廓各点的绝对坐标值见表 4-8。

表 4-8　内轮廓各点的绝对坐标值

基点	绝对坐标(X,Z)	基点	绝对坐标(X,Z)
P_1	(24,0)	P_4	(16.035,-28.125)
P_2	(18.042,-20.075)	P_5	(16.035,-40)
P_3	(18.042,-28.125)		

二、编制并填写零件的数控加工工艺文件

1. 刀具卡片

将选定的各工步所用刀具型号、刀片型号及刀尖圆弧半径等填入数控加工刀具卡片中，见表 4-9。

表 4-9　刀具卡片

零件图号	0009	零件名称	××××	编制日期	××××
刀具清单		编制		×××	
序号	名称	规格	刀具编号	数量	
1	端面车刀	45°	T01	1	
2	外圆车刀	90°	T02	1	
3	中心钻	ϕ3mm		1	
4	麻花钻	ϕ14mm		1	
5	内孔粗车刀	93°	T03	1	
6	内孔精车刀	93°	T04	1	

2. 量具卡片

将选定的各量具名称、规格、分度值等填入量具卡片中，见表 4-10。

表 4-10　量具卡片

零件图号	0009	零件名称	××××	编制日期	××××
量具清单		编制		×××	
序号	名称	规格	分度值	数量	
1	游标卡尺	0~150mm	0.02mm	1	
2	内径千分尺	0~25mm	0.01mm	1	
3	深度千分尺	0~200mm	0.01mm	1	
4	游标万能角度尺	0~320°	2′	1	
5	百分表	0~10mm	0.01mm	1	

3. 数控加工工序卡片

按加工顺序将各工步的加工内容、所用刀具及切削用量等填入数控加工工序卡片中，见表 4-11。

表 4-11　数控加工工序卡片

零件图号	0009		零件名称	××××	编制日期	××××	
程序号		O0009		编制		×××	
工步号	工步内容	刀具号	主轴转速/(r/min)	进给量/(mm/r)	背吃刀量/mm	备注	
1	装夹毛坯右端外圆，车左端面	T01	1500	0.15	1~3		
2	车 ϕ34mm 外圆至尺寸	T02	1500	0.15	1~3		
3	钻中心孔		2000	0.1	1.5	手动	
4	钻 ϕ16mm 孔至 ϕ14mm		800	0.08	7	手动	
5	调头装夹 ϕ34mm 外圆，车右端面，保证总长(40±0.1)mm	T01	1500	0.15	1~3		
6	车 ϕ30mm 外圆至尺寸要求	T02	1500	0.15	1~3		
7	粗车 ϕ16mm、ϕ18mm 内圆和内锥面，留 0.3mm 的精车余量	T03	1500	0.2	1~3		
8	精车 ϕ16mm、ϕ18mm 内圆和内锥面等内轮廓至尺寸	T04	1800	0.1	0.3		

4. 进给路线

将各工步的进给路线绘制成文件形式的进给路线图。该处只绘制内轮廓的粗加工进给路线图，如图 4-32 所示。

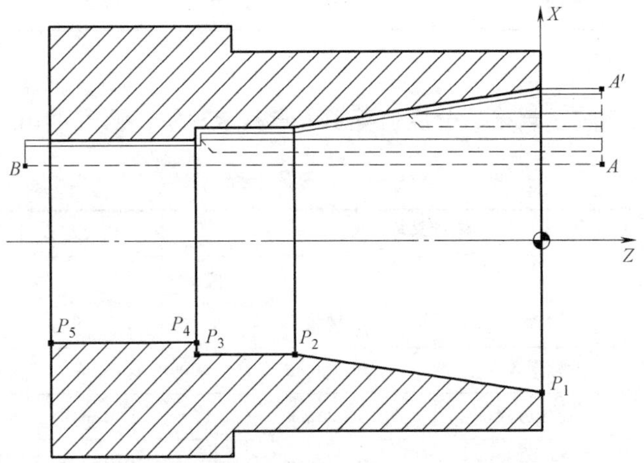

循环起点A(12，5)；虚线是快速定位路径，实线是切削进给路径

图 4-32　套类零件粗车循环进给路线

三、零件的数控加工程序编制

装夹右端，加工左端外圆、端面和钻内孔的程序比较简单，此处省略；调头装夹左端，加工右端端面和内外轮廓的参考程序见表 4-12。

表 4-12　套类零件加工参考程序

零件图号	0009	零件名称	××××	编制日期	××××
程序号		O0009	编制	×××	

程序段号	程序内容	程序说明
N0002	O0009;	程序名
N0004	G90 G00 X100.0 Z150.00 T0100;	建立工件坐标系,快速到达程序起刀点
N0006	T0101;	换端面车刀,建立刀具长度补偿
N0008	G96 S150;	恒线速度控制
N0010	G50 S3000;	最高转速控制
N0012	G00 X40.0 Z0 M03;	到达切削端面的始点,主轴正转
N0014	G01 X-0.5 F0.15;	车削端面
N0016	G00 X100.0 Z150.0 T0100;	返回起刀点,取消刀具补偿
N0018	T0202;	换外圆车刀,建立刀具长度补偿
N0020	G97 S1500;	恒转速度控制
N0022	G00 X32.0 Z3.0 M03;	到达切削外圆的始点,主轴正转
N0024	G01 X32 Z-25.0 F0.15;	粗车削外圆
N0026	G01 X40.0;	沿 *X* 向切出
N0028	G00 Z3.0;	沿 *Z* 向退刀
N0030	G00 X30.0;	沿 *X* 向进刀
N0032	G01 Z-25.0;	精车削外圆 ϕ30mm 至尺寸
N0034	G01 X40.0;	沿 *X* 向切出
N0036	G00 X100.0 Z150.0 T0200;	返回起刀点,取消刀具长度补偿
N0038	M00;	程序暂停,手动钻中心孔,然后用麻花钻钻 ϕ14mm 的孔
N0040	T0303;	换内孔粗车刀,建立刀具长度补偿
N0042	M03 S1500;	主轴正转
N0044	G00 X12.0 Z5.0;	刀具到循环起始点
N0046	G71 U2.0 R1.0;	粗车循环参数设定
N0048	G71 P50 Q62 U-0.6 W0.3 F0.2;	
N0050	G00 X24.0;	精加工轮廓起始程序段
N0052	G01 G41 Z0 F0.1;	精加工轮廓定义
N0054	G01 X18.042 Z-20.075;	
N0056	G01 Z-28.125;	
N0058	G01 X16.035;	
N0060	G01 Z-42;	
N0062	G01 X14;	精加工轮廓结束程序段
N0064	G00 Z5.0;	沿 *Z* 向退刀

（续）

零件图号	0009	零件名称	××××	编制日期	××××
程序号		O0009		编制	×××

程序段号	程序内容	程序说明
N0066	G00 X100.0 Z150.0 T0300；	返回起刀点，取消刀具补偿
N0068	M00 M05；	程序暂停，机床停止，测量并调整机床
N0070	T0404；	换内孔精车刀
N0072	G96 S180；	恒线速度控制
N0074	G50 S3000；	最高转速限制
N0076	G00 X12.0 Z5.0；	快速定位至循环起始点
N0078	G70 P50 Q62；	精加工循环
N0080	G00 Z5.0；	退刀
N0082	G00 X100.0 Z150.0 T0400；	返回起刀点，取消刀具长度补偿
N0084	M30；	程序结束

第四节　数控车削加工综合应用

下面以图 4-33 所示零件为例，分析零件数控加工工艺的制订和数控加工程序的编制。该零件的生产类型为大批生产，材料为 45 钢。

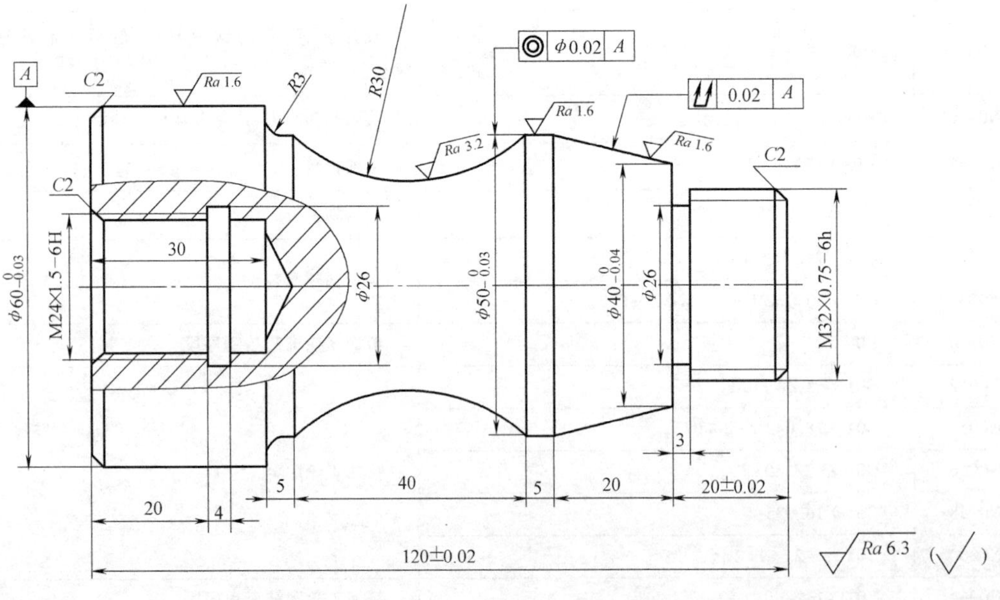

图 4-33　轴类零件数控车削实例

一、工艺分析

1. 分析图样，确定数控加工内容

1）该零件属于轴类零件。零件的外表面由圆柱、圆锥、圆弧、沟槽和螺纹面组成，内表面则由圆柱孔、螺纹及沟槽组成。

2）外圆柱面 ϕ60mm、ϕ50mm、ϕ40mm 以及内外螺纹 M24 和 M32 有较高的加工精度及表面粗糙度要求，几处表面粗糙度 Ra 值为 1.6μm 的加工面需要重点考虑，其余表面加工精度较易保证。

3）零件 ϕ50mm 外圆表面与 ϕ60mm 外圆表面的轴线有同轴度要求，ϕ40mm 的锥面与 ϕ60mm 外圆表面的轴线有全跳动要求，以上两点需要从装夹上保证。

4）零件标注完整，尺寸标注基本符合数控加工要求，轮廓描述清晰。

5）零件的材料为 45 钢，可加工性较好，无热处理要求。选用 ϕ65mm×125mm 的棒料毛坯。

6）根据对零件图样的分析，考虑采用以下几点工艺措施：

① 对于有尺寸精度要求的部分，可以考虑取其公差的平均值进行加工，即 $\phi60_{-0.03}^{\ 0}$mm 的加工尺寸为 ϕ59.985mm，$\phi50_{-0.03}^{\ 0}$mm 的加工尺寸为 ϕ49.985mm，$\phi40_{-0.04}^{\ 0}$mm 的加工尺寸为 ϕ39.98mm。需要指出的是，在本例中由于所有有尺寸精度要求的部分都属于同向偏差，因此也可以考虑采用刀具补偿的方法来保证其加工尺寸精度，这样可以减少计算，方便编程。

② 螺纹部分。根据外螺纹的精度要求，取牙型高 = 0.6134P = 0.46mm，螺纹小径 d = ϕ31.9mm；根据内螺纹的精度要求，取牙型高 = 0.6134P = 0.92mm，螺纹小径 D = ϕ22.6mm。

③ 对于有几何公差要求的部分，ϕ60mm 外圆的轴线是 ϕ50mm 外圆的基准，同时又是锥面全跳动的基准，因此在精加工外轮廓时，考虑在一次装夹中同时加工所有的外轮廓表面，以保证几何公差要求。

④ 对于三处表面粗糙度值要求较小的部分，考虑在磨床上完成。

综合分析零件图，零件各部分之间尺寸相差不大，长度也不算长，除最后的磨削外，其余的金属切削加工部分都可以在数控机床上完成。

2. 确定数控机床和数控系统

该零件加工余量较小，数量较多，要求较高，可以考虑在数控车床上完成数控加工，以便提高加工效率。数控系统可选择 FANUC 0i 系统。

本例中选取 CK3050 数控车床。

3. 工件的安装和夹具的确定

根据零件的形状，毛坯采用 ϕ65mm 的长圆棒料。由于零件上所有表面都需要加工，不仅包括内外表面，而且还有同轴度要求，显然不能一次装夹完成所有加工面。结合零件工艺分析和批量特点，考虑采用三次装夹完成加工，所用夹具主要是自定心卡盘和回转顶尖。

具体装夹方式如图 4-34 ~ 图 4-36 所示。

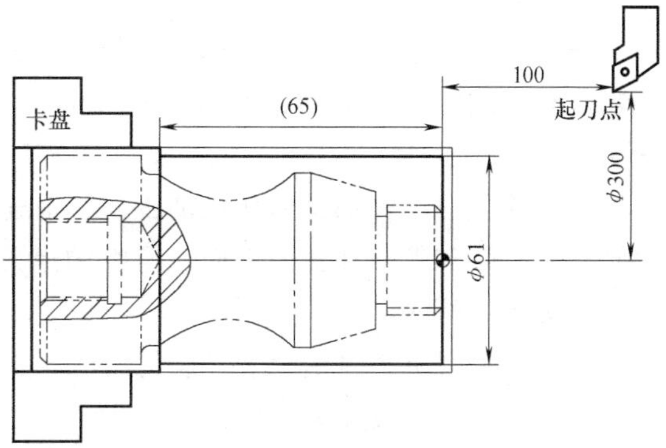

图 4-34　第一次装夹

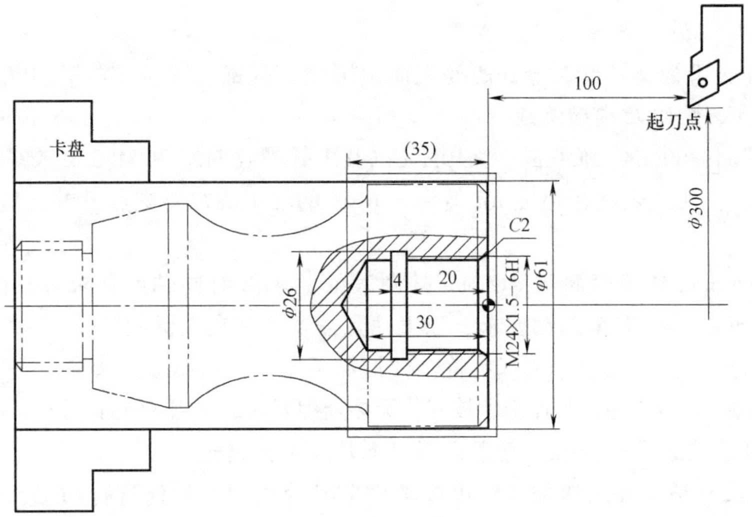

图 4-35　第二次装夹

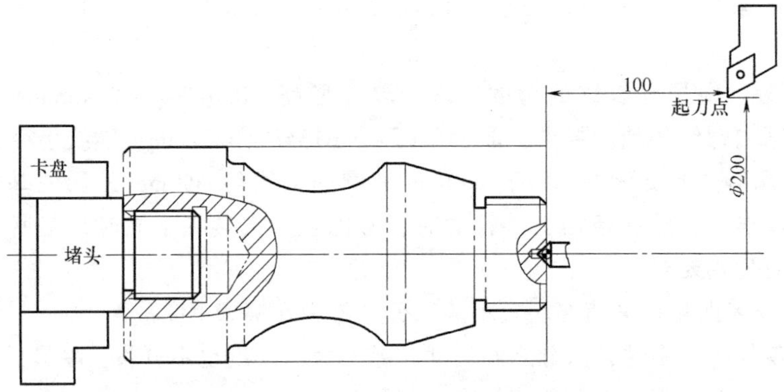

图 4-36　第三次装夹

4. 刀具的确定

该零件外圆大部分由台阶组成，圆弧段的弦高不大，故可以选择 90°（或 93°）硬质合金偏刀进行外圆粗加工，副偏角可稍微取大一些，以防加工圆弧时发生干涉；精加工可以选用主偏角为 93°、副偏角不小于 42° 的外圆车刀完成。

加工外螺纹时，采用刀宽为 3mm 的切槽刀加工外螺纹的退刀槽，选用外螺纹车刀加工外螺纹 M32×0. 75-6h。

加工内螺纹时须先加工内孔，加工内孔前先钻中心孔，采用 ϕ18mm 的麻花钻加工内孔的底孔，扩孔钻和铰刀加工内表面；螺纹的退刀槽采用刀宽为 4mm 的切槽刀加工，再选择内螺纹车刀加工螺纹。

具体刀具型号见刀具卡片。

5. 工件加工方案的确定

该零件在 CK3050 数控车床上采用自定心卡盘装夹加工，根据零件毛坯和加工要求，零件分三次安装完成加工。

1）第一次安装，以零件左端外圆表面为粗基准，加工右端面和右端外圆面。

① 粗、精车右端面。

② 粗车右端外圆面至 ϕ61mm、长 85mm。

③ 钻中心孔。

2）第二次安装，以第一次安装加工的右端外圆面为基准，加工左端面、左端外圆面以及左端内表面。

① 粗、精车左端面，保证总长 120mm。

② 粗车左端外圆面至 ϕ61mm、长 35mm。

③ 钻孔至 ϕ18mm。

④ 扩孔至 ϕ19.8mm。

⑤ 铰孔至 ϕ20mm。

⑥ 切退刀槽。

⑦ 车内螺纹。

3）第三次安装，采用一夹一顶的装夹方式，加工零件的所有外表面。

① 粗、精车零件外轮廓。

② 粗、精加工 R30mm 的圆弧。

③ 切螺纹退刀槽。

④ 车削外螺纹。

二、走刀路线和数值处理

1. 编程原点的确定

由于零件的毛坯为一圆棒料，根据零件图样的尺寸标注特点、加工精度要求以及安装情况，编程原点在三次安装中的位置如图 4-34～图 4-36 所示。

2. 确定并绘制进给路线

根据加工方案，三次装夹后的进给路线分别如图 4-37～图 4-44 所示。

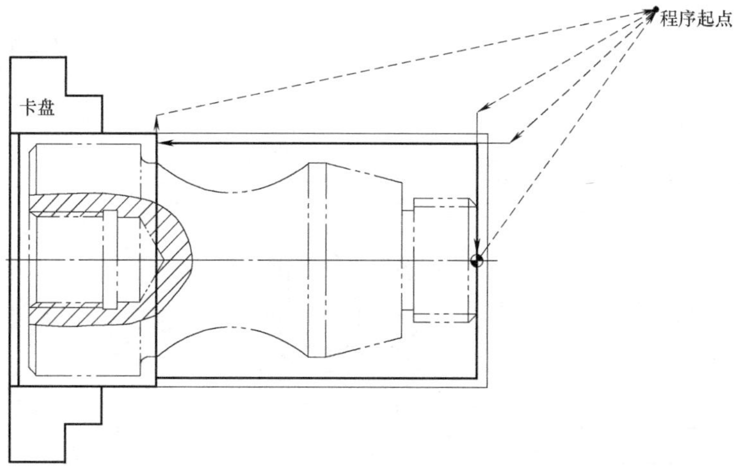

图 4-37　第一次装夹的进给路线

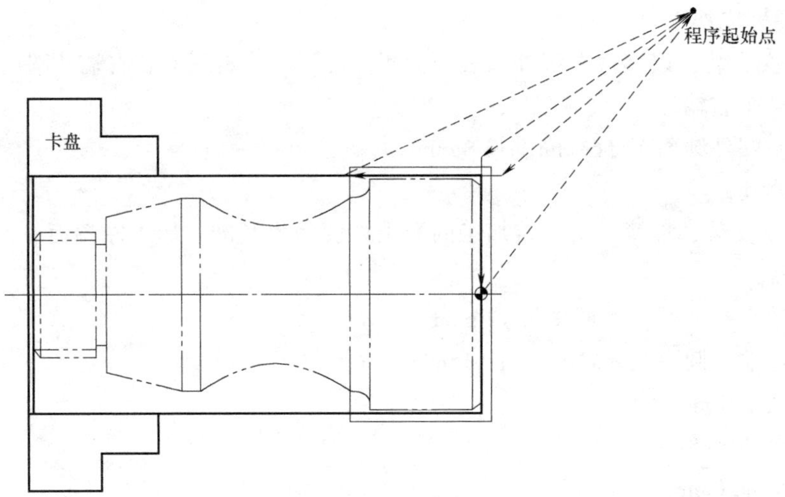

图 4-38　第二次装夹的进给路线（车端面和外圆）

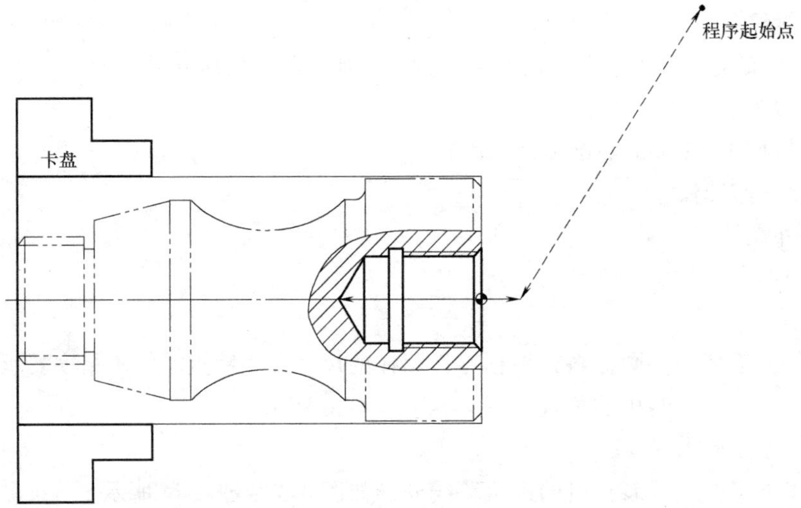

图 4-39　第二次装夹的进给路线（钻、扩、铰孔）

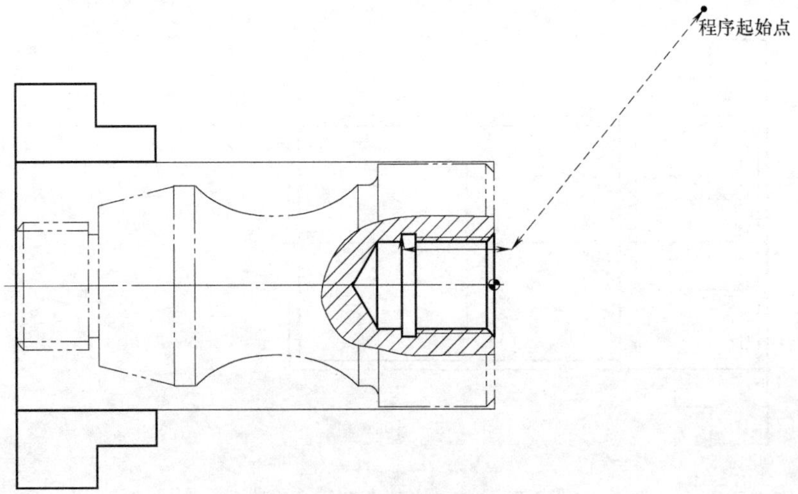

图 4-40　第二次装夹的进给路线（切退刀槽）

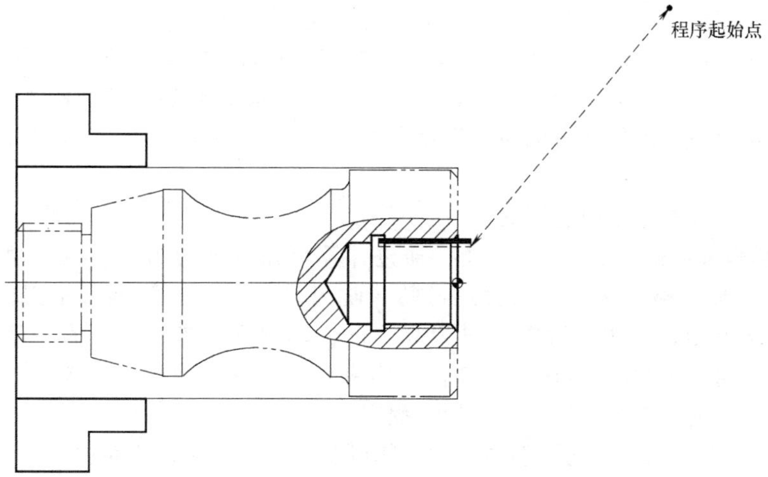

图 4-41　第二次装夹的进给路线（车内螺纹）

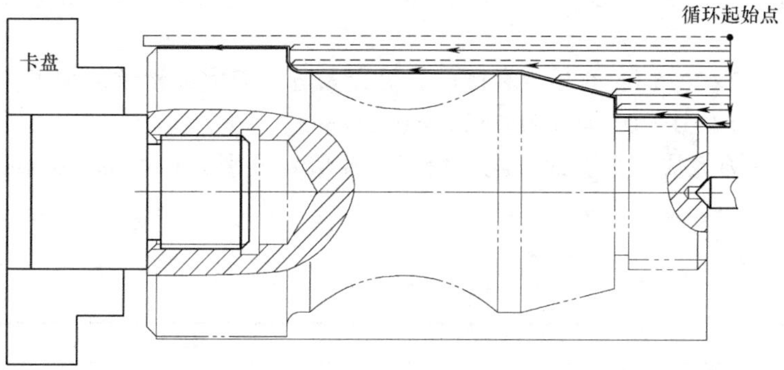

图 4-42　第三次装夹的进给路线（外轮廓粗、精加工）

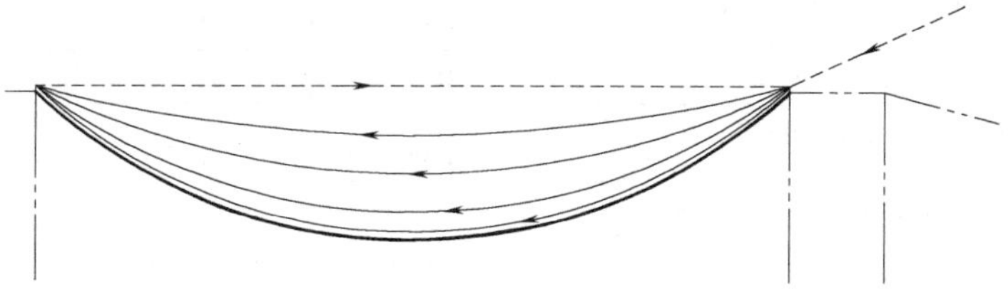

图 4-43　第三次装夹的进给路线（$R30$mm 圆弧粗、精加工局部图）

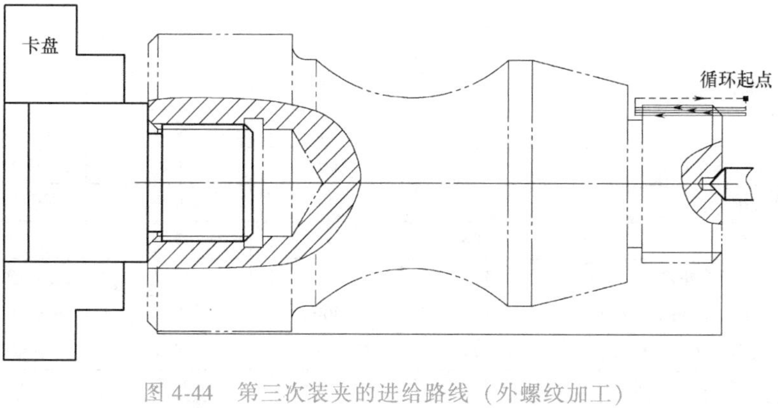

图 4-44　第三次装夹的进给路线（外螺纹加工）

3. 起刀点、换刀点和对刀点的确定

由于加工该零件采用的刀具较多，选择采用 G54 格式来设置工件坐标系，起刀点和换刀点设置在同一点上。考虑到安全合理因素，每一次装夹后的起刀点如图 4-34～图 4-44 所示。对刀点可选择在外圆面和右端面的交点上。

4. 数值处理

该零件在数值计算上主要有三处：

1）外圆圆弧 $R30$mm 处弦高的大小，通过计算可知深度约为 7.5mm，由于深度较大，可分五次走刀完成，第一、二、三次走刀的背吃刀量为 2mm，第四次走刀的背吃刀量为 1mm，第五次走刀为精加工，背吃刀量为 0.5mm，车削到要求尺寸；为了保证加工精度，又能减少计算，粗加工时将 $R30$mm 圆弧的起点和终点定义为（51，-45）和（51，-85），同时采用浮动圆心的编程方式编制圆弧加工程序。

2）内螺纹 M24×1.5-6H 的牙型高度的计算以及分几刀完成螺纹的加工。

牙型高度为 $0.6495P=0.6495\times1.5\text{mm}=0.974\text{mm}$。

螺纹计划分四刀完成，每次的背吃刀量（直径值）分别为 0.8mm、0.6mm、0.4mm 和 0.16mm。

3）外螺纹 M32×0.75-6h 的牙型高度的计算以及分几刀完成螺纹的加工。

牙型高度为 $0.6495P=0.6495\times0.75\text{mm}=0.487\text{mm}$。

螺纹计划分三刀完成，每次的背吃刀量（直径值）分别为 0.4mm、0.4mm 和 0.2mm。

三、编写数控加工技术文件

1. 工序卡片的编制（见表 4-13）

表 4-13 数控加工工序卡片

零件图号	0010	零件名称	××××	编制日期	××××	
程序号		O0001～O0003		编制	×××	
工步号	工步内容	刀具号	主轴转速/(r/min)	进给量/(mm/r)	背吃刀量/mm	备注
1	装夹毛坯右端外圆，车左端面	T01	1500	0.15	1～3	
2	粗车右端外圆面至 ϕ61mm、长 85mm	T02	1500	0.15	1～3	
3	钻中心孔	T03	2000	0.1	1.5	
4	调头粗、精车左端面，保证总长 120mm	T01	1500	0.15	1～3	
5	粗车左端外圆面至 ϕ61mm、长 35mm	T02	1500	0.15	1～3	
6	钻孔至 ϕ18mm	T04	500	0.1	9	
7	扩孔至 ϕ19.8mm	T05	500	0.1	0.9	
8	铰孔至 ϕ20mm	T06	200	0.08	0.1	
9	切退刀槽	T07	600	0.1	槽宽 4	
10	车内螺纹	T08	500	1.5		
11	粗、精车零件外轮廓	T09	1500	0.15	1～3	
12	粗、精加工 $R30$mm 的圆弧	T10	1800	0.1	0.5～2.0	
13	切螺纹退刀槽	T11	400	0.1	槽宽 3	
14	车削外螺纹	T12	500	0.75		

2. 刀具卡片的编制（见表 4-14）

表 4-14　零件数控加工刀具卡片

零件图号	0010	零件名称	××××	编制日期	
刀具清单			编制	××××	
序号	刀具号	刀具规格与名称	数量	加工表面	备注
1	T01	45°端面粗车刀	1	粗、精车端面	
2	T02	90°外圆车刀	1	加工外表面	
3	T03	ϕ4mm 中心钻	1	钻中心孔	
4	T04	ϕ18mm 麻花钻	1	钻内孔的底孔	
5	T05	ϕ19.8mm 扩孔钻	1	扩内孔表面	
6	T06	ϕ20mm 铰刀	1	精加工内孔表面	
7	T07	刀宽为 4mm 的内沟槽车刀	1	内螺纹的退刀槽	
8	T08	内螺纹车刀	1	加工内螺纹	
9	T09	93°外圆精车刀	1	精加工外表面	
10	T10	35°外圆精车刀	1	精加工外圆弧	
11	T11	刀宽为 3mm 的切槽刀	1	外螺纹的退刀槽	
12	T12	外螺纹车刀	1	加工外螺纹	
编制		审核		批准		年　月　日	共　页	第　页

四、编写零件的数控加工程序

根据以上的工艺分析，该零件的数控加工程序清单见表 4-15～表 4-17。

表 4-15　第一次装夹的程序清单

零件图号	0010	零件名称	××××	编制日期	××××
程序号	O0001			编制	
序号	程序内容	程序说明			
N0002	O0001;	程序名			
N0004	G00 X300.0 Z100.00 T0100;	建立工件坐标系，快速到达程序起刀点			
N0006	T0101;	换端面车刀，建立刀具长度补偿			
N0008	G96 S150;	恒线速度控制			
N0010	G50 S3000;	最高转速控制			
N0012	G00 X70.0 Z0 M03;	到达切削端面的始点，主轴正转			
N0014	G01 X-0.5 F0.15;	车削端面			
N0016	G00 X300.0 Z100.0 T0100;	返回起刀点，取消刀具长度补偿			
N0018	T0202;	换外圆车刀，建立刀具长度补偿			
N0020	G97 S1500;	恒转速度控制			
N0022	G00 X61.0 Z3.0M03;	到达切削外圆的始点，主轴正转			
N0024	G01 X61 Z-85.0 F0.15;	车削外圆			
N0026	G01 X70.0;	切出			

（续）

零件图号	0010	零件名称	××××	编制日期	××××
程序号		O0001		编制	
序号	程序内容		程序说明		
N0028	G00 X300.0 Z100.0 T0200;		返回起刀点,取消刀具长度补偿		
N0030	T0303;		换中心钻,建立刀具长度补偿		
N0032	M03 S2000;		主轴正转		
N0034	G00 X0 Z5.0;		到达钻中心孔的始点		
N0036	G01 Z-10.0 F0.1;		钻中心孔		
N0038	G00 Z5.0;		退刀		
N0040	G00 X300.0 Z100.0 T0300;		返回起刀点,取消刀具长度补偿		
N0042	M30;		程序结束		

表 4-16 第二次装夹的程序清单

零件图号	0010	零件名称	××××	编制日期	××××
程序号		O0002		编制	
序号	程序内容		程序说明		
N0002	O0002;		程序名		
N0004	G00 X300.0 Z100.00 T0100;		建立工件坐标系,快速到达程序起刀点		
N0006	T0101;		换端面车刀,建立刀具长度补偿		
N0008	G96 S150;		恒线速度控制		
N0010	G50 S3000;		最高转速控制		
N0012	G00 X70.0 Z0 M03;		到达切削端面的始点,主轴正转		
N0014	G01 X-0.5 F0.15;		车削端面		
N0016	G00 X300.0 Z100.0 T0100;		返回起刀点,取消刀具长度补偿		
N0018	T0202;		换外圆车刀		
N0020	G00 X61.0 Z5.0 M03 S1500;		到达外圆切削的始点,主轴正转		
N0022	G01 X61.0 Z-32.0 F0.15;		车外圆		
N0024	G00 X300.0 Z100.0 T0200;		快速退至换刀点,取消刀补		
N0026	T0404;		换麻花钻,建立刀具长度补偿		
N0028	G97 S500;		恒转速控制		
N0030	G00 X0 Z5.0 M03;		到达钻孔的始点,主轴正转		
N0032	G01 Z-36.35 F0.1;		钻孔至深度		
N0034	G00 Z5.0;		退出钻头		
N0036	G00 X300.0 Z100.0 T0400;		快速退至换刀点,取消刀补		
N0038	T0505;		换扩孔钻		
N0040	G00 X0 Z5.0 M03 S500;		到达扩孔的始点,主轴正转		
N0042	G01 Z-30.0 F0.1;		扩孔至深度		

（续）

零件图号	0010	零件名称	××××	编制日期	××××
程序号		O0002		编制	

序号	程序内容	程序说明
N0044	G00 Z5.0;	退出扩孔刀
N0046	G00 X300.0 Z100.0 T0500;	快速退至换刀点,取消刀补
N0048	T0606;	换铰刀
N0050	G00 X0 Z5.0 M03 S200;	到达铰孔的始点,主轴正转
N0052	G01 Z-25.0 F0.1;	铰孔至深度
N0054	G01 Z5.0;	退出铰刀
N0056	G00 X300.0 Z100.0 T0600;	快速退至换刀点,取消刀补
N0058	T0707;	换内沟槽车刀
N0060	G00 X18.0 Z5.0 M03 S600;	快速定位到孔外安全位置,主轴正转
N0062	G00 Z-24.0;	*Z* 轴快速到达内孔切槽起始点
N0064	G01 X26.0 F0.1;	切螺纹退刀槽至尺寸
N0066	G04 X1.5;	槽底暂停 1.5s
N0068	G00 X18.0;	孔内 *X* 轴退刀
N0070	G00 Z5.0;	*Z* 轴退刀至孔外安全位置
N0072	G00 X300.0 Z100.0 T0700;	快速退至换刀点,取消刀补
N0074	T0808;	换内螺纹车刀
N0076	G97 S500;	恒转速控制
N0078	G00 X18.0 Z10.0 M03;	到达螺纹切削始点,主轴正转
N0080	G92 X22.84 F1.5 M07;	螺纹切削,切削液开
N0082	X23.44;	螺纹切削
N0084	X23.84;	螺纹切削
N0086	X24.0;	螺纹切削
N0088	G00 X300.0 Z100.0 T0800;	快速退至换刀点,取消刀补
N0090	M30;	程序结束

表 4-17　第三次装夹的程序清单

零件图号	0010	零件名称	××××	编制日期	××××
程序号		O0003		编制	

序号	程序内容	程序说明
N0002	O0003;	程序名
N0004	G00 X300.0 Z100.00 T0100;	建立工件坐标系,快速到达程序起刀点
N0006	T0909;	换外圆车刀,建立刀具长度补偿
N0008	G96 S150 M03;	恒线速度控制
N0010	G00 X65.0 Z5.0 M08;	到达粗车零件外轮廓的循环起始点
N0012	G71 U3.0 R1.0;	定义粗车循环参数

（续）

零件图号	0010	零件名称	××××	编制日期	××××
程序号	O0003			编制	

序号	程序内容	程序说明
N0014	G71 P16 Q36 U0.6 W0.3 F0.2;	
N0016	G00 X28.0 Z5.0 S180;	精车轮廓起始段
N0018	G01 G42 Z0 F0.1;	精车轮廓定义
N0020	G01 X32.0 Z-2.0;	
N0022	G01 W-20.0;	
N0024	G01 X40.0;	
N0026	G01 X50.0 W-20.0;	
N0028	G01 W-42.0;	
N0030	G02 X56.0 W-3.0 R3.0;	
N0032	G01 X60.0;	
N0034	G01 Z-121.0;	
N0036	G00 G40 X65.0;	精车轮廓结束段
N0038	G70 P16 Q36;	精加工外轮廓
N0040	G00 X300.0 Z100.0 T0900;	快速退至换刀点，取消刀补
N0042	T1010;	换圆弧车刀
N0044	G00 X50.6 Z-45.0;	到达 $R30$mm 圆弧粗车起始点
N0046	G02 X50.6 W-40.0 R50.0 F0.15;	第一次粗车 $R30$mm 圆弧
N0048	G00 X50.6 Z-45.0;	到达 $R30$mm 圆弧粗车起始点
N0050	G02 X50.6 W-40.0 R35.0 F0.15;	第二次粗车 $R30$mm 圆弧
N0052	G00 X50.6 Z-45.0;	到达 $R30$mm 圆弧粗车起始点
N0054	G02 X50.6 W-40.0 R30.3 F0.15;	第三次粗车 $R30$mm 圆弧
N0056	G00 X50.6 Z-45.0;	到达 $R30$mm 圆弧粗车起始点
N0058	G01 X50.0 F0.1;	到达 $R30$mm 圆弧精车起始点
N0060	G02 X50.0 W-40.0 R30.0;	精车 $R30$mm 圆弧
N0062	G01 X50.6;	X 轴退刀
N0064	G00 X300.0 Z100.0 T1000;	快速退至换刀点，取消刀补
N0066	T1111;	换切槽刀
N0068	G97 S400 M03;	恒转速控制，主轴正转
N0070	G00 X45.0 Z-20.0;	到达切槽始点
N0072	G01 X26.0 F0.1;	切槽至深度
N0074	G04 X1.5;	暂停 1.5s
N0076	G01 X45.0 M09;	退刀，切削液关
N0078	G00 X300.0 Z100.0 T1100;	快速退至换刀点，取消刀补
N0080	T1212;	换外螺纹车刀

（续）

零件图号	0010	零件名称	××××	编制日期	××××
程序号		00003		编制	
序号	程序内容			程序说明	
N0082	G97 S500;			恒转速控制	
N0084	G00 X35.0 Z5.0 M08;			到达螺纹切削始点，主轴正转，切削液开	
N0086	G92 X31.6 Z-18.5 F0.75;			螺纹切削	
N0088	X31.3;			螺纹切削	
N0090	X31.1;			螺纹切削	
N0092	G00 X300.0 Z100.0 T1200 M09;			快速退至换刀点，取消刀补，切削液关	
N0094	M30;			程序结束	

企 业 点 评

东方汽轮机股份有限公司高级工程师饶小创

数控车削加工是目前机械产品加工的主要方式之一，主要针对回转体类零件的内外表面进行加工，数控车削技术的难点是特殊型面的加工、螺纹加工、内表面的加工以及加工中刀具补偿的处理技巧，要求操作者有比较扎实的工艺知识和丰富的现场经验。

思 考 题

4-1　数控车床适合加工哪些回转体零件？为什么？

4-2　数控车床有哪些常用对刀方法？各种方法有何特点？

4-3　数控车削工序顺序的安排原则有哪些？

4-4　数控车削常用粗加工进给路线有哪些方式？精加工路线应如何确定？

4-5　数控车削加工进给速度如何确定？

4-6　数控车削加工过程中，一般在哪些情况下需要进行恒线速度控制？为什么？

4-7　螺纹车削有哪些指令？为什么螺纹车削时要留出足够的引入量和超越量？

4-8　何谓数控车床的机床原点、工件原点、参考点、起刀点及换刀点？

4-9　数控车削编程有哪些特点？

4-10　为什么要进行刀具补偿？刀具补偿的实现分哪三大步骤？当刀具磨损后，如何修改该刀具的补偿值？

4-11　程序停止指令 M00、程序选择停止指令 M01 以及程序延时指令 G04 有什么不同？各自用于哪些场合？

4-12　如图 4-45 所示零件，材料为 45 钢，毛坯尺寸为 ϕ45mm×60mm，单件生产，要求：进行工艺分析并制订工艺方案；编制数控车削程序。

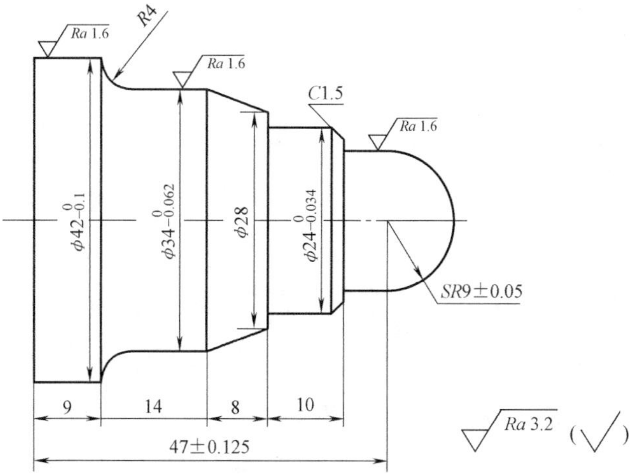

图 4-45　题 4-12 图

4-13　如图 4-46 所示零件，材料为 45 钢，毛坯尺寸为 ϕ20mm×80mm，单件生产，要求：进行工艺分析并制订工艺方案；编制数控车削程序。

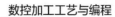

4-14　编制第三章中图 3-1 所示零件的数控加工工艺，并编制数控加工程序。

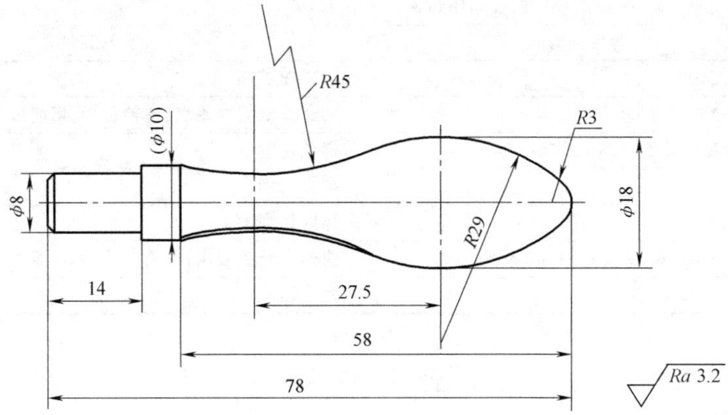

图 4-46　题 4-13 图

第五章 数控镗、铣及加工中心加工工艺与编程

5

第一节 任务引入

加工图 5-1 所示零件。毛坯尺寸为 165mm×105 mm×25 mm，材料为 45 钢，小批量生产。

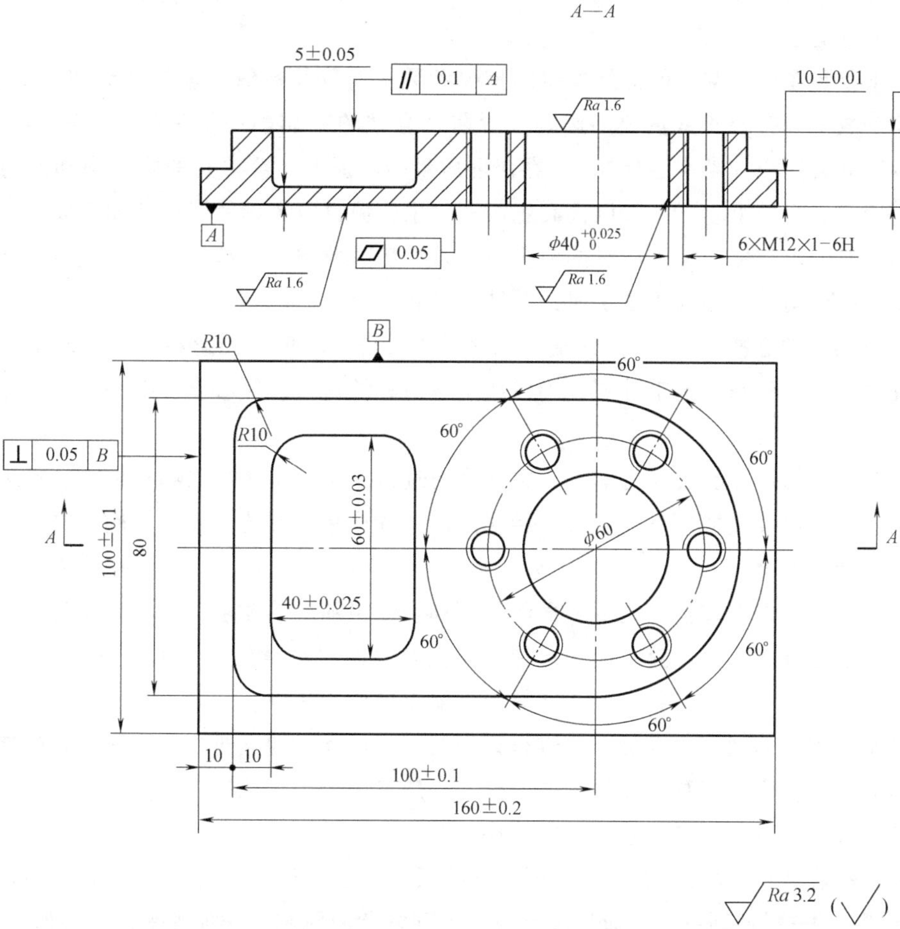

图 5-1 零件图

要完成图示零件的加工，需要考虑以下问题：

1. 仔细审图

分析零件图样，了解图形的结构要素，明确零件的材料、加工内容和技术要求，掌握组

成图形的各几何要素间的相互关系，分析零件的设计基准和尺寸标注方法，为编程原点的选择和尺寸的确定做好准备。

2. 选择加工设备、夹具及装夹方案、刀具及切削用量、量具等

选择加工设备，首先保证加工零件的技术要求，能够加工出合格的零件；其次是要有利于提高生产率，降低生产成本；还应根据加工零件的材料状态、技术要求及其工艺复杂程度，选用合适、经济的机床。

在数控机床上加工零件时，为保证工件的加工精度和加工质量，必须使工件在机床上有正确位置，也就是通常所说的“定位”，然后将工件固定，也就是通常所说的“夹紧”。工件在机床上定位与夹紧的过程称为工件的装夹。

刀具的选择是在数控编程的人机交互状态下进行的，应根据机床的加工能力、工件材料的性能、加工工序、切削用量以及其他相关因素正确选用刀具及刀柄。刀具选择的总原则是：安装调整方便、刚性好、寿命长和精度高。在满足加工要求的前提下，尽量选择较短的刀柄，以提高刀具的刚性。

切削用量不仅是在机床调整前必须确定的重要参数，而且其数值合理与否对加工质量、加工效率、生产成本等有着非常重要的影响。所谓“合理的”切削用量是指充分利用刀具切削性能和机床动力性能（功率、转矩），在保证质量的前提下，获得高的生产率和低的加工成本的切削用量。粗加工时，一般以提高生产率为主，但也应考虑经济性和加工成本；半精加工和精加工时，应在保证加工质量的前提下，兼顾切削效率、经济性和加工成本。其具体数值应根据机床说明书、切削用量手册，并结合经验而定。

根据“测量器具的选择原则”，选用适当的测量器具进行测量。测量器具的计量工作应遵循测量器具的保养、检修、鉴定计划，确保所用量检具的精度、灵敏度、准确度。

3. 确定加工方案和加工顺序

零件上比较精密的尺寸及表面的加工，常常是通过粗加工、半精加工和精加工逐步达到的。对这些加工部位仅仅根据质量要求选择相应的加工方法是不够的，还应正确地确定从毛坯到最终成形的加工方案。

确定加工方案时，首先应根据主要表面的精度和表面粗糙度的要求，初步确定为达到这些要求所需要的加工方法。由于获得同一级加工精度及表面粗糙度的加工方法一般有许多，在实际选择时，要结合零件的形状、尺寸和热处理要求等全面考虑。

在确定了某个工序的加工内容后，要进行详细的工步设计，即安排这些工序内容的加工顺序，同时考虑编制程序时刀具运动轨迹的设计。一般将一个工步编制为一个加工程序，因此，工步顺序实际上也就是加工程序的执行顺序。

一般数控铣削采用工序集中的方式，这时工步的顺序就是工序分散时的工序顺序，可以按一般切削加工顺序的安排原则进行。通常按照由简单到复杂的原则，先加工平面、沟槽、孔，再加工内腔、外形，最后加工曲面；先加工精度要求低的表面，再加工精度要求高的部位等。

4. 编制数控加工程序

数控加工程序阐明了工艺人员对数控加工工序的技术要求和工序说明，以及数控加工前应保证的加工余量。

第二节　相关知识

一、数控镗、铣床及加工中心的基本知识

1. 数控镗、铣床及加工中心概述

数控镗、铣床又称 CNC（Computer Numerical Control）镗、铣床，是目前使用最为广泛的数控机床之一。通常数控镗、铣床和加工中心（Machine Center，MC）在结构、工艺和编程方面非常相似，特别是加工中心与全功能型数控镗、铣床相比，区别主要在于加工中心增加了刀库及自动换刀装置（Automatic Toos Changer，ATC），加工中心将使用的刀具预先存放到刀库内，需要时用换刀指令便可以完成刀具的自动交换。数控铣床和加工中心都能够进行铣削、钻削、镗削及攻螺纹等加工。数控铣削是机械加工中最常用和最主要的数控加工方法之一，数控铣床和加工中心除了能铣削普通铣床所能铣削的各种零件表面外，还能铣削普通铣床不能铣削的需 2~5 坐标联动的各种平面轮廓和立体轮廓。特别是加工中心，除具有一般数控铣床的工艺特点外，由于工序的集中和自动换刀，减少了工件的装夹、测量和机床调整等时间，使机床的切削时间达到了机床开动时间的 80%左右（普通机床仅为 15%~20%）；同时也减少了工序之间的工件周转、搬运和存放时间，缩短了生产周期，具有明显的经济效果。加工中心适宜于加工形状复杂、加工内容多、要求较高，需多种类型的普通机床和众多的工艺装备，且经多次装夹和调整才能完成加工的零件。

由于数控镗、铣床和加工中心联系密切，故本章把两者融合在一起介绍。

2. 数控镗、铣床和加工中心的分类

（1）按主轴的布置形式分类　数控镗、铣床和加工中心常按主轴在空间所处的状态分为卧式、立式和五面式。如图 5-2 所示，立式数控镗、铣床和加工中心通常采用固定立柱式，主轴箱吊在立柱一侧，其平衡重锤放置在立柱中，工作台为十字滑台，可以实现 X、Y 两个坐标轴的移动，主轴箱沿立柱导轨运动，实现 Z 坐标轴的移动。

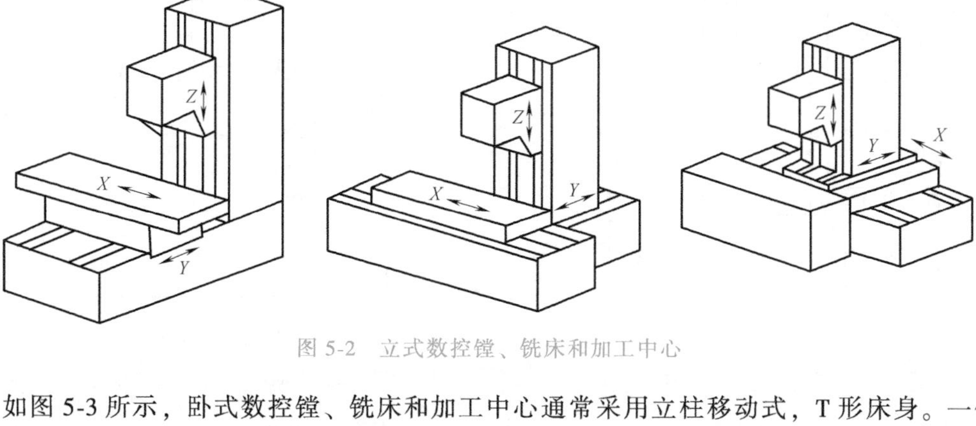

图 5-2　立式数控镗、铣床和加工中心

如图 5-3 所示，卧式数控镗、铣床和加工中心通常采用立柱移动式，T 形床身。一体式 T 形床身的刚度和精度保持性较好，但其铸造和加工工艺性差。分离式 T 形床身的铸造和加工工艺性较好，但是必须在连接部位用大螺栓紧固，以保证其刚度和精度。

五面式数控镗、铣床和加工中心兼有立式和卧式数控镗、铣床和加工中心的功能，工件一次装夹后能完成除安装面外的所有侧面和顶面等五个面的加工。常见的五面式加工中心有

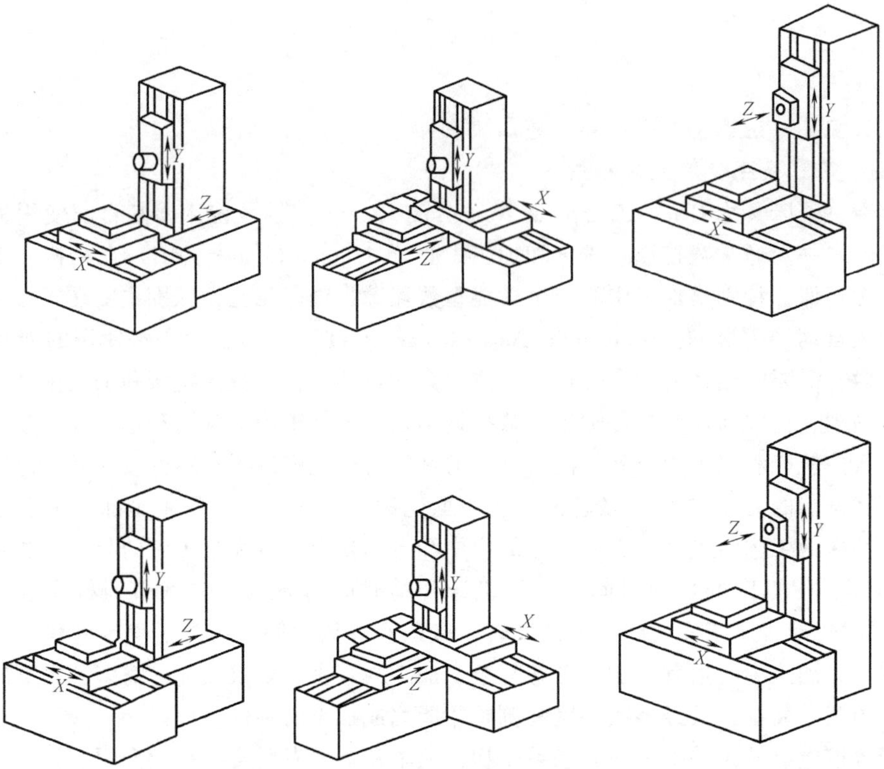

图 5-3　卧式数控镗、铣床和加工中心

如图 5-4 所示的两种结构形式。其中，图 5-4a 所示主轴可以做 90°旋转，可以按照立式和卧式加工中心两种方式进行切削加工；图 5-4b 所示工作台可以带着工件做 90°旋转来完成除装夹面外的五面切削加工。

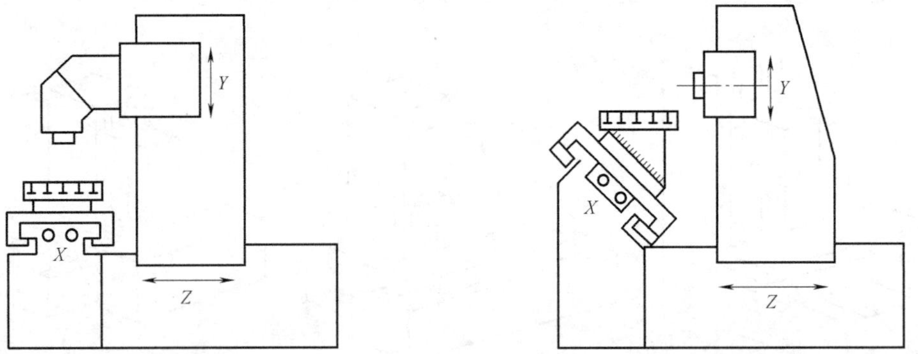

a) 主轴旋转式　　b) 工作台旋转式

图 5-4　五面式数控镗、铣床和加工中心

（2）按照控制联动坐标轴分类　数控镗、铣床和加工中心常按主轴在空间所处的状态分为三坐标、四坐标和五坐标。如图 5-5 所示，三坐标数控铣床与加工中心的共同特点是除具有普通铣床的工艺性能外，还具有加工形状复杂的两维以至三维复杂轮廓的能力。这些复杂轮廓零件的加工有的只需两轴联动（如二维曲线、二维轮廓和二维区域加工），有的则需

三轴联动（如三维曲面加工），它们所对应的加工一般相应称为二轴（或2.5轴）加工与三轴加工。

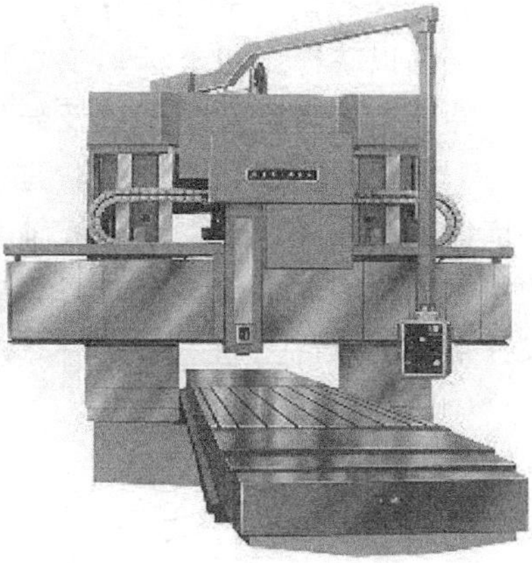

图 5-5　三坐标数控镗、铣床和加工中心

对于三坐标数控镗、铣床和加工中心（无论是立式还是卧式），由于具有自动换刀功能，适于多工序加工，如加工箱体等需要铣、钻、铰及攻螺纹等多工序加工的零件。特别是在卧式加工中心上加装数控分度转台后，可实现四面加工，而若主轴方向可换，则可实现五面加工，因而能够一次装夹完成更多表面的加工，特别适合于加工复杂的箱体类、泵体、阀体、壳体等零件。

如图5-6所示，四坐标是指在 *X*、*Y* 和 *Z* 三个平动坐标轴的基础上增加一个转动坐标轴（*A* 或 *B*），且四个轴一般可以联动。其中，转动轴既可以作用于刀具（刀具摆动型），也可以作用于工件（工作台回转/摆动型）；机床既可以是立式的也可以是卧式的；同时，转动轴既可以是 *A* 轴（绕 *X* 轴转动）也可以是 *B* 轴（绕 *Y* 轴转动）。由此可以看出，四坐标数控机床可具有多种结构类型，但除大型龙门式机床上采用刀具摆动外，实际中多以工作台旋转/摆动的结构居多。但不管是哪种类型，其共同特点是相对于静止的工件来说，刀具的运动位置不仅是任意可控的，而且刀具轴线的方向在刀具摆动平面内也是可以控制的，从而可根据加工对象的几何特征，按保持有效切削状态或根据避免刀具干涉等需要来调整刀具相对零件表面的姿态。因此，四坐标加工可以获得比三坐标加工更广范的工艺范围和更好的加工效果。

图 5-6　四坐标数控镗、铣床和加工中心

对于五坐标机床，不管是哪种类型，都具有两个回转坐标，图 5-7 所示是其中的一种类型。相对于静止的工件来说，其运动合成可使刀具轴线的方向在一定的空间内（受机构结构限制）任意控制，从而具有保持最佳切削状态及有效避免刀具干涉的能力。因此，五坐标加工又可以获得比四坐标加工更广泛的工艺范围和更好的加工效果，特别适宜于三维曲面零件的高效高质量加工以及异形复杂零件的加工。采用五轴联动对三维曲面零件进行加工，可用刀具最佳几何形状进行切削，不仅加工表面粗糙度值小，而且加工效率也大幅度提高。一般认为，一台五轴联动机床的效率可以等于两台三轴联动机床，特别是使用立方氮化硼等超硬材料铣刀高速铣削淬硬钢零件时，五轴联动加工可比三轴联动加工发挥更高的效益。

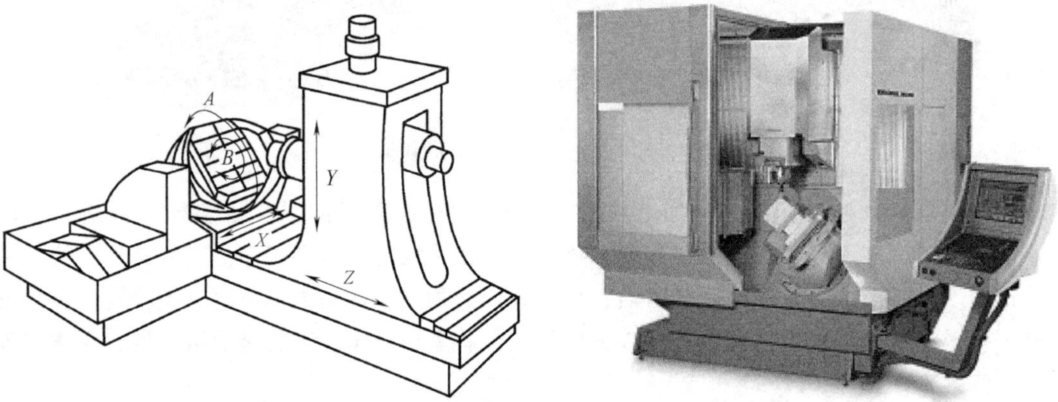

图 5-7 五坐标数控镗、铣床和加工中心

五轴联动除 X、Y、Z 以外的两个回转轴的运动有两种实现方法：一种是在工作台上用复合 A、C 轴转台，另一种是采用复合 A、C 轴的主轴头。这两种方法完全由工件形状决定，方法本身并无优劣之分。过去因五轴联动数控系统、主机结构复杂等原因，其价格要比三轴联动数控机床高出数倍，加之编程技术难度较大，制约了五轴联动机床的发展。当前由于电主轴的出现，使得实现五轴联动加工的复合主轴头结构大为简化，其制造难度和成本大幅度降低，数控系统的价格差距也在缩小，因此促进了复合主轴头类型五轴联动机床和复合加工机床的发展。

（3）其他分类

1）按照系统功能分类：按照系统功能不同，数控铣床可分为经济型、全功能型和高速型数控镗、铣床和加工中心。

2）按照伺服系统的控制方式分类：按照伺服系统控制方式不同，数控铣床可分为开环控制、闭环控制和半闭环控制数控镗、铣床和加工中心。

3）按照运动轨迹分类：按照运动轨迹可分为点位控制、直线控制和轮廓控制数控镗、铣床和加工中心。

3. 数控镗、铣床及加工中心的基本结构

（1）数控镗、铣床及加工中心的组成结构　图 5-8 所示为典型卧式加工中心的系统组成。加工中心本身的结构分为两大部分：一是主机部分，二是控制部分。主机部分包括床身、主轴箱、工作台、底座、立柱、横梁、进给机构、刀库、换刀机构、辅助系统（气液、

润滑、冷却、防护）等。控制部分包括硬件部分和软件部分。硬件部分包括计算机数字控制装置（CNC）、可编程序控制器（PLC）、输入输出设备、主轴驱动装置、显示装置。软件部分包括系统程序和控制程序。

（2）加工中心的结构配置与加工能力

加工中心的结构配置不同，其加工能力也不同。表 5-1 给出了五坐标机床的类型与加工对象。

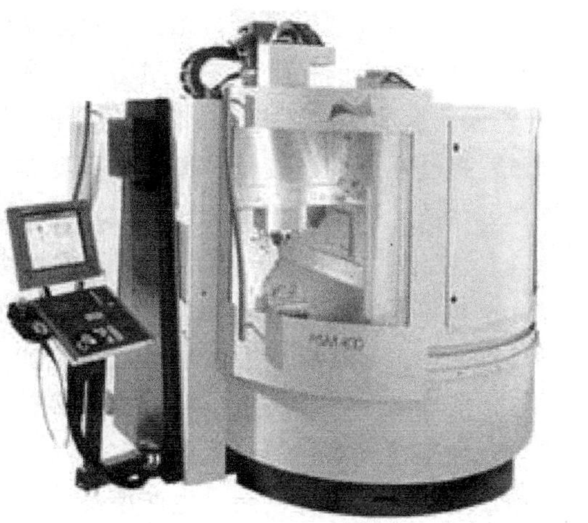

图 5-8　典型卧式加工中心的系统组成

（3）加工中心的结构特点

1）机床的刚度大、抗振性好。

2）机床的传动系统结构简单，传递精度高、速度快。

表 5-1　五坐标机床的类型与加工对象

类型	图例	主要加工对象
主轴和工作台旋转型	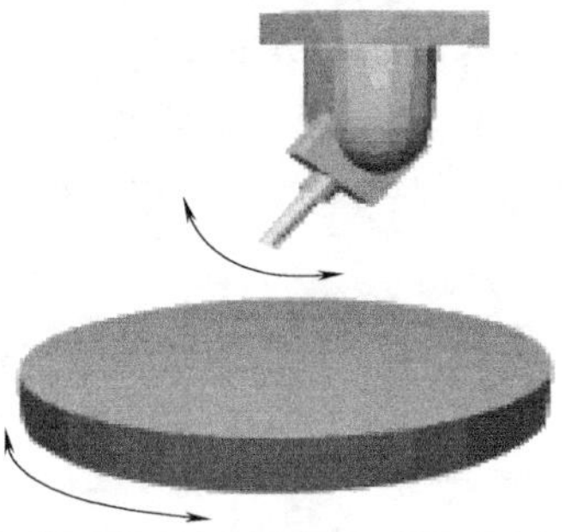	
工作台旋转型	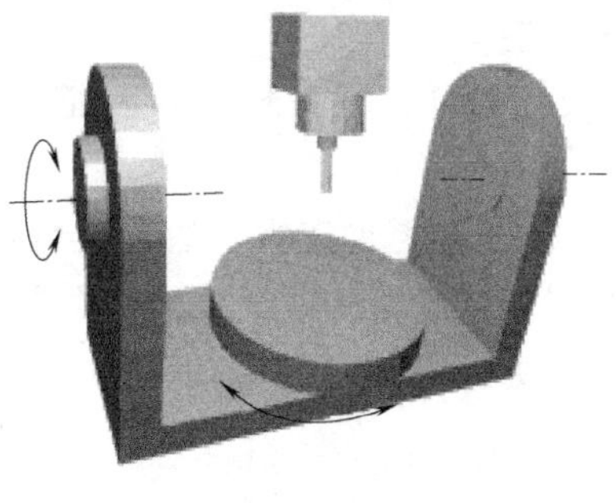	
主轴头旋转型	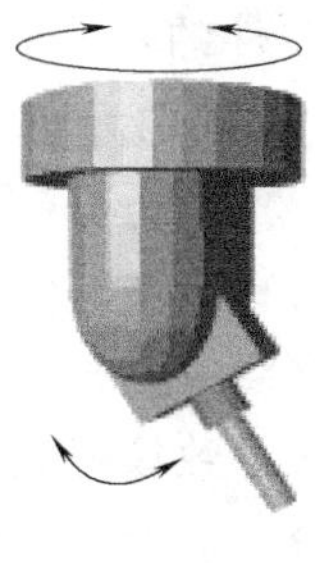	

3）主轴系统结构简单，无齿轮变速系统（有的保留 1 级或 2 级齿轮传动）。

4）加工中心的导轨都采用耐磨材料和新结构，能长期保持导轨的精度，在高速重切削下，能保证运动部件不振动，低速进给时不爬行，运动中的灵敏度高。

5）控制系统功能较全，智能化程度越来越高。

二、数控镗、铣削及加工中心加工的特点和内容

1. 数控镗、铣削及加工中心加工的特点

1）对零件加工的适应性强、灵活性好。

2）能加工普通机床无法加工或很难加工的零件。

3）能加工一次装夹定位后需进行多道工序加工的零件。

4）加工精度高，加工质量稳定可靠。

5）生产自动化程度高，生产率高。

6）从切削原理上讲，端铣和周铣都属于断续切削方式，不像车削那样连续切削，因此对刀具的要求较高，刀具应具有良好的抗冲击性、韧性和耐磨性。在干切削状况下，还要求刀具具有良好的热硬性。

2. 适合数控镗、铣削及加工中心加工的内容

数控铣床与普通铣床相比，具有加工精度高、加工零件的形状复杂、加工范围广等特点。根据数控铣床的特点，适合数控铣床加工的内容主要有以下几类：

1）曲线轮廓或曲面等复杂结构。工件的平面曲线轮廓是指零件内、外轮廓为复杂曲线，且被加工面平行或垂直于水平面。数控铣削加工时，一般只需用三坐标数控铣床的两坐标联动就可以把它们加工出来。

工件的曲面一般指面上的点在三维空间坐标变化的面，一般是由数学模型设计出来的，加工时铣刀与加工面始终为点接触。加工曲面类零件一般采用三坐标联动的数控铣床，往往要借助于计算机来编程加工。

2）在普通铣床上加工难度大的工件结构。对尺寸繁多、划线与检测困难、普通铣床上加工难以观察和控制的零件，宜选择数控铣床加工。

3）当在普通铣床上加工，难以保证工件尺寸精度、几何精度和表面粗糙度等要求时，宜选择数控铣床加工。

4）一致性要求好的零件。在批量生产中，由于数控铣床本身的定位精度和重复定位精度都较高，能够避免采用普通铣床加工时人为因素造成的多种误差，故数控铣床容易保证成批零件的一致性，使其加工精度得到提高，质量更加稳定。

三、数控镗、铣床及加工中心加工工艺分析

1. 零件图的完整性和正确性分析

由于加工程序是以准确的坐标点来编制的，因此零件的视图应足够、正确及表达清楚，并符合国家标准，尺寸及有关技术要求应标注齐全，图样的几何要素间相互关系（相切、相交、垂直或平行）明确，条件充分。在手工编程时要计算构成零件轮廓的每一个基点坐标，在自动编程时要对构成零件轮廓的所有几何元素进行定义，但常常遇到构成零件轮廓的几何元素的条件不充分，如圆弧与直线、圆弧与圆弧在图样上相切，可是依据图样给出的尺寸计算相切条件时却变成了相交或相离状态，这种情况导致编程无法进行。因此，在分析零件图样时若发现构成零件轮廓的几何元素的条件不充分，应及时与零件设计者协商解决。

2. 零件的结构工艺性分析及处理

（1）分析零件的变形情况，保证获得要求的加工精度　虽然数控机床精度很高，但对一些特殊情况，例如过薄的底板与肋板，因为加工时产生的切削拉力及薄板的弹性退让极易产生切削面的振动，使薄板厚度尺寸公差难以保证，其表面粗糙度值也将增大。根据实践经验，对于面积较大的薄板，当其厚度小于 3mm 时，就应在工艺上充分重视这一问题，并采取相应措施来保证其加工精度。如利用机床数控系统的循环功能，减小每次进刀的背吃刀量或切削速度，从而减小切削力等方法来控制零件在加工过程中的变形。

（2）尽量统一零件内圆弧轮廓尺寸　轮廓内圆弧半径 R 常常限制刀具的直径。如图 5-9a 所示，若被加工轮廓高度低，转接圆弧半径也大，可以采用较大直径的铣刀来加工，且加工其底板面时，进给次数也相应减少，表面加工质量会好一些，因此工艺性较好；反之，工艺性较差。一般来说，当 $R<0.2H$（H 为被加工轮廓的最大高度）时，可以判定该部位的工艺性不好。在这种情况下，应选用不同直径的铣刀分别进行粗、精加工，以最终保证零件上内转接圆弧半径的要求。

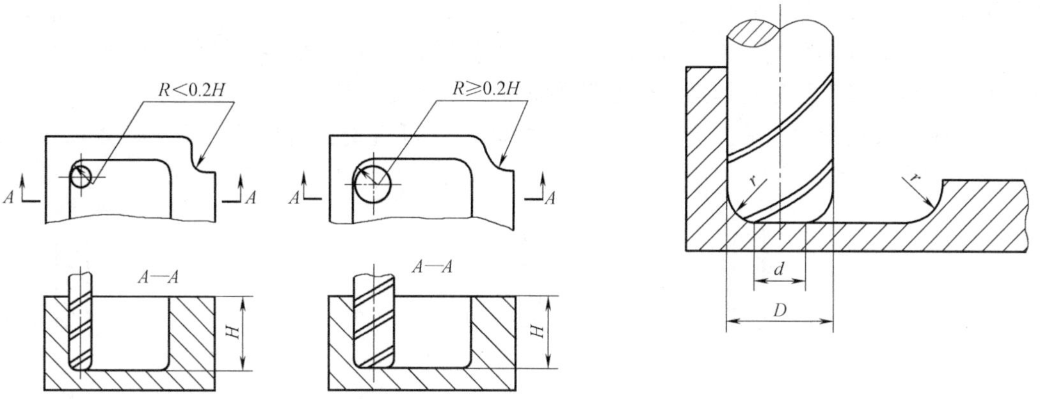

a) 内圆弧半径R常常限制刀具的直径　　b) 端刃对铣削平面的影响

图 5-9　刀具参数对内轮廓的影响

如图 5-9b 所示，零件的槽底圆角半径 r 或底板与肋板相交处的圆角半径 r 越大时，铣刀端刃铣削平面的能力越差，效率也越低。当 r 大到一定程度时甚至必须用球头铣刀加工，这是应当避免的。因为铣刀与铣削平面接触的最大直径 $d=D-2r$（D 为铣刀直径）。当 D 越大而 r 越小时，铣刀端刃铣削平面的面积越大，加工平面的能力越强，铣削工艺性当然也越好。有时，当铣削的底面面积较大、底部圆弧半径 r 也较大时，只能用两把半径不同的铣刀分两次切削，即先用半径较小的铣刀粗加工（注意防止 r 被“过切”），再用半径符合零件图样要求的铣刀精加工。

同一零件上凹圆弧半径在数值上的一致对数控铣削的工艺性相当重要，因为加工的准备时间（如停机及对刀等所需时间）过长，不仅会降低生产率，还会因频繁换刀而增加零件加工面上的接刀痕，从而降低零件的加工质量，因此内圆弧轮廓尺寸要尽量统一，即使不能寻求完全统一，也要力求将数值相近的圆弧半径分组靠拢，达到局部统一。

3. 切入、切出点及刀具切削起始点和返回点的确定

用立铣刀的侧刃铣削平面工件的外轮廓时，为减少接刀痕迹，保证零件表面质量，切入、切出部分应考虑外延，对刀具的切入和切出程序要精心设计。

（1）切入点的选择原则　在进刀或切削曲面的过程中，要使刀具不受损坏。一般来说，对粗加工而言，选择曲面内的最高角点作为曲面的切入点，因为该点的切削余量较小，进刀时不易损坏刀具。对精加工而言，选择曲面内某个曲率比较平缓的角点作为曲面的切入点，因为在该点处刀具所受的弯矩较小，不易折断刀具。

（2）切出点的选择原则　选择切出点时主要考虑曲面能连续完整地加工及曲面与曲面加工间的非切削加工时间尽可能短，换刀方便，以提高机床的有效工作时间。若被加工曲面为开放型曲面，曲面的两个角点可作为切出点；若被加工曲面为封闭型曲面，则只有曲面的一个角点为切出点。

（3）起始点、返回点的确定原则　在同一程序中起始点和返回点最好相同，如果某个零件的加工需要几个程序来完成，那么这几个程序的起始点和返回点也最好完全相同，以免引起加工操作上的麻烦。

4. 进、退刀方式的确定

（1）轴向进、退刀方式　铣削开口不通槽时，铣刀在 Z 向可直接快速移动到位，不需要工作进给，如图 5-10a 所示。

铣削封闭槽（如键槽）时，铣刀需一段切入距离 Z_a，先快速移动到距工件加工表面 Z_a 的位置上，然后以工作进给速度进给至铣削深度 H，如图 5-10b 所示。

铣削轮廓及通槽时，铣刀应有一段切出距离 Z_0，可直接快速移动到距工件表面 Z_0 处，如图 5-10c 所示。

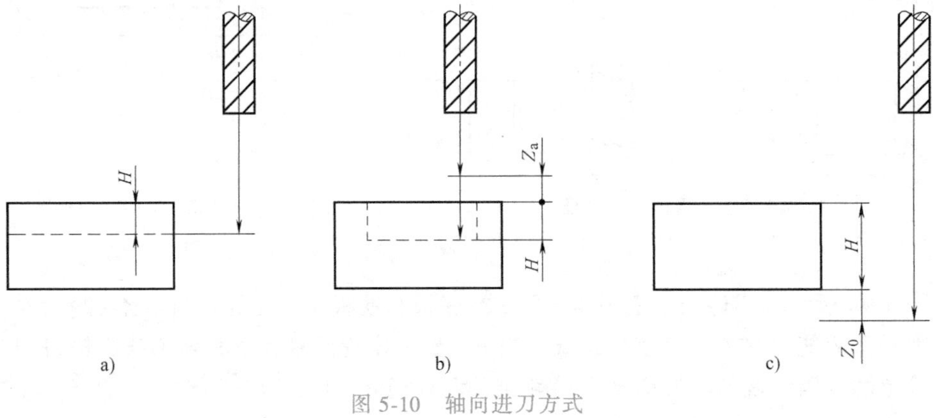

图 5-10　轴向进刀方式

在型腔铣削中，由于是把坯件中间的材料去掉，刀具不可能像铣外轮廓一样从外面下刀切入，而要从坯件的实体部位下刀切入，因此在型腔铣削中下刀方式的选择很重要。

使用键槽铣刀或端刃过中心铣刀沿 Z 向分层直接下刀切入工件，如图 5-11b 所示。

但当使用普通立铣刀时，使用立铣刀螺旋下刀或者斜插式下刀（图 5-11a）。螺旋下刀是最普遍的一种进刀方式，即在两个切削层之间，刀具从上一层的高度沿螺旋线以渐近的方式切入工件，直到下一层的高度，然后开始正式切削，如图 5-11c 所示。

通常退刀直接沿轴向提起即可。

（2）轮廓加工中的进刀方式　轮廓加工进刀方式一般有两种，即沿法线进刀和沿切线进刀，如图 5-12 所示。沿法线进刀由于容易产生刀痕，因此一般只用于粗加工或者表面质量要求不高的工件。沿法线进刀的路线比沿切线进刀的路线短，因而切削时间也就相应较短。

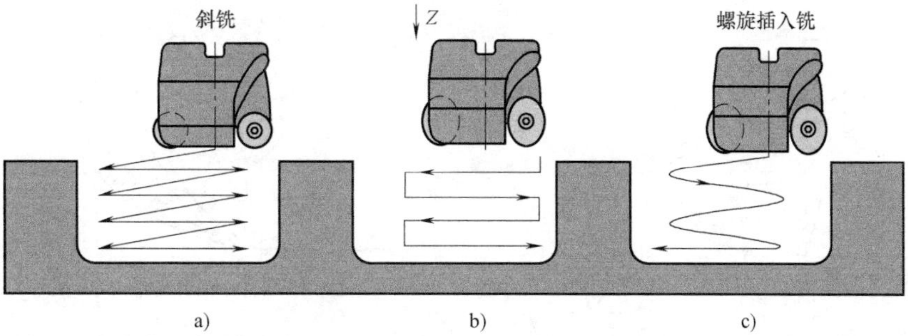

图 5-11　铣削封闭槽常见的轴向进刀方式

在一些表面质量要求较高的轮廓加工中，通常采用加一条进刀引线再圆弧切入的方式，使圆弧与加工的第一条轮廓线相切，能有效地避免因沿法线进刀而产生的刀痕，而且在切削毛坯余量较大时离开工件轮廓一段距离后下刀再切入，很好地起到了保护立铣刀的作用。

5. 顺铣、逆铣的确定

（1）顺铣、逆铣的概念　铣削加工中，切削点的切削速度方向在进给方向上的分量与进给速度方向一致时，称为顺铣，反之为逆铣。

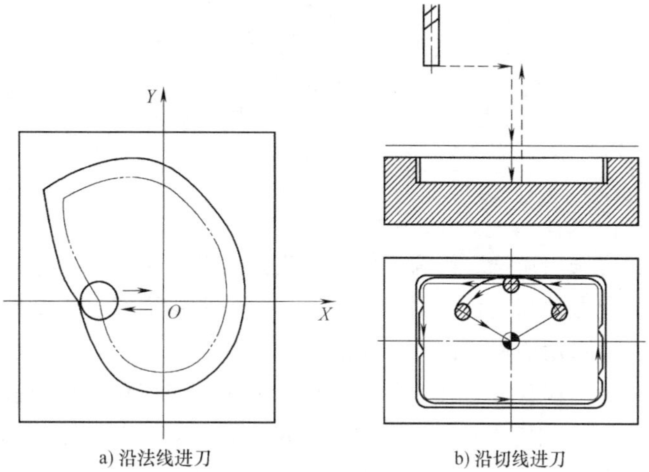

图 5-12　轮廓加工中的进刀方式

（2）顺铣、逆铣的特点　如图 5-13a 所示，逆铣时，刀具从已加工表面切入，切削厚度从零逐渐增大。铣刀刃口有一钝圆半径 r_β，当 r_β 大于瞬时切削厚度时，实际切削前角为负值，刀齿在加工表面上产生挤压、滑行，切不下切屑，使这段表面产生严重的冷硬层。下一个刀齿切入时，又在冷硬层表面挤压、滑行，使刀齿容易磨损，工件表面粗糙度值增大。同时刀齿切离工件时垂直方向的分力 F_v 的方向使工件脱离工作台，需要较大的夹紧力。但刀齿从已加工表面切入，不会造成从毛坯面切入而打刀的问题。如图 5-13b 所示，顺铣时，刀具从待加工表面切入，刀齿的切削厚度从最大开始，避免了挤压、滑行现象的产生。同时垂直方向的分力 F_v 始终压向工作台，减小了工件的上下振动，因而能延长铣刀寿命，提高加工表面质量。

铣床工作台的纵向进给运动一般是依靠工作台下面的丝杠和螺母来实现的，螺母固定不动，丝杠一面转动一面带动工作台移动。如果在丝杠副中存在着间隙的情况下采用顺铣，当纵向分力 F_l 逐渐增大超过工作台摩擦力时，会使工作台带动丝杠向左窜动，丝杠副右侧面出现间隙，如图 5-13d 所示，严重时会使铣刀崩刃。此外，在进行顺铣时遇到加工表面有硬皮，也会加速刀齿磨损甚至打刀。在逆铣时，纵向分力与纵向进给方向相反，使丝杠与螺母间传动面始终紧贴，如图 5-13c 所示，故工作台不会发生窜动现象，铣削较平稳。

（3）顺铣、逆铣的选用　根据上面分析，当工件表面有硬皮、机床的进给机构有间隙

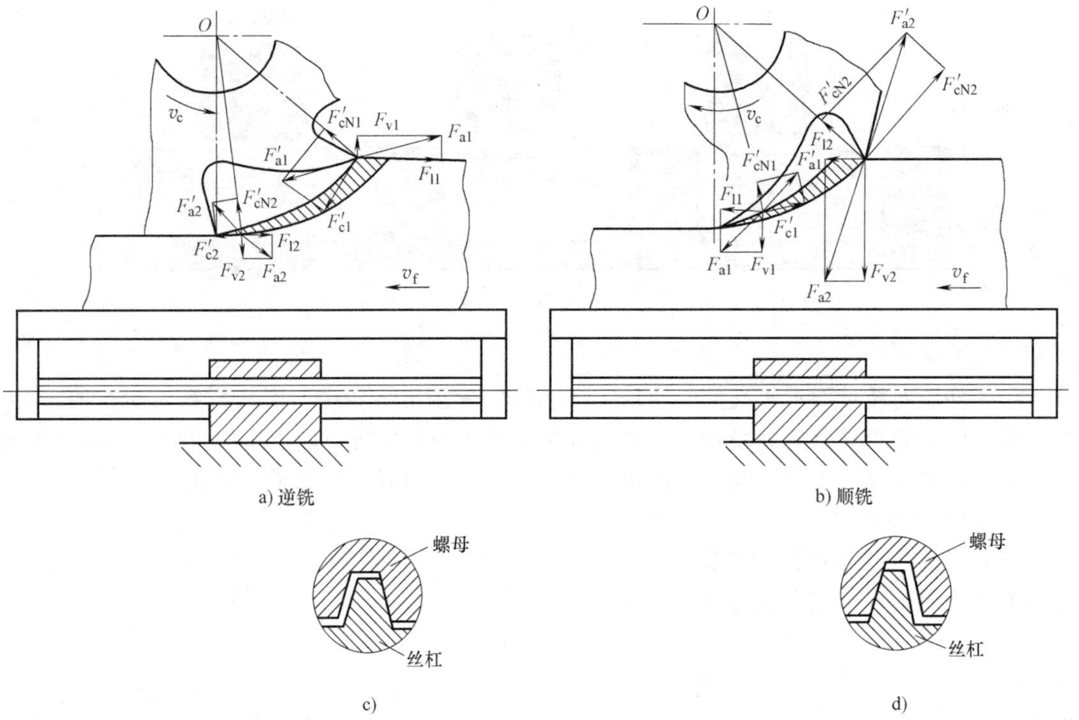

图 5-13　逆铣与顺铣

时，应选用逆铣。因为逆铣时刀齿是从已加工表面切入，不会崩刃；机床进给机构的间隙不会引起振动和爬行，因此粗铣时应尽量采用逆铣。当工件表面无硬皮、机床进给机构无间隙时，应选用顺铣。因为顺铣加工后零件表面质量好，刀齿磨损小，因此精铣时，尤其是零件材料为铝镁合金、钛合金或耐热合金时，应尽量采用顺铣。

（4）端铣方式的确定　铣削宽度 a_e 对称于铣刀轴线的端铣方式称为对称铣。铣削宽度 a_e 不对称于铣刀轴线的端铣方式称为不对称铣，不对称铣又有不对称顺铣和不对称逆铣之分。

当逆铣部分大于顺铣部分时为不对称逆铣，如图 5-14b 所示。此时切入时公称切削厚度最小，切出时公称切削厚度较大，故切削平稳，并可获得最小的表面粗糙度值。当铣刀直径大于工件宽度时不会产生滑移现象，不会出现采用圆柱铣刀逆铣时产生的各种不良现象。该铣削方式主要用于加工碳素结构钢、合金结构钢和铸铁，刀具寿命可延长 1~3 倍。铣削高强度低合金钢时刀具寿命可延长 1 倍以上。

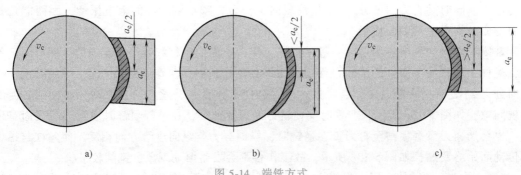

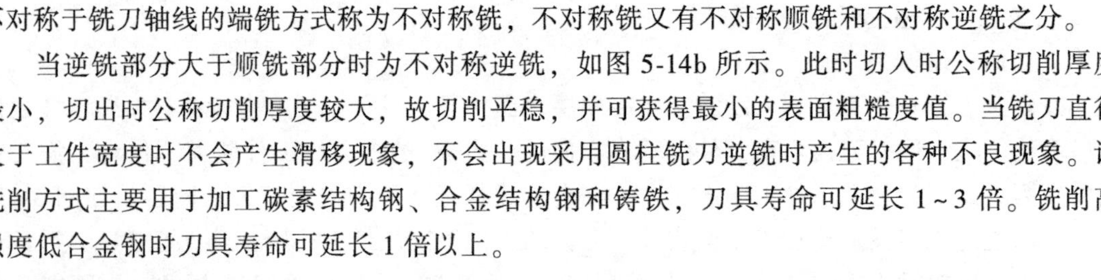

图 5-14　端铣方式

当顺铣部分大于逆铣部分切入时为不对称顺铣，如图 5-14c 所示。此时公称切削厚度较大，切削层对刀齿压力逐渐减小，金属黏刀量小，在切削塑性大、冷硬现象严重的不锈钢和耐热钢时，可较显著地延长刀具寿命。但因工作时会使工作台窜动，一般情况下不采用。

如图 5-14a 所示，对称铣时切入和切出的切削层对称，平均公称切削厚度较大，即使每齿进给量较小，也可使刀具在工件表面的硬化层下工作。这种方式常用于铣削淬硬钢或精铣机床导轨，工件表面粗糙度值均匀，刀具寿命较长。

6. 数控镗、铣床及加工中心夹具的选择

（1）数控镗、铣床及加工中心对夹具的要求

1）夹紧机构或其他元件不得影响进给，加工部位要敞开。要求夹持工件后夹具上一些组成件（如定位块、压块和螺栓等）不得与刀具运动轨迹发生干涉。如图 5-15 所示，用立铣刀铣削零件的六边形，若用压板机构压住工件的 *A* 面，则压板易与铣刀发生干涉，若夹压 *B* 面，就不影响刀具进给。对有些箱体零件加工可以利用内部空间来安排夹紧机构，将其加工表面敞开，如图 5-16 所示。当在卧式加工中心上对工件的四周进行加工时，若很难安排夹具的定位和夹紧装置，则可以通过减少加工表面来留出定位和夹紧元件的空间。

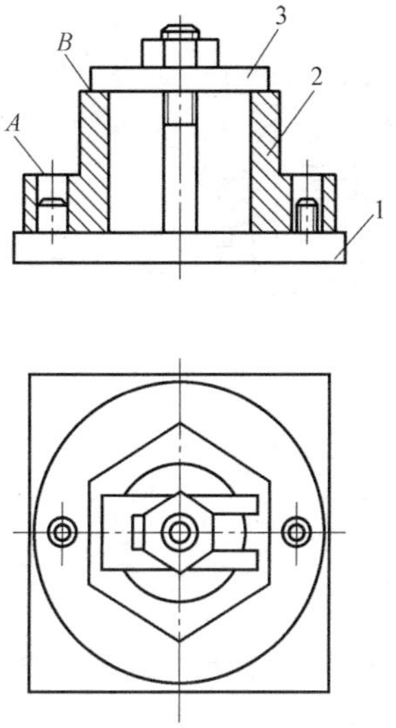

图 5-15　不影响进给的装夹示例

1—定位装置　2—工件　3—夹紧装置

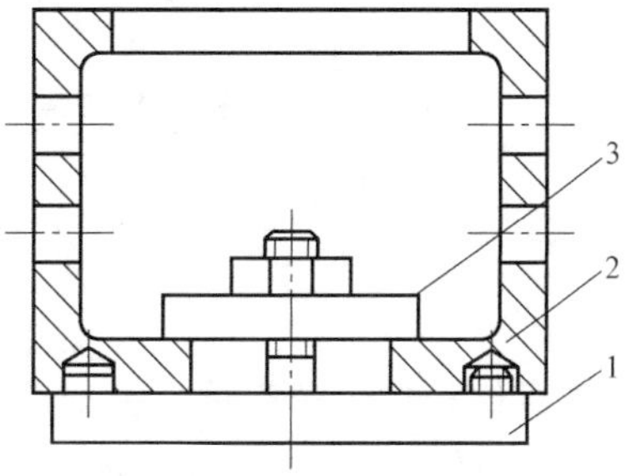

图 5-16　敞开加工表面的装夹示例

1—定位装置　2—工件　3—夹紧装置

2）必须保证最小的夹紧变形。工件在粗加工时，切削力大，需要夹紧力大，但又不能把工件夹压变形；否则，松开夹具后工件会发生变形。因此，必须慎重选择夹具的支承点、定位点和夹紧点。如果采用了相应措施仍不能控制工件的变形，只能将粗、精加工分开，或者粗、精加工使用不同的夹紧力。

3）装卸方便，辅助时间尽量短。由于加工中心加工效率高，装夹工件的辅助时间对加工效率影响较大，因此要求配套夹具在使用中也要装卸快而方便。

4）对小型零件或工序不长的零件，可以考虑在工作台上同时装夹几件进行加工，以提高加工效率。例如在加工中心工作台上安装一块与工作台大小一样的平板，如图 5-17a 所示。该平板既可作为大工件的基础板，也可作为多个小工件的公共基础板。又如在卧式加工

中心分度工作台上安装一块如图 5-17b 所示的四周都可装夹一件或多件工件的立方基础板，可依次加工装夹在各面上的工件。当一面在加工位置上进行加工的同时，另外三面都可装卸工件，因此能显著减少换刀次数和停机时间。

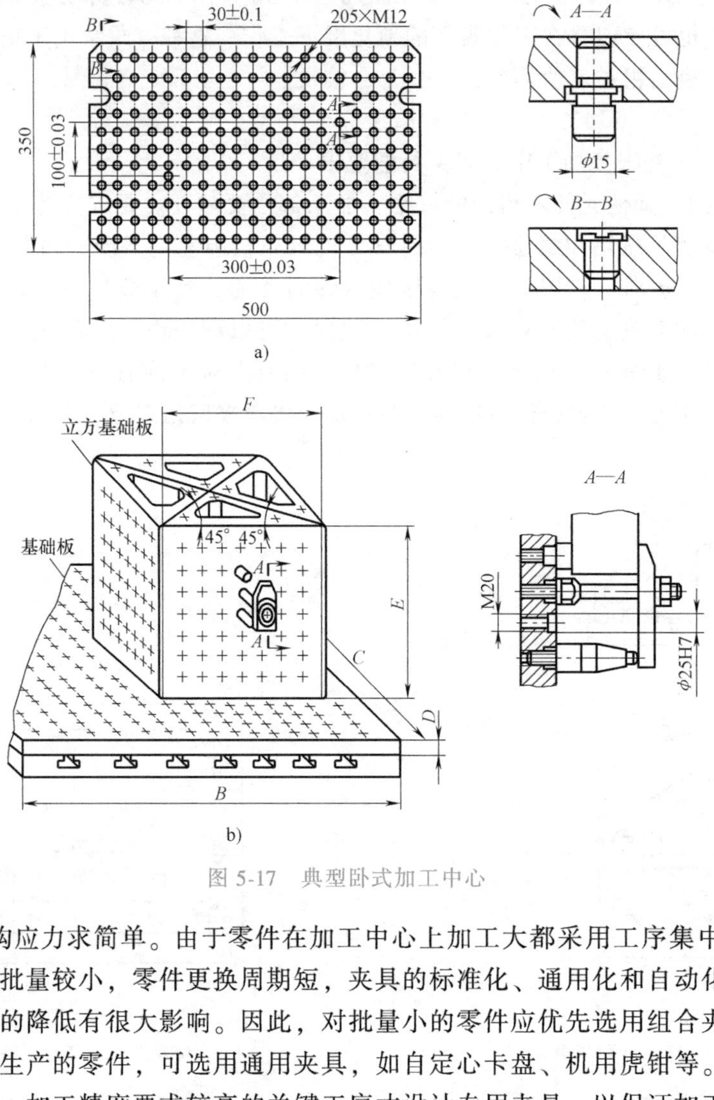

图 5-17 典型卧式加工中心

5）夹具结构应力求简单。由于零件在加工中心上加工大都采用工序集中原则，加工的部位较多，同时批量较小，零件更换周期短，夹具的标准化、通用化和自动化对加工效率的提高及加工费用的降低有很大影响。因此，对批量小的零件应优先选用组合夹具。对形状简单的单件小批量生产的零件，可选用通用夹具，如自定心卡盘、机用虎钳等。只有对批量较大且周期性投产、加工精度要求较高的关键工序才设计专用夹具，以保证加工精度和提高装夹效率。

6）夹具应便于与机床工作台面及工件定位面间的定位连接。加工中心工作台面上一般都有基准 T 形槽，转台中心有定位圆，台面侧面有基准挡板等定位元件。固定方式一般用 T 形槽螺钉或工作台面上的紧固螺孔，用螺栓或压板压紧。夹具上用于紧固的孔和槽的位置必须与工作台上的 T 形槽和孔的位置相对应。

（2）数控镗、铣床及加工中心夹具的种类

1）通用夹具。通用夹具已经标准化，无须调整或稍加调整就可以用来装夹不同的工件。通用夹具主要用于单件小批量生产。

2）专用夹具。专用夹具是指专为某一项或类似的几项加工设计制造的夹具，如图 5-18 所示。专用夹具适用于定型产品的成批和大量生产。

3）组合夹具。组合夹具是指由一套结构已经标准化、尺寸已经规格化的通用元件和合件组装而成的夹具。组合夹具主要用于中小批量生产。

4）成组夹具。成组夹具专门用于形状相似、尺寸相近且定位、夹紧、加工方法相同或相似的工件的装夹。

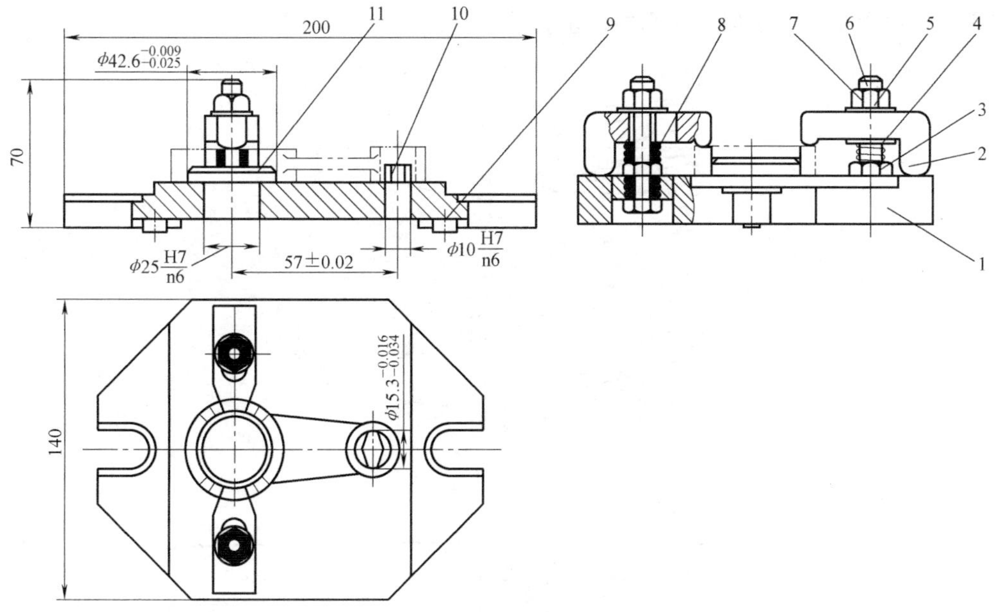

图 5-18　专用夹具

1—夹具体　2—压板　3、7—螺母　4、5—垫圈　6—螺栓
8—弹簧　9—定位键　10—菱形销　11—圆柱销

5）可调夹具。可调夹具是组合夹具与专用夹具的结合。

（3）数控镗、铣床及加工中心夹具的选用原则　选用夹具时，通常要考虑产品的生产批量、生产率、质量保证及经济性。选用时通常参照以下原则：

1）单件、小批量生产或者产品试制时，首选通用夹具。这类夹具已实现了标准化，其特点是通用性强、结构简单，装夹工件时无须调整或稍加调整即可。

2）大批大量生产中可选专用夹具。其结构紧凑，操作迅速方便。这类夹具设计和制造的工作量大、周期长、投资大，只有在大批量加工中才能充分发挥其经济效益。

3）针对每组相近工件，建议选成组夹具。成组夹具是随着成组加工技术的发展而产生的，其特点是使用对象明确、结构紧凑和调整方便。

7. 数控镗、铣床及加工中心刀具的选择

数控镗、铣床及加工中心上常用的刀具主要有面铣刀、立铣刀、模具铣刀、键槽铣刀、鼓形铣刀、成形铣刀和孔加工用钻头、扩孔钻、镗刀、铰刀及丝锥等。

（1）常用铣刀

1）面铣刀。如图 5-19 所示，面铣刀的圆周表面和端面上都有切削刃，端部切削刃为副

切削刃，常用于端铣较大的平面。面铣刀多制成套式镶齿结构，刀齿为高速钢或硬质合金，刀体为材料 40Cr 钢。

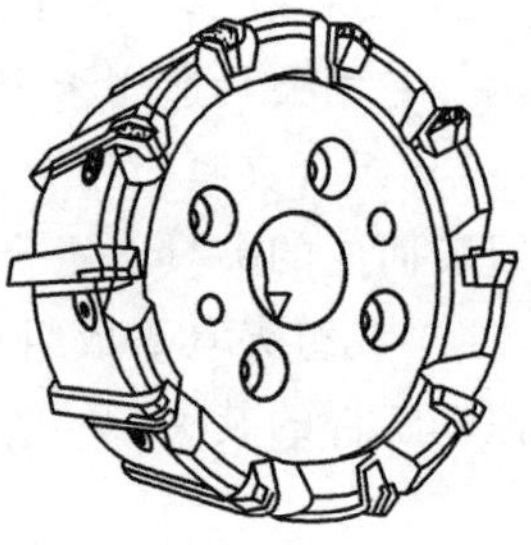

图 5-19　面铣刀

2）立铣刀。立铣刀是数控铣削中最常用的一种铣刀，其结构如图 5-20 所示。立铣刀的圆柱表面和端面上都有切削刃，圆柱表面上的切削刃为主切削刃，端面上的切削刃为副切削刃。主切削刃一般为螺旋齿，这样可以增加切削的平稳性，提高加工精度。由于普通立铣刀端面中心处无切削刃，因此立铣刀不能做轴向进给，端面刃主要用来加工与侧面相垂直的底平面。

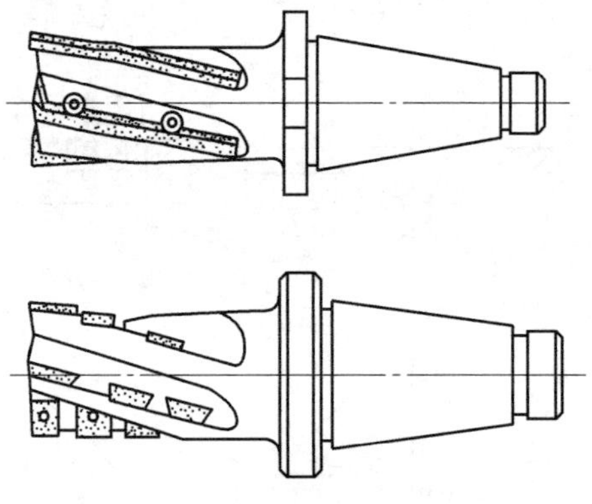

a) 硬质合金立铣刀

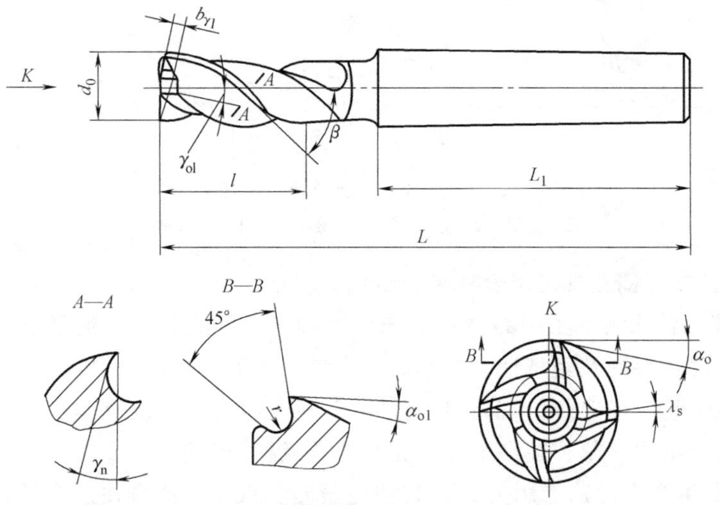

b) 高速钢立铣刀

图 5-20　立铣刀

为了能加工较深的沟槽，并保证有足够的备磨量，立铣刀的轴向长度一般较长。

为了改善切屑卷曲情况，增大容屑空间，防止切屑堵塞，立铣刀的刀齿数比较少，容屑槽圆弧半径则较大。一般粗齿立铣刀齿数 $Z=3\sim4$，细齿立铣刀齿数 $Z=5\sim8$，套式结构立铣刀齿数 $Z=10\sim20$，容屑槽圆弧半径 $r=2\sim5$mm。当立铣刀直径较大时，还可制成不等齿距结构，以增强抗振作用，使切削过程平稳。

3）模具铣刀。模具铣刀由立铣刀发展而成，适用于加工空间曲面零件，有时也用于平面类零件上较大转接凹圆弧的过渡加工。模具铣刀可分为圆锥形立铣刀（圆锥半角$\frac{\alpha}{2}=3°$、5°、7°、10°）、圆柱形球头立铣刀和圆锥形球头立铣刀三种，其柄部有直柄、削平型直柄和莫氏锥柄。它的结构特点是球头或端面上布满了切削刃，圆周刃与球头刃圆弧连接，可以做径向和轴向进给。模具铣刀的工作部分用高速钢或硬质合金制造。小规格的硬质合金模具铣刀多制成整体结构，直径在16mm以上的硬质合金模具铣刀，制成焊接或机夹可转位刀片结构。

（2）铣刀类型的选择　铣刀类型应与工件的表面形状与尺寸相适应。加工大平面应采用面铣刀；加工凹槽、较小的台阶面及平面轮廓常采用立铣刀；加工曲面常采用球头铣刀，加工模具型腔或凸模成形表面等多采用模具铣刀；加工封闭的键槽选择键槽铣刀；加工变斜角零件的变斜角面应选用鼓形铣刀；加工各种直的或圆弧形的凹槽、斜角面、特殊孔等应选用成形铣刀。

（3）铣刀参数的选择　铣刀参数的选择主要考虑零件加工部位的几何尺寸和刀具的刚度等因素。数控铣床上使用最多的是可转位面铣刀和立铣刀，因此本书重点介绍面铣刀和立铣刀参数的选择。

1）面铣刀主要参数的选择。标准可转位面铣刀直径为$\phi16\sim\phi630$mm。粗铣时，铣刀直径要小些，因为粗铣切削力大，选小直径铣刀可减小切削力矩。精铣时，铣刀直径要大些，尽量包容工件的整个加工宽度，以提高加工精度和效率，并减少相邻两次进给之间的接刀痕迹。

面铣刀几何角度的选择原则：铣刀前角数值一般比车刀略小（由于铣削时有冲击），尤其是硬质合金面铣刀，前角数值减小得更多些。铣削强度和硬度都高的材料可选用负前角。前角的数值主要根据工件材料和刀具材料来选择。铣刀的磨损主要发生在后刀面上，因此适当加大后角，可减少铣刀磨损。故常取后角为5°~12°，工件材料软取大值，工件材料硬取小值；粗齿铣刀取小值，细齿铣刀取大值。

铣削时冲击力大，为了保护刀尖，硬质合金面铣刀的刃倾角常取-5°~-15°。只有在铣削低强度材料时，刃倾角取5°。

主偏角在45°~90°范围内选取，铣削铸铁常用45°，铣削一般钢材常用75°，铣削带凸肩的平面或薄壁零件时要用90°。

2）立铣刀主要参数的选择。

① 铣刀直径D的选择。一般情况下，为减少走刀次数、提高铣削速度和吃刀量，保证铣刀有足够的刚性以及良好的散热条件，应尽量选择直径较大的铣刀。立铣刀的有关尺寸参数推荐按下述经验数据选取。

a. 刀具半径R应小于零件内轮廓面的最小曲率半径R_{min}，一般取$R=(0.8\sim0.9)R_{min}$。

b. 零件的加工高度$H\leqslant\left(\frac{1}{4}\sim\frac{1}{6}\right)R$，以保证刀具有足够的刚度。

c. 对不通孔（深槽），选取$l=H+(5\sim10)$ mm（l为刀具切削部分长度，H为零件高度）。

d. 加工外形及通槽时，选取$l=H+r+(5\sim10)$ mm（r为端刃圆角半径）。

e. 加工肋时，刀具直径$D=(5\sim10)b$（b为肋的厚度）。

② 铣刀刃长的选择。为了提高铣刀的刚度，对铣刀的刃长应在保证铣削过程不发生干涉的情况下，尽量选较短的尺寸。一般可根据以下两种情况进行选择。

a. 加工深槽或不通孔时，

$$l = H + 2\text{mm} \tag{5-1}$$

式中　l——铣刀刃长（mm）；

H——槽深或孔深（mm）。

b. 加工外形或通孔、通槽时，

$$l = H + r + 2\text{mm} \tag{5-2}$$

式中　r——铣刀端刃圆角半径（mm）。

（4）孔加工刀具的选择　刀具尺寸的确定：刀具尺寸包括直径尺寸和长度尺寸。孔加工刀具的直径尺寸根据被加工孔直径确定，特别是定尺寸刀具（如钻头、铰刀）的直径，完全取决于被加工孔直径。因此，这里只介绍刀具长度的确定方法。

在加工中心上，刀具长度一般是指主轴端面至刀尖的距离，包括刀柄和刃具两部分，如图 5-21 所示。

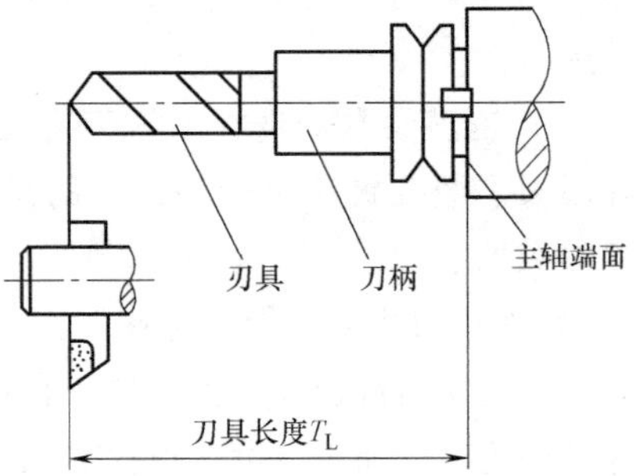

图 5-21　加工中心上的刀具长度

刀具长度的确定原则：在满足各个部位加工要求的前提下，尽量减小刀具长度，以提高工艺系统刚度。

制订工艺时，一般不必准确确定刀具长度，只需初步估算出刀具长度范围，以方便准备刀具。

刀具长度范围可根据工件尺寸、工件在机床工作台上的装夹位置以及机床主轴端面距工作台面或中心的最大、最小距离等确定。在卧式加工中心上，针对工件在工作台上的装夹位置不同，刀具长度范围有下列两种估算方法。

1）加工部位位于卧式加工中心工作台中心和机床主轴之间（见图 5-22），刀具最小长度为

$$T_L = A - B - N + L + Z_0 + T_t \tag{5-3}$$

式中　T_L——刀具长度；

A——主轴端面至工作台中心的最大距离；

B——主轴在 Z 向的最大行程；

N——加工表面距工作台中心的距离；

L——工件厚度；

T_t——钻头尖端锥度部分长度，一般取 $T_t = 0.3d$（d 为钻头直径）；

Z_0——刀具切出工件长度。

刀具长度范围为

$$A - B - N + L + Z_0 + T_t < T_L < A - B \tag{5-4}$$

2）加工部位位于卧式加工中心工作台中心和机床主轴两者之外（见图 5-23），刀具最小长度为

$$T_L = A - B + N + L + Z_0 + T_t \tag{5-5}$$

刀具长度范围为

$$A - B - N + L + Z_0 + T_t < T_L < A + B \tag{5-6}$$

在确定刀具长度时，还应考虑工件其他凸出部分及夹具、螺钉对刀具运动轨迹的干涉。主轴端面至工作台中心的最大、最小距离由机床样本提供。

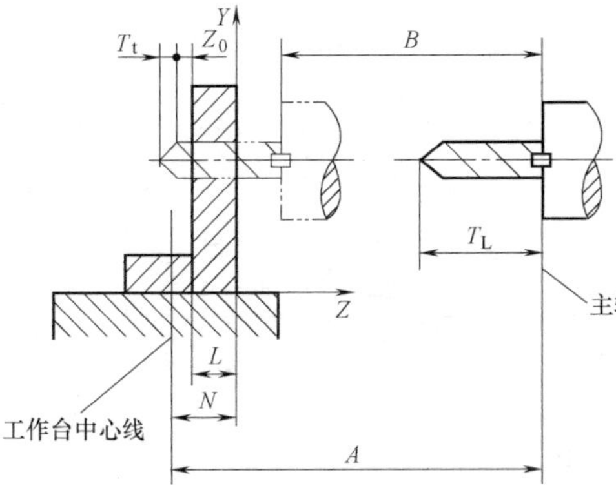

图 5-22　加工中心刀具长度的确定（一）

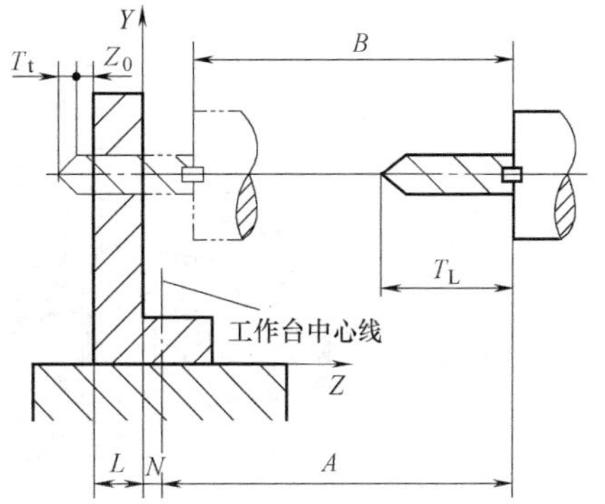

图 5-23　加工中心刀具长度的确定（二）

（5）刀柄系统的选择

1）刀柄。刀柄是机床主轴与刀具之间的连接工具。加工中心上一般都采用 7：24 圆锥刀柄，如图 5-24 所示。这类刀柄不自锁，换刀比较方便，比直柄有较高的定心精度与刚度。

加工中心刀柄已系列化和标准化，其锥柄部分和机械手抓拿部分都有相应的国际和国家标准。固定在刀柄尾部且与主轴内拉紧机构相适应的拉钉也已标准化。柄部及拉钉的有关尺寸可查阅相应标准。

2）刀柄的选择。选择加工中心用刀柄需注意的问题较多，主要应注意以下几点：

① 刀柄结构形式的选择，需要考虑多种因素。对一些长期反复使用，不需要拼装的简单刀柄，如在零件外轮廓上加工用的面铣刀刀柄、弹簧夹头刀柄及钻夹头刀柄等以配备整体式刀柄为宜。当加工孔径、孔深经常变化的多品种、小批量零件时，以选用模块式工具为宜。当应用加工中心较多时，应选用模块式工具。因为选用模块式工具的中间模块（接杆）和工作模块（装刀模块）可以通用，可减少设备投资，提高工具利用率，利于工具的管理与维护。

② 刀柄数量应根据要加工零件的规格、数量、复杂程度以及机床的负荷等配置，一般是所需刀柄的 2~3 倍。这是因为要考虑机床工作的同时，还有一定数量的刀柄正在预调或修理。只有当机床负荷不足时，才取 2 倍或不足 2 倍。

③ 刀柄的柄部应与机床相配。加工中心的主轴孔多选定为不自锁的 7：24 锥度，但是与机床相配的刀柄柄部（除锥度角以外）并没有完全统一。尽管已经有了相应的国际标准，可是在有些国家并未得到贯彻。如有的柄部在 7：24 锥度的小端带有圆柱头，而另一些就没有。现在有几个与国际标准不同的国家标准。标准不同，机械手抓拿槽的形状、位置，拉钉的形状、尺寸或键槽尺寸也都不相同。我国近年来引进了许多国外的工具系统技术，现在国内也有多种标准刀柄。因此，在选择刀柄时，应弄清楚选用的机床应配用符合哪个标准的工具柄部，要求工具的柄部应与机床主轴孔的规格相一致；工具柄部抓拿部位要能适应机械手的形态位置要求；拉钉的形状、尺寸要与主轴中的拉紧机构相匹配。

四、数控镗、铣削及加工中心加工编程特点

数控铣削是通过主轴带动刀具旋转的，工件装夹在工作台上，靠两轴联动加工零件的平面轮廓，通过两轴半控制、三轴或多轴联动来加工空间曲面零件。数控镗、铣削及加工中心

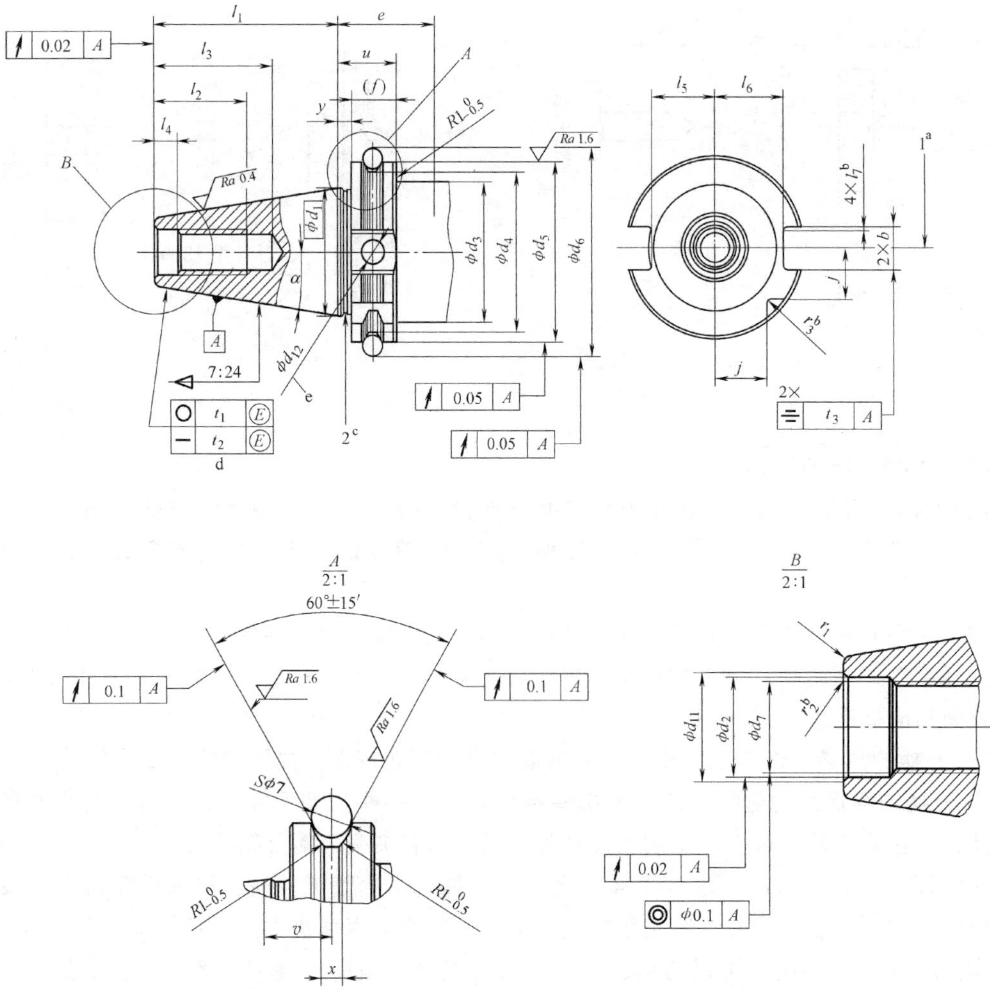

图 5-24　自动换刀机床用 7：24 圆锥刀柄简图

1—切削刃　2—圆锥和法兰间的部分　a—右旋单刃切削刃的位置　b—由制造商确定（倒圆或倒角）　c—由制造商选择　d—不允许凸　e—深度 0.4mm

加工编程具有如下特点：

1）首先应进行合理的工艺分析。由于零件加工的工序多，在一次装夹下要完成粗加工、半精加工和精加工，周密合理地安排各工序的加工顺序，有利于提高加工精度和生产率。

2）数控铣床尽量按刀具集中法安排加工工序，以减少换刀次数。

3）合理设计进、退刀辅助程序段，以及合理选择换刀点的位置，是保证加工正常进行、提高零件加工质量的重要环节。

4）加工中心具有刀库和自动换刀装置，能够通过程序或手动控制自动更换刀具，在一次装夹中可完成铣、镗、钻、扩、铰、攻螺纹等加工，工序高度集中。

5）加工中心通常具有多个进给轴（三轴以上），甚至多个主轴，联动的轴数也较多，因此能够自动完成多个平面和多个角度位置的加工，实现复杂零件的高精度定位和精确加工。

6）加工中心上如果带有自动交换工作台，在加工一个工件的同时，另一个工作台可以实现工件的装夹，从而大大缩短辅助时间，提高加工效率。

五、数控镗、铣削及加工中心加工常用编程指令

1. 数控装置初始化状态的设定

当机床电源打开时，数控装置将处于初始状态。由于开机后数控装置的状态可通过 MDI 方式更改，且会因为程序的运行而发生变化，因此为了保证程序的运行安全，建议在程序开始应有程序初始化状态设定程序段，如图 5-25 所示。

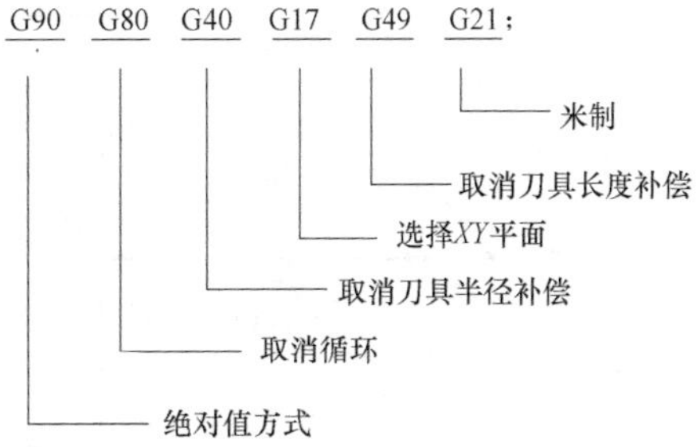

图 5-25 数控装置初始化状态的设定

2. 工件坐标系的设置

数控机床一般在开机后只有先执行“回零”（即回机床参考点）操作，才能建立机床坐标系。在正确建立机床坐标系后才可用 G54～G59 指令设定六个工件坐标系。在一个程序中，最多可设定六个工件坐标系，如图 5-26a 所示。

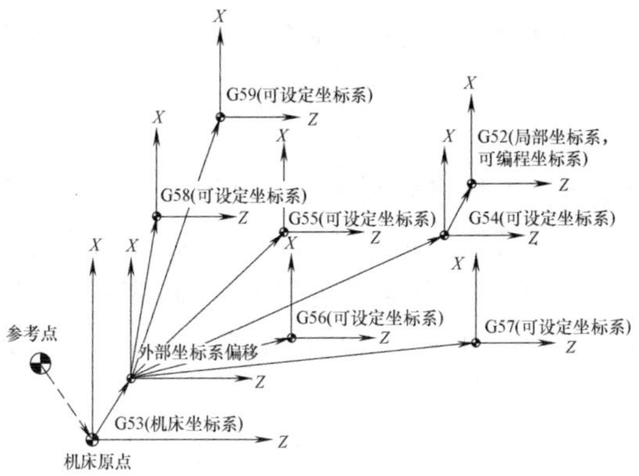

a) 工件坐标系与机床坐标系的关系

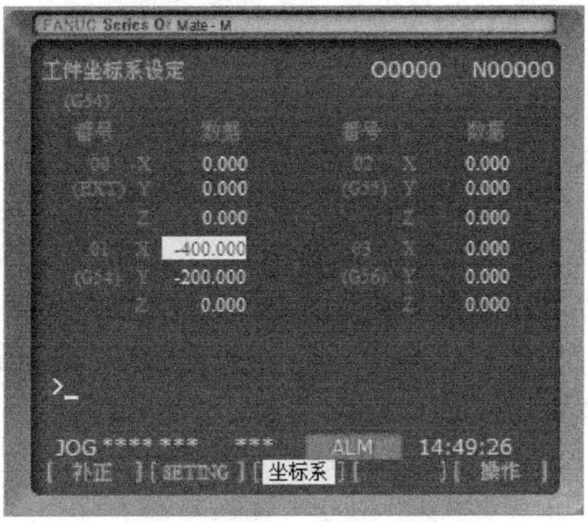

b) 工件原点在机床坐标系下的坐标

图 5-26 工件坐标系的设定

一般在程序中用 G54 指令设定一个工件坐标系，如图 5-26b 所示。

一旦设定了工件坐标系，后续程序段中的工件绝对坐标（G90）均为相对此原点的坐标值。当工件在机床上装夹后，工件原点与机床参考点的偏移量可通过测量或对刀来确定，该偏移量应事先输入数控机床工件坐标系设定对应的偏置界面中。

另外，可用 G92 指令建立工件坐标系。G92 指令通过设定刀具起点相对于工件原点的相对位置来建立工件坐标系。

指令格式：G92 X_Y_Z_；

其中，X、Y、Z 为刀具起点相对于工件原点的坐标。如图 5-27 所示，可用如下指令建立工件坐标系：

G92 X30.0 Y30.0 Z20.0；

请注意 G92 指令与 G54～G59 指令之间的差别。G92 需用单独的一个程序段指定，其后的位置指令值与刀具的起始位置有关，在使用 G92 指令之前必须保证刀具处于加工起点，执行该程序段只建立工件坐标系，并不产生坐标轴移动；G92 指令建立的工件坐标系在机床重开机时消失；使用 G54～G59 指令建立工件坐标时，这些指令可单独指定，也可

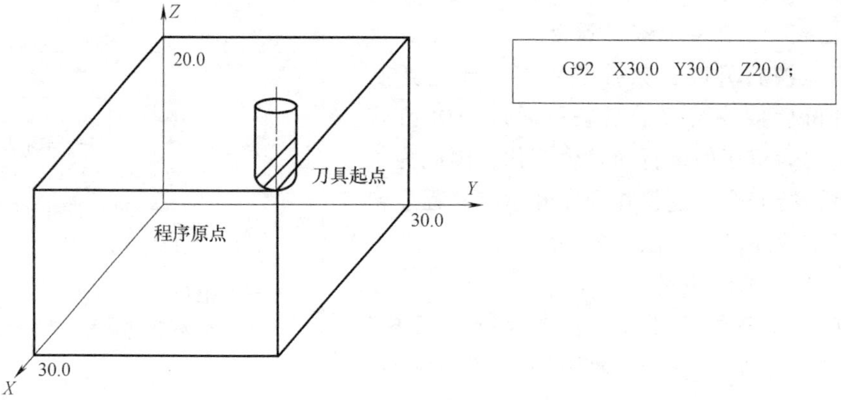

图 5-27 用 G92 指令建立工件坐标系

与其他指令同段指定，如果该程序段中有位置移动指令（G00、G01），就会在设定的坐标系中运动；G54~G59 指令建立的工件坐标系在机床重新开机后并不消失，且与刀具的起始位置无关。

3. 起止高度与安全高度

起止高度指进、退刀的初始高度。在程序开始时，刀具将先到达这一高度，同时在程序结束后，刀具也将退回到这一高度。安全高度也称提刀高度，是为了避免刀具碰撞工件而设定的高度，在铣削过程中，刀具需要转移位置时将退到这一高度再进行 G00 插补到下一进刀位置。安全高度在一般情况下应大于零件的最大高度（即高于零件的最高表面）。起止高度应大于或等于安全高度。

刀具从起止高度到接近工件切削，需要经过快速下刀和慢速下刀两个过程。刀具以 G00 快速下刀到指定位置，然后慢速下刀到加工位置。如果不设定慢速下刀距离，刀具将以 G00 的速度直接下刀到加工位置。若该位置又在工件内或工件上，且采用垂直下刀方式，则极不安全。即使是在空的位置下刀，使用慢速下刀距离也可以使机床有缓冲过程，确保下刀所到位置的准确性，但是慢速下刀距离也不宜取得太大，因为下刀插入速度往往比较慢，太长的慢速下刀距离将影响加工效率。

在加工过程中，当刀具需要在两点间移动而不切削时，是否要抬刀到安全平面呢？当设定为抬刀时，刀具将先提高到安全平面，再在安全平面上移动；否则将直接在两点间移动而不抬刀。直接移动可以节省抬刀时间，但是必须注意安全，在刀具移动路径中不能有凸出的部位，特别注意在编程中，当分区域选择加工曲面并分区加工时，中间没有选择的部分是否有高于刀具移动路线的部分。在粗加工时，对较大面积的加工通常建议使用抬刀，以便在加工时可以暂停，对刀具进行检查。而在精加工时，常使用不抬刀以加快加工速度，特别像角落部分的加工，抬刀将造成加工时间大幅延长。在孔加工循环中，使用 G98 将抬刀到安全高度进行转移，而使用 G99 将直接移动，不抬刀到安全

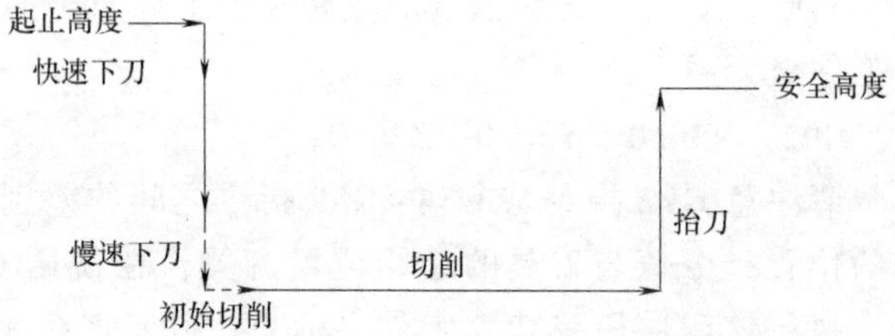

图 5-28 起止高度与安全高度

高度，如图 5-28 所示。

4. 进刀/退刀方式的确定

对于铣削加工，刀具切入工件的方式不仅影响加工质量，同时直接关系加工的安全。对于二维轮廓加工，一般要求从侧向进刀或沿切线方向进刀，尽量避免垂直进刀，如图 5-29 所示。退刀也应从侧向或切向退刀。刀具从安全高度下降到切削高度时，应离开工件毛坯边缘一个距离，不能直接贴着零件理论轮廓直接下刀，以免发生危险，如图 5-30 所示，通常铣刀在 Z 向快速移动到进刀平面后，再以进给方式到达切削深度。当然，在确保对刀准确、程序无误、刀具不会与工件轮廓干涉的情况下，也可以直接从起始平面快速移动至切削层。

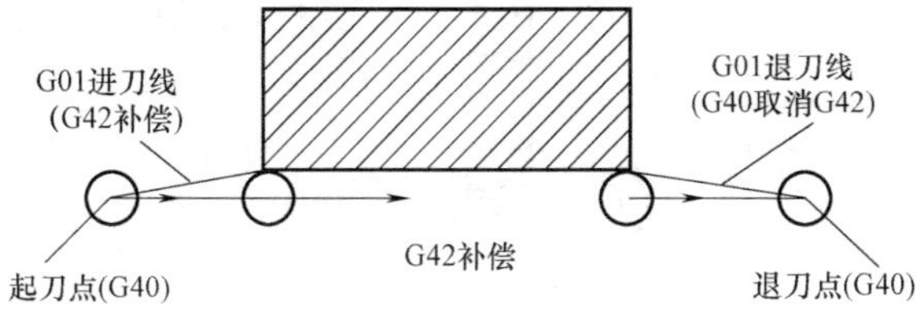

图 5-29　进刀/退刀方式

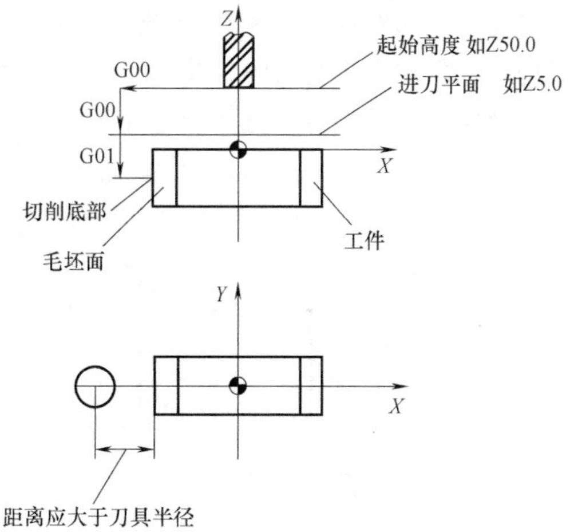

图 5-30　Z 向下刀

5. 刀具补偿功能

（1）刀具补偿功能的概念　数控编程过程中，编程人员为了方便程序编写，往往将数控刀具抽象成为一个点，这样在编程时一般不考虑刀具的半径和长度，而只考虑刀位点与编程轨迹重合。但是在实际加工时，由于刀具半径的存在以及刀具长度各不相同，势必会造成很大的加工误差。因此，加工时要确保实际加工轮廓和编程轨迹完全一致。为实现这一目的，要求数控机床根据实际使用的刀具尺寸自动调整坐标轴的移动量，自动改变坐标轴位置，即要求刀具具有自动补偿功能。

数控镗、铣床和加工中心的刀具补偿功能分成刀具半径补偿和刀具长度补偿两种。

（2）刀位点的概念　所谓刀位点，指编制数控程序时用于表示刀具的特征点，也是对刀和加工的基准点。立铣刀的刀位点为刀具底面回转中心，如图 5-31 所示。

（3）刀具半径补偿　数控镗、铣床和加工中心在进行轮廓加工时，由于刀具有一定的半径（铣刀半径），因此在加工时，刀具中心的运动轨迹必

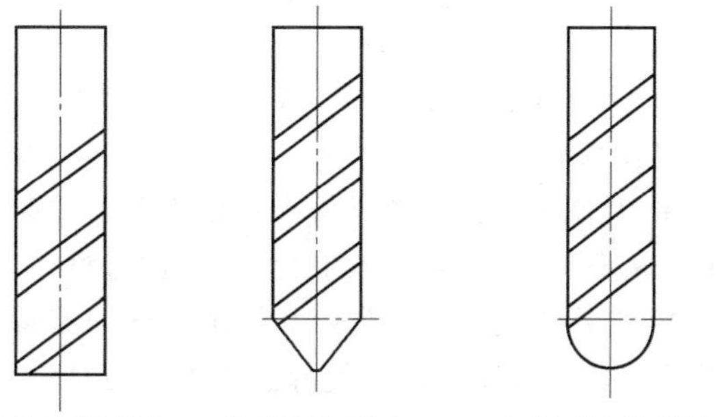

a) 圆柱铣刀的刀位点　b) 钻头的刀位点　c) 球头铣刀的刀位点

图 5-31　常见刀具的刀位点

须偏离零件实际轮廓一个刀具半径值，否则加工出的零件尺寸与实际需要的尺寸将相差一个刀具半径值或者一个刀具直径值。此外，在加工零件时，有时还需要考虑加工余量和刀具磨损等因素的影响。因此，刀具轨迹并不是零件的实际轮廓，在加工内轮廓时，刀具中心向零件内偏离一个刀具半径值；在加工外轮廓时，刀具中心向零件外偏离一个刀具半径值。若还要留加工余量，则偏离的值还要加上此预留量。考虑刀具磨损因素的，则偏离的值还要减去磨损量。在手工编程使用平底刀或圆侧向切削时，必须加上刀具半径补偿值。

如图 5-32 所示，如果数控系统不具备刀具半径自动补偿功能，则只能按刀具中心轨迹进行编程，即在编程时给出刀具中心的轨迹，其计算相当复杂，尤其当刀具磨损、重磨或换新刀而使刀具直径变化时，必须重新计算刀具中心轨迹，修改程序，这样既烦琐又不易保证加工精度。如图 5-33 所示，当数控系统具备刀具半径自动补偿功能时，编程只需按工件轮廓进行，数控系统会自动计算刀具中心轨迹，使刀具偏离工件轮廓一个半径值，即进行刀具半径补偿。刀具半径补偿功能分左右两种情况。

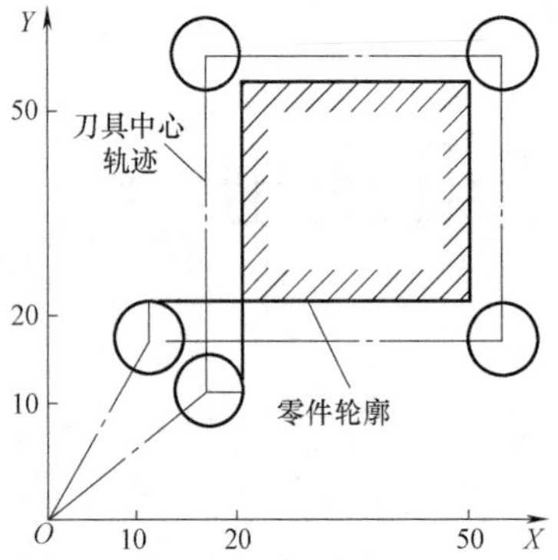

图 5-32　按刀具中心轨迹编程

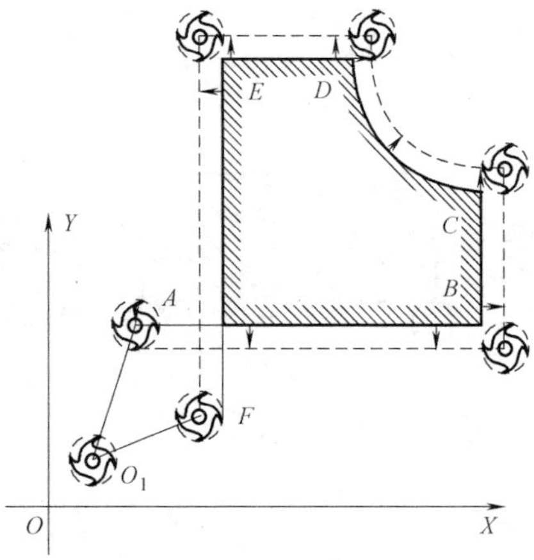

图 5-33　刀具半径补偿

1）刀具半径补偿的判断。

因为刀具半径补偿是一种平面补偿，所以要判断刀具半径补偿，首先应该确定刀具在哪个平面内进行轮廓加工，然后依右手笛卡儿定则确定出垂直于该平面的直角坐标轴的正方向。

在此前提下，由该坐标轴的正方向向负方向观察，如图 5-34 所示，沿着刀具相对于工件前进的方向看，当刀具位于工件轮廓左侧时称为刀具半径左补偿，用准备功能 G41 指定；反之，沿着刀具相对于工件前进的方向看，当刀具位于工件轮廓右侧时称为刀具半径右补偿，用准备功能 G42 指定。

2）刀具半径补偿过程。如图 5-35 所示，刀具半径补偿的实现分为三步，即刀补的建立、执行和取消。

① 刀补的建立。在刀具从起点接近工件时，刀具中心轨迹从与编程轨迹重合过渡到与编程轨迹偏离一个偏置量的过程。在此过程中，必须要有刀具直线移动。

② 刀补的执行。刀具中心轨迹始终与编程轨迹相距一个偏置量直到刀补取消。一旦刀补建立，不论加工任何可编程的轮廓，刀具中心轨迹始终让开编程轨迹一个偏置值。

③ 刀补的取消。刀具离开工件，刀具中心轨迹从与编程轨迹偏离一个偏置量过渡到与编程轨迹重合的过程。在此过程中，也必须要有刀具直线移动。

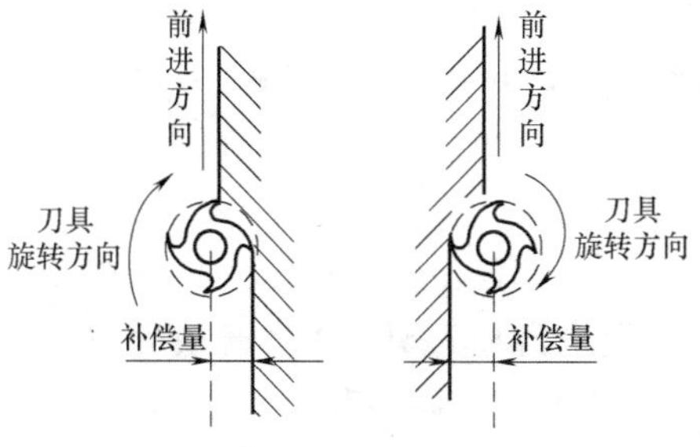

a) 左补偿　　b) 右补偿

图 5-34 刀具半径补偿

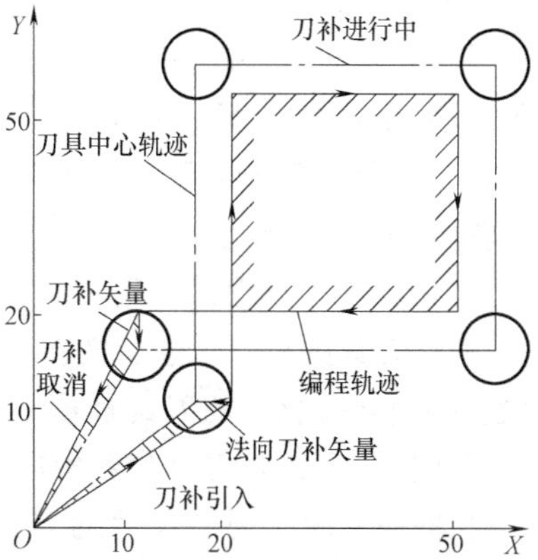

图 5-35 刀具半径补偿过程

3）刀具半径补偿的类型。根据刀具半径补偿在工件拐角处过渡方式的不同，刀具半径补偿（以下简称刀补）通常分为两种补偿方式，分别称为 B 型刀补和 C 型刀补。

B 型刀补在工件轮廓的拐角处采用圆弧过渡，如图 5-36a 中的圆弧 *DE*。这样在外拐角处，刀具切削刃始终与工件尖角接触，刀具的刀尖始终处于切削状态。采用此种刀补方式会使工件的尖角变钝，刀具磨损加剧，甚至在工件的内拐角处还会引起过切现象。

C 型刀补采用了较为复杂的刀偏计算，计算出拐角处的交点（图 5-36b 中 *B* 点），使刀具在工件轮廓拐角处的过渡采用了直线过渡方式，如图 5-36b 中的直线 *AB* 与 *BC*，从而彻底解决了 B 型刀补存在的不足。现在大多数数控系统都采用 C 型刀补。因此，下面讨论的刀具半径补偿都指 C 型刀补的刀具半径补偿。

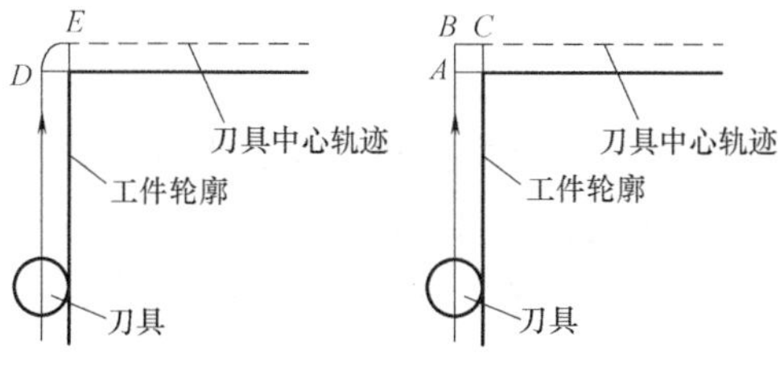

a) B型刀补　　b) C型刀补

图 5-36 刀补类型

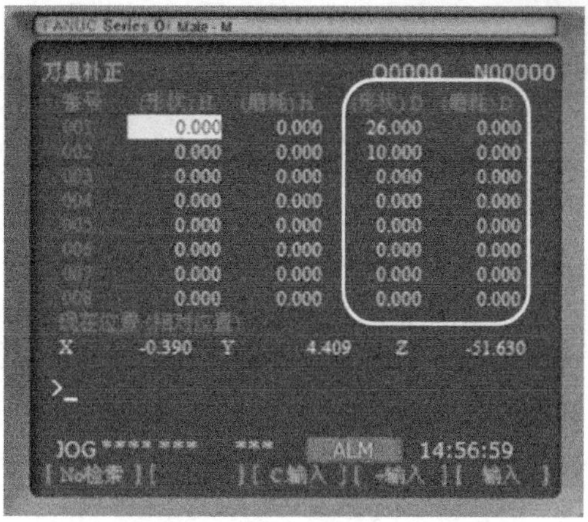

图 5-37 刀补界面

4）刀具半径补偿数控程序化。前面提到，数控镗、铣床和加工中心加工中的刀具半径自动补偿，实际上是在按零件图样上轮廓尺寸编程时，“命令”刀具按指定的方向偏离给定的距离的过程。由此不难得到其编程格式：

G00/G01 G41/G42 X☆ Y☆ D~；　　//建立刀补程序段

……；
……；　　　　　　//轮廓切削程序段（按工件轮廓编程）
……X※Y※；

G00/G01 G40 X~ Y~；　　　　　　//刀补取消程序段

其中，X☆Y☆为建立刀补直线段的终点坐标值；D~为数控系统存放刀具半径补偿值的地址（见图 5-37），后有两位数字，如 D01 代表了存储在刀补内存表第 1 号中的刀具的半径值，刀具半径补偿值需预先用手工输入；X※Y※为轮廓切出位置坐标；G40 为刀具半径补偿取消指令。

5）刀具半径补偿的作用。

① 因刀具磨损、重磨、换新刀而引起刀具直径改变后，不必修改程序，只需在刀具参数设置中输入变化后的刀具直径。如图 5-38a 所示，1 为未磨损刀具，2 为磨损后刀具，两者直径不同，只需将刀具参数中的刀具半径 r_1 改为 r_2，即可适用同一程序。

② 同一程序、同一尺寸的刀具，利用刀具半径补偿，可进行精、粗加工。如图 5-38b 所示，刀具半径为 r，精加工余量为 a。粗加工时，偏置量设为 $r+a$，则加工出点画线轮廓；精加工时，用同一程序、同一刀具，但偏置量设为 r，则加工出实线轮廓。

③ 在模具加工中，可以利用刀具半径补偿功能，利用同一个程序，加工同一公称尺寸的凹、凸型面。如图 5-38c 所示，在加工外轮廓时，将偏置量设为正值，刀具中心将沿轮廓的外侧切削；当加工内轮廓时，将偏置量设为负值，这时刀具中心将沿轮廓的内侧切削。

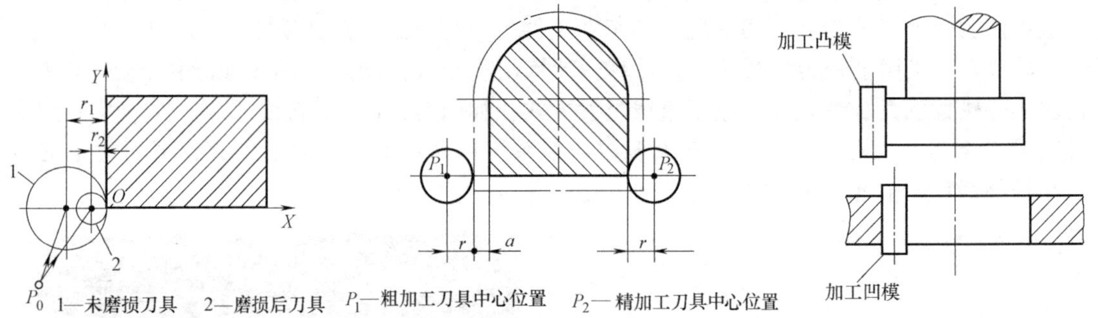

a) 刀具直径改变　　b) 精、粗加工　　c) 凹、凸型面加工

图 5-38　刀具半径补偿的作用

6）刀具半径补偿的注意事项。

① 启动阶段开始后的刀补状态中，如果存在两段以上的没有移动指令或非指定平面轴的移动指令段，则可能产生进刀不足或进刀超差。其原因是进入刀补状态后，只能读出连续的两段，这两段都没有进给，也就作不出矢量，确定不了前进的方向，如图 5-39a 所示。

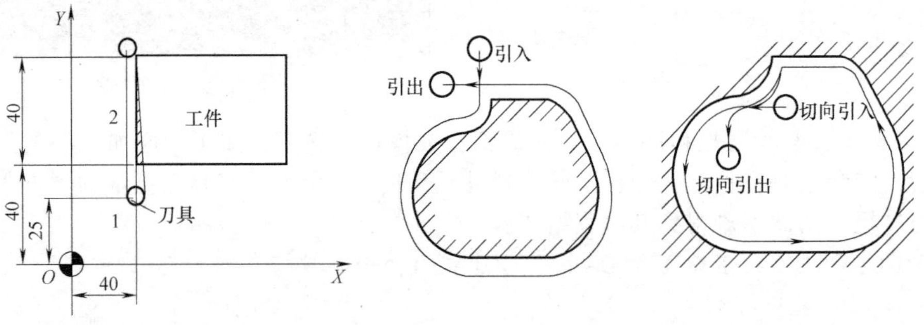

a) 确定不了前进的方向造成过切　　b) 切入前建立刀补,切出后取消刀补

图 5-39　刀具半径补偿的注意事项

② 为保证工件质量，应在切入前建立刀补，在切出后取消刀补，即刀补的建立和取消应该在工件轮廓的延长线上进行，如图 5-39b 所示。

③ 当刀具半径大于所加工工件内轮廓转角、所加工沟槽以及加工台阶高度时，会产生过切，如图 5-40 所示。

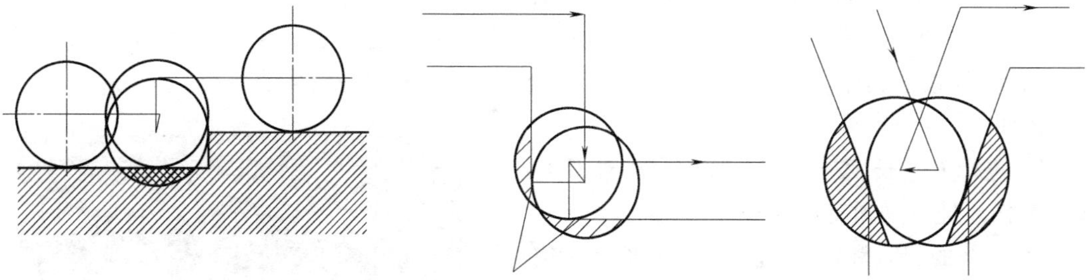

图 5-40 刀具选择不当造成的过切

（4）刀具长度补偿。 如图 5-41 所示，数控镗、铣床和加工中心所使用的刀具，每把刀具的长度都不相同，同时由于刀具磨损或其他原因也会引起刀具长度发生变化，然而一旦对刀完成，则数控系统便记录了相关点的位置，并加以控制。这样如果用其他刀具加工，则必将出现加工不足或者过切。

铣刀的长度补偿与控制点有关。一般用一把标准刀具的刀头作为控制点，则该刀具称为零长度刀具。如果加工时更换刀具，则需要进行长度补偿。长度补偿的值等于所换刀具与零长度刀具的长度差。另外，当把刀具长度的测量基准面作为控制点时，则刀具长度补偿始终存在。使用刀具长度补偿指令，可使每一把刀具加工出来的深度尺寸都正确。

1）刀具长度补偿功能的类型。刀具长度补偿的目的就是让其他刀具的刀位点与程序中的指定坐标重合。为此选中一把刀为基准刀，获取其他刀具与该刀的长度差，记为 Δ。若要实现上面的目的，则应使基准点的实际位置是 $Z = Z$ 程序 $\pm \Delta$。为了便于表达，将 $Z = Z_{程序} \pm \Delta$ 中的连接关系用正负刀具长度标记。

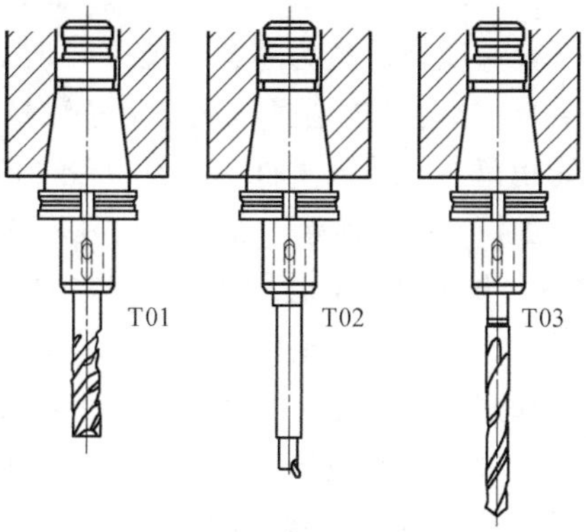

图 5-41 刀具

正补偿 G43：指令基准点沿指定轴的正方向偏置补偿地址中指定的数值。

负补偿 G44：指令基准点沿指定轴的负方向偏置补偿地址中指定的数值。

2）刀具长度补偿的实现。

① 刀补的建立。在刀具从起点开始到达安全位置时，基准点轨迹从与编程轨迹重合过渡到与编程轨迹偏离一个偏置量的过程。

② 刀补的进行。基准点始终与编程轨迹相距一个偏置量，直到刀补取消。

③ 刀补的取消。刀具离开工件，基准点轨迹从与编程轨迹偏离一个偏置量过渡到与编程轨迹重合的过程。

3）刀具长度补偿的数控程序化。

G43/G44 G00/G01 Z☆ H※；　　　　　　　　//建立刀补程序段

……；

……；　　　　　　　　　　　　　　　　　//执行刀补程序段（按工件轮廓编程）

……；

G91 G28 Z0；/G49 G00 Z0；/G00 Z0 H00；　//刀补取消程序段

其中，Z☆ 为补偿轴的终点值；H※ 为刀具长度偏移量的存储器地址（见图 5-42）；G43、G44、G49 为模态指令，它们可以相互注销；G49 为刀具长度补偿取消指令。

说明：

① 进行刀具长度补偿前，必须完成对刀工作，即“补偿地址下必须有相应补偿量”。

② 刀补的引入和取消要求应在 G00 或 G01 程序段，且必须在 Z 轴上进行。

③ G43、G44 指令不要重复指定，否则会报警。

④ 一般刀具长度补偿量的符号为正，若取为负值时，会引起刀具长度补偿指令 G43 与 G44 相互转化。

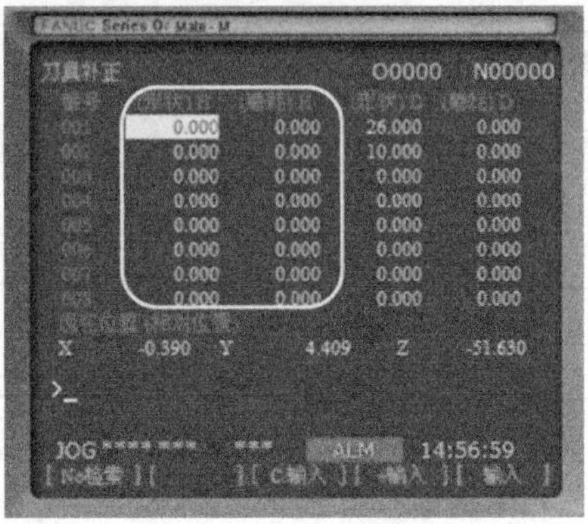

图 5-42　刀具长度补偿界面

4）刀具长度补偿的作用。

① 使用刀具长度补偿指令，在编程时不必考虑刀具的实际长度及各把刀具长度尺寸的不同。

② 当由于刀具磨损、更换刀具等原因引起刀具长度尺寸变化时，只需修正刀具长度补偿量，而不必调整程序或刀具。

5）刀具长度补偿量的设定。如图 5-43a 所示，第一种方法是将其中一把刀具作为基准刀，其长度补偿值为零，其他刀具的长度补偿值为与基准刀的长度差值（可通过机外对刀测量）。此时应先通过机内对刀法测量出基准刀在 Z 轴返回机床原点时刀位点相对工件基准面的距离，并输入工件坐标系（G54）中 Z 值的偏置参数中。

如图 5-43b 所示，第二种方法是先通过机外对刀法测量出每把刀具长度（图中 H01 和 H02），作为刀具长度补偿值（该值应为正），并输入对应的刀具补偿参数中。此时，工件坐标系（G54）中 Z 值的偏置值应设定为工件原点相对机床原点的 Z 向坐标值（该值为负）。

如图 5-43c 所示，第三种方法是将工件坐标系（G54）中 Z 值的偏置值设定为零，即 Z 向的工件原点与机床原点重合，通过机内对刀测量出刀具在 Z 轴返回机床原点时刀位点相对工件基准面的距离（图中 H01、H02 均为负值），并作为每把刀具的长度补偿值。

6. 子程序

编程时，为了简化程序的编制，当一个工件上有相同的加工内容时（见图 5-44），常用子程序的方法进行编程。

调用子程序的程序叫作主程序。子程序的编号与一般程序基本相同，只是程序结尾用 M99 指令，表示子程序结束，并返回到调用子程序的主程序中。子程序的工作流程如图 5-45 所示。

（1）子程序的格式　如图 5-46 所示，子程序的格式与主程序相同，在子程序的开头编制子程序号，在子程序的结尾用 M99 指令返回主程序（有些系统用 RET 返回）。

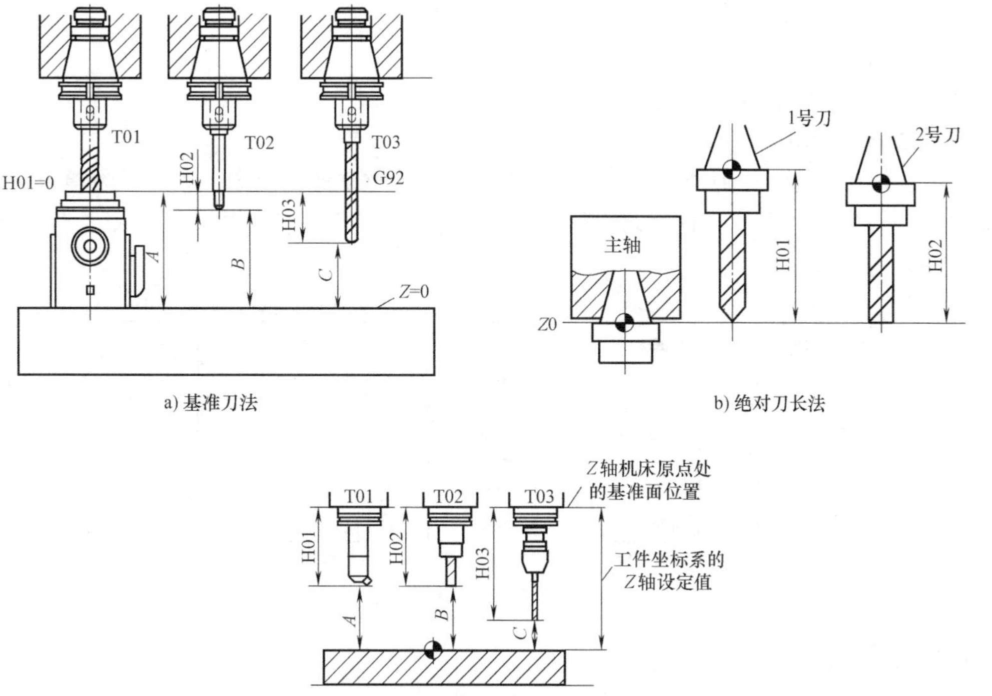

a) 基准刀法　b) 绝对刀长法　c) Z值置零法

图 5-43　刀具长度补偿设定方法

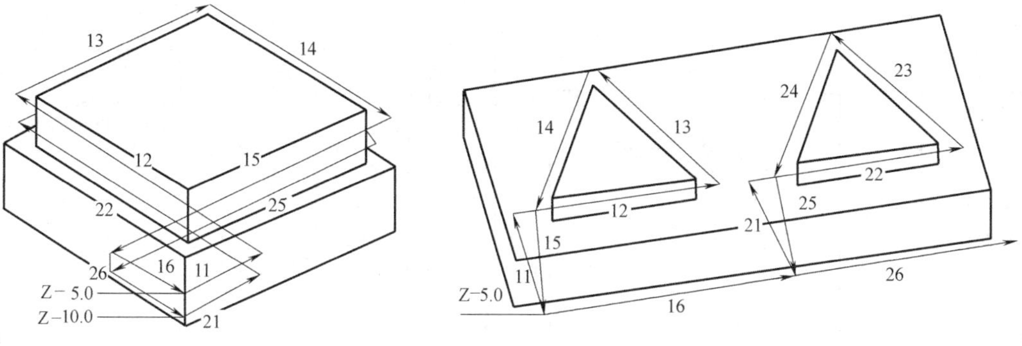

图 5-44　工件上有相同的加工内容

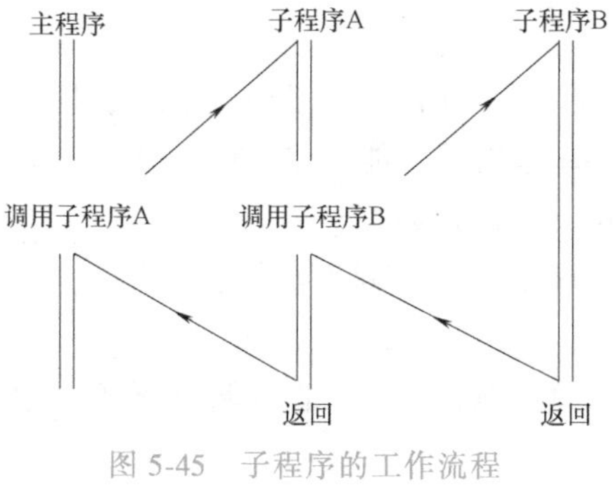

图 5-45　子程序的工作流程

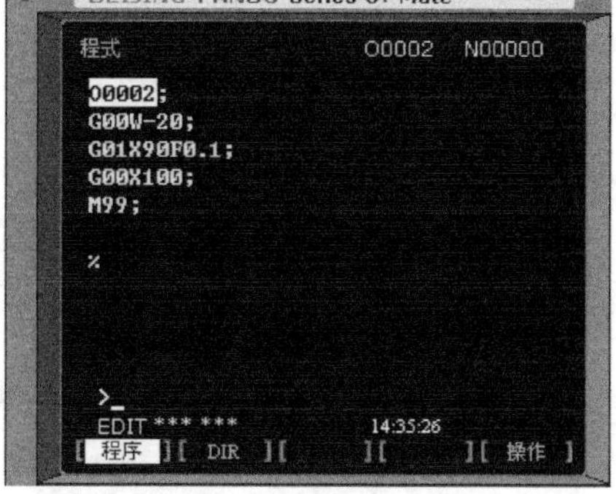

图 5-46　子程序的格式

（2）子程序的调用格式　常用的子程序调用格式有以下几种：

1）M98 P××××××××；

其中，P 后面的前 4 位为重复调用次数，省略时为调用一次；后 4 位为子程序号。

2）M98 P××××L××××；

其中，P 后面的 4 位为子程序号；L 后面的 4 位为重复调用次数，省略时为调用一次。

（3）子程序的嵌套　子程序调用另一个子程序，称为子程序的嵌套，如图 5-47 所示。

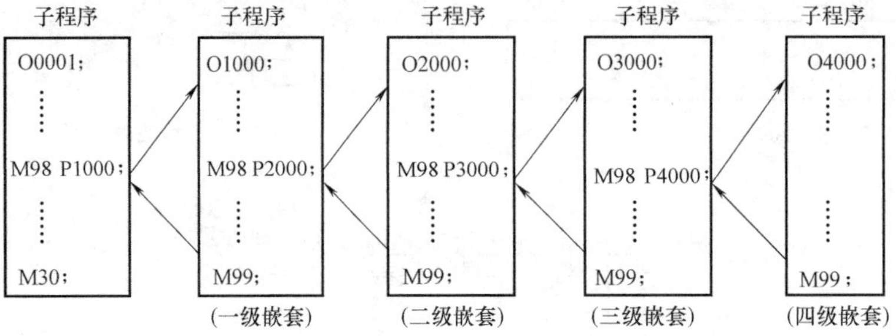

图 5-47　子程序的嵌套

（4）特殊用途

1）指定顺序号返回目的主程序。子程序中当前程序段的其他指令执行完成后，返回主程序中由 P 指定的程序段继续执行，如图 5-48a 所示。当未输入 P 时，返回主程序中调用当前子程序的 M98 指令的后一程序段继续执行，如图 5-48b 所示。

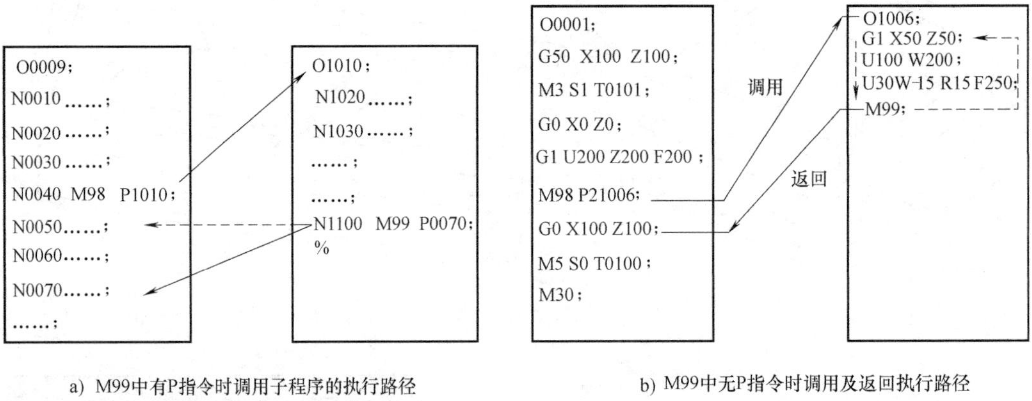

图 5-48　指定程序号返回目的主程序

2）主程序中使用 M99。如果在主程序中执行 M99，则控制返回主程序开头。例如，把/M99 放在程序中并执行 M99，在主程序的适当位置设定选择性单节跳跃功能，在执行主程序时关闭。当执行 M99 时，控制返回到主程序的开头，然后主程序从头开始重复执行。

当选择性单节跳跃功能设定关时，重复执行程序。当选择性单节跳跃功能设定开时，/M99 单节被跳过，控制进入下一个单节继续执行。

如果指定了/M99 Pn，控制不返回程序开头，而是执行顺序号 n。在这种情况下，返回到顺序号 n 要求的时间较长。

```
                 O0001;
                 N10……;
                 N20……;
跳段开关断开 ┌──→ N30……;
             │    N40……;          ┐
             └── /N50  M99  P30;   │ 跳段开关接通
                  N60……;   ←─────┘
                  N70  M30;
```

3）只使用一个子程序。一个子程序用 MDI 方式可以像一个主程序一样呼叫子程序的开头。

在这种情况下，如果执行包含有 M99 的单节，控制返回到子程序的开头重复执行。如果执行包含有 M99 P*n* 的单节，控制返回到 *n* 指定的顺序号的单节重复执行。包含有/M02 或/M30 的单节必须放在适当的位置，且选择性单节跳跃必须设定为关（这个开关开始时设为开）来结束这个程序。

```
N1010……;
N1020……;
N1030……;
/N1040 M02;
N1050 M99 P1020;
```

7. 子程序及刀具补偿的应用

例如：用直径为 20mm 的立铣刀加工图 5-49 所示零件，要求每次的最大背吃刀量不超过 10mm。

工艺分析：零件厚度为 40mm，根据加工要求，每次背吃刀量为 10mm，分 4 次切削加工，在这 4 次加工过程中，刀具在 *XY* 平面上的运动轨迹完全一致，故把其切削过程编写成子程序，通过主程序两次调用该子程序完成零件的切削加工，中间两孔已加工了工艺孔，把零件上表面的下边界中心作为工件坐标系的原点，如图 5-50 所示。

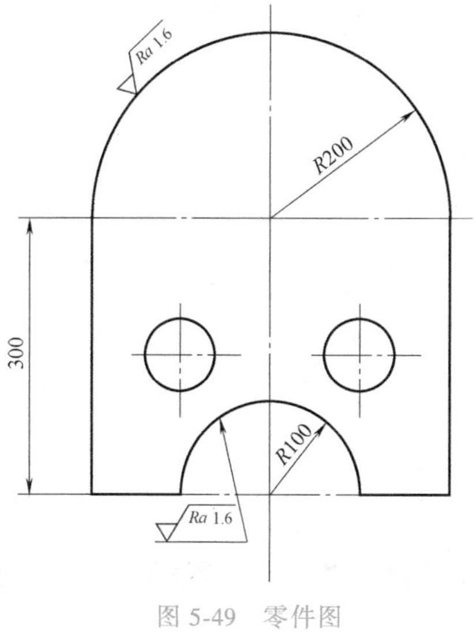

图 5-49　零件图

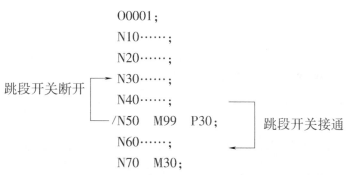

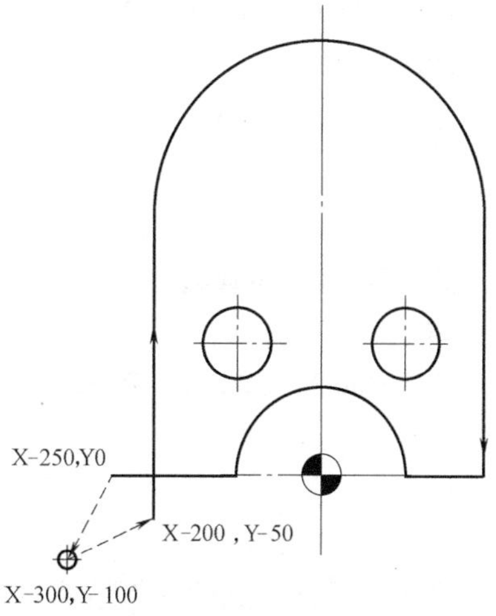

图 5-50　子程序的走刀路线

加工程序：

```
%
O2010；（主程序）
G21 G17 G40 G49 G80 G94 G97 G98 G69；
/G91 G28 Z0；
/M06 T01；
G54 G90 G00 G43 Z50. H01；
X-100. Y-100.；
M13 S400；（粗加工参数）
Z3；
G01 Z0 F100；
M98 P00071234；（调用粗加工子程序）

S600 F60 D02；（精加工参数）
M98 P1235；（调用精加工子程序）
G91 G28 Z0；（注意对刀方法）
M30；
%
%
O1234；（粗加工子程序）
G91 Z-6. D01；（刀补）
M98 P1235；
M99；
%
%
O1235；（精加工子程序）
G90 G41 G00 X-200. Y-50.；
G01 Y300.；
G02 X200. R200.；
G01 Y0；
X100.；
G03 X-100. R100；
G01 X-250.；
G40 G00 X-100. Y-100.；
M99；
%
```

8. 孔加工固定循环功能

孔加工是最常见的零件结构加工内容之一，孔加工工艺内容广泛，包括钻削、扩孔、铰孔、锪孔、攻螺纹、镗孔等。

数控铣床和加工中心通常都具有钻孔、镗孔、铰孔和攻螺纹等加工的固定循环功能。本节介绍的固定循环功能指令，即针对各种孔的加工，用一个 G 代码即可完成。该类指令为模态指令，使用它编程加工孔时，只需给出加工第一个孔的所有参数，接着加工的孔凡与第一个孔有相同的参数均可省略，这样可极大地提高编程效率，而且使程序变得简单易读。表 5-2 列出了孔加工固定循环功能指令的基本含义。

表 5-2　孔加工固定循环功能指令的基本含义

指令	动作 3:-Z 方向进刀	动作 4:孔底位置的动作	动作 5:+Z 方向退回动作	用途
G73	间歇进给		快速移动	高速深孔啄钻循环
G74	切削进给	主轴停止→主轴正转	切削进给	攻左旋螺纹循环
G76	切削进给	暂停—主轴准停—让刀	快速移动	精镗孔循环
G80				固定循环取消
G81	切削进给		快速移动	钻孔循环
G82	切削进给	暂停	快速移动	沉孔钻孔循环
G83	间歇进给		快速移动	深孔啄钻循环
G84	切削进给	主轴停止→主轴反转	切削进给	攻右旋螺纹循环
G85	切削进给		切削进给	铰孔循环
G86	切削进给	主轴停止	快速移动	镗孔循环
G87	切削进给	暂停—主轴准停—让刀	快速移动	背镗孔循环
G88	切削进给	暂停→主轴停止	手动操作	镗孔循环
G89	切削进给	暂停	切削进给	镗孔循环

（1）固定循环的平面和基本动作　如图 5-51a 所示加工孔时，根据刀具的运动位置可以分为四个平面：初始平面、*R* 平面、工件平面和孔底平面。

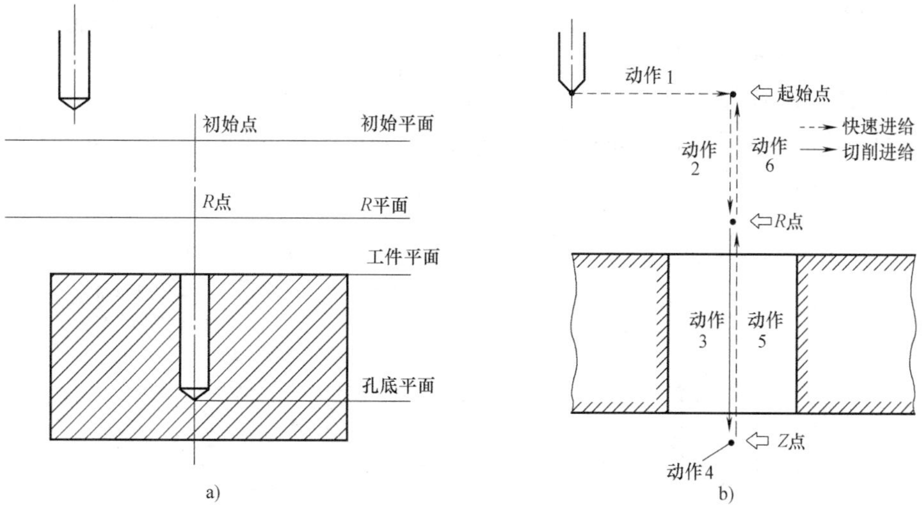

图 5-51　固定循环的平面和基本动作

1）初始平面。初始平面是指为安全操作而设定的定位刀具的平面。

2）*R* 平面。*R* 平面又叫参考平面。这个平面表示刀具从快进转为工进的转折位置，*R* 平面距工件表面的距离主要考虑工件表面形状的变化，一般可取 2~5mm。

3）孔底平面。加工不通孔时孔底平面就是孔底的 *Z* 轴高度。加工通孔时刀具要伸出工件孔底平面一段距离，以保证通孔全部加工到位。钻削加工时还应考虑钻头钻尖对孔深的影响。

如图 5-51b 所示，孔加工固定循环一般由下述 6 个动作组成（图中虚线表示的是快速进给，实线表示的是切削进给）：

动作 1——*X* 轴和 *Y* 轴定位：使刀具快速定位到孔加工位置。

动作 2——快进到 *R* 点：刀具自初始点快速进给到 *R* 点。

动作 3——孔加工：以切削进给的方式执行孔加工的动作。

动作 4——孔底动作：包括暂停、主轴准停、刀具移位等动作。

动作 5——返回到 *R* 点：继续加工其他孔且可以安全移动刀具时选择返回 *R* 点。

动作 6——返回到起始点：孔加工完成后一般应选择返回起始点。

说明：

① 固定循环指令中地址 R 与地址 Z 的数据指定与 G90 或 G91 的方式选择有关。选择 G90 方式时，R 与 Z 一律取其终点坐标值；选择 G91 方式时，则 R 是指自起始点到 *R* 点间的距离，如图 5-52 所示。

② 起始点是为安全下刀而规定的点。该点到零件表面的距离可以任意设定在一个安全的高度上。当使用同一把刀具加工若干孔时，只有孔间存在障碍需要跳跃或全部孔加工完毕时，才使用 G98 功能使刀具返回到起始点，如图 5-53a 所示。

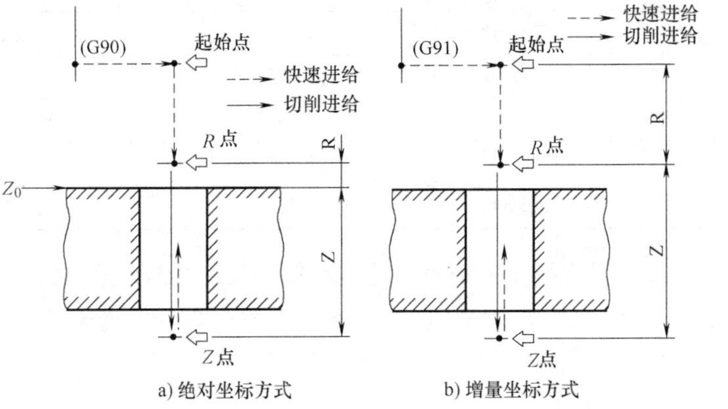

a) 绝对坐标方式　　b) 增量坐标方式

图 5-52　*R* 点与 *Z* 点指令

③ *R* 点又叫参考点，是刀具下刀时自快进转为工进的转换起点。*R* 点距工件表面的距离主要考虑工件表面尺寸的变化，一般可取 2~5mm。使用 G99 时，刀具将返回到该点，如图 5-53b 所示。

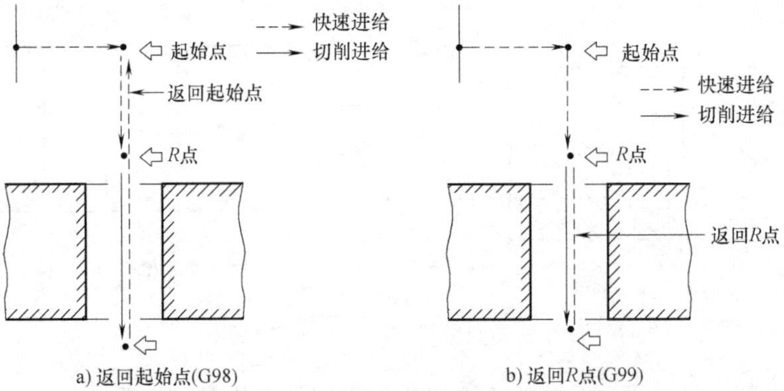

a) 返回起始点(G98)　　b) 返回*R*点(G99)

图 5-53　刀具返回位置

④ 孔加工循环与平面选择指令（G17、G18 或 G19）无关，即不管选择了哪个平面，都是在 *XY* 平面上定位并在 *Z* 轴方向上加工孔。

（2）固定循环指令的格式　孔加工固定循环指令格式如下：

【G94/G95】【G90/G91】【G98/G99】【G73～G89】X_ Y_ Z_ R_ Q_ P_ F_ K_；

其中，X，Y 指定加工孔的位置（与 G90 或 G91 指令的选择有关）；R 指定 R 平面的位置（与 G90 或 G91 指令的选择有关）；Z 指定孔底平面的位置（与 G90 或 G91 指令的选择有关）；Q 在 G73 或 G83 指令中定义每次进刀加工深度，在 G76 或 G87 指令中定义位移量，Q 值为正值（与 G90 或 G91 指令的选择无关）；P 指定刀具在孔底的暂停时间，数字不加小数点，以 ms 作为时间单位；F 指定孔加工的切削进给速度，该指令为模态指令，即使取消了固定循环，在其后的加工程序中仍然有效；K 指定孔加工的重复加工次数，执行一次，K1 可以省略，如果程序中选 G90 指令，刀具在原来孔的位置上重复加工，如果选择 G91 指令，则用一个程序段对分布在一条直线上的若干个等距孔进行加工，K 指令仅在被指定的程序段中有效。

孔加工循环的通用格式表达了孔加工所有可能的运动，这些动作应由孔加工循环格式中相应的指令字描述，指令中 Z、R、Q、P 等指令都是模态指令。

（3）固定循环指令介绍

1）钻孔循环指令 G81 与锪孔循环指令 G82。

G81 的指令格式：G81 X_ Y_ R_ Z_ F_；

G82 的指令格式：G82 X_ Y_ R_ Z_ P_ F_；

说明：如图 5-54 所示，G82 与 G81 指令相比，唯一不同之处是 G82 指令在孔底增加了暂停，因而适用于锪孔或镗阶梯孔，提高了孔台阶表面的加工质量，而 G81 指令只用于一般要求的钻孔。

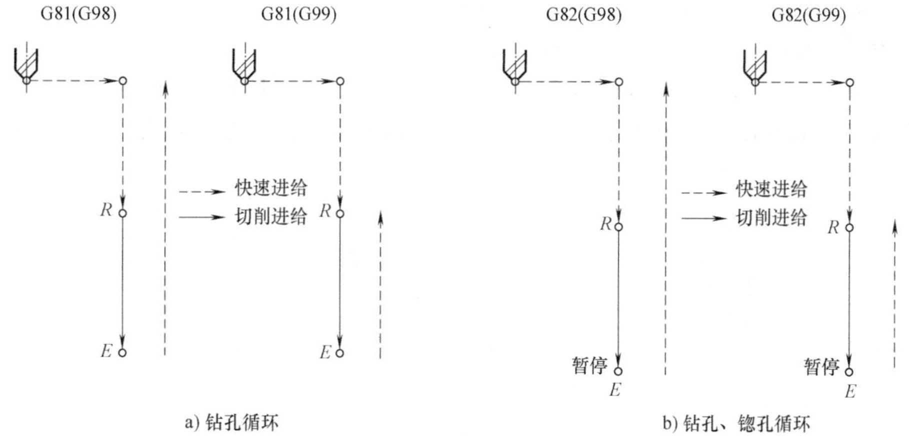

图 5-54　G82 与 G81 指令比较

2）高速深孔钻循环指令 G73。

指令格式：G73 X_ Y_ Z_ R_ Q_ F_；

说明：该孔加工指令动作如图 5-55a 所示，用于深孔钻削，*Z* 轴方向分多次间断工作进给有利于深孔加工过程中的断屑与排屑。每次进给的深度由 Q 指定（为正值，一般取 2～3mm），且每次工作进给后都快速退回一段距离 *d*，*d* 值由数控系统内部参数设定（通常为 0.1mm）。

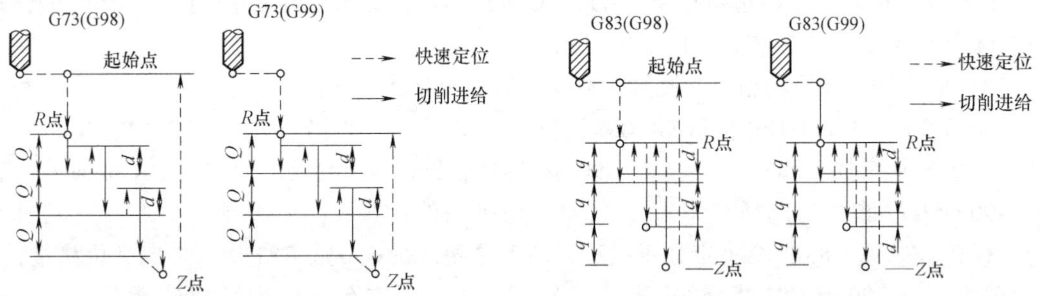

a) 高速深孔钻循环　　b) 深孔往复排屑钻循环

图 5-55　G73 和 G83 的动作

3）深孔往复排屑钻循环指令 G83。

指令格式：G83 X_ Y_ Z_ R_ Q_ F_；

说明：该孔加工指令动作如图 5-55b 所示。其与 G73 指令略有不同的是，每次刀具间歇进给后回退至 *R* 平面，这种退刀方式排屑顺畅，图中的 *d* 表示刀具间断进给每次下降时由快进转为工进的那一点至前一次切削进给下降的点之间的距离，*d* 值由数控系统内部设定。由此可见，这种钻削方式适宜加工深孔。

4）铰孔循环指令 G85 与精镗阶梯孔循环指令 G89。

G85 的指令格式：G85 X_Y_Z_R_F_；

G89 的指令格式：G89 X_ Y_ Z_ R_ P_ F_；

说明：如图 5-56 所示，这两种孔加工方式，刀具都以切削进给的方式加工到孔底，然后又以切削进给的方式返回 *R* 平面，因此适用于精镗孔等情况；G89 指令在孔底增加了暂停，提高了阶梯孔台阶表面的加工质量。

5）精镗孔循环指令 G76。

指令格式：G76　X_ Y_ Z_ R_ Q_ P_ F_；

说明：该孔加工指令动作如图 5-57 所示。图中，P 表示在孔底有暂停，OSS 表示主轴准停，*Q* 表示刀具移动量。采用这种方式镗孔可以保证提刀时不至于划伤内孔表面。

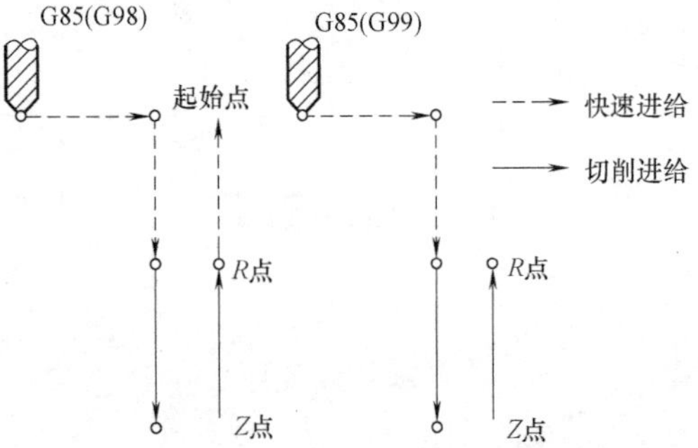

图 5-56　G85 和 G89 的动作

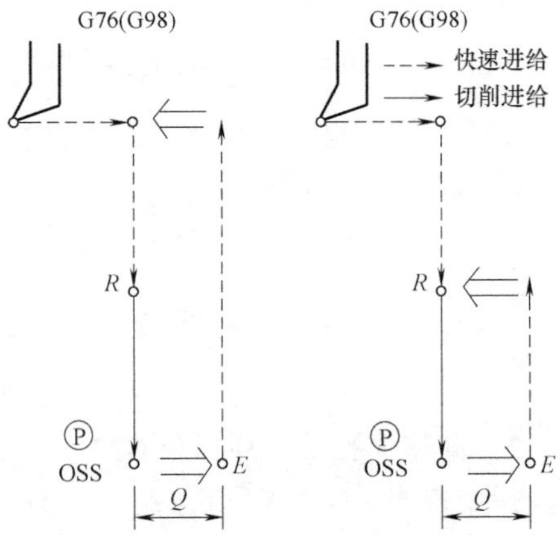

图 5-57　G76 的动作

执行 G76 指令时，镗刀先快速定位至 X、Y 坐标点，再快速定位到 *R* 点，接着以 F 指定的进给速度镗孔至 Z 指定的深度后，主轴定向停止，使刀尖指向一固定的方向后，镗刀中心偏移使刀尖离开已加工孔面（见图 5-58），这样镗刀以快速定位退出孔外时，才不至于刮伤孔面。当镗刀退回到 *R* 点或起始点时，刀具中心回复到原来的位置，且主轴恢复转动。

应注意偏移量 *Q* 值一定是正值。偏移方向可用参数设定选择+*X*、+*Y*、-*X* 及-*Y* 的任何一个方向（FANUC OM 系统中的参数号码为 0002），一般设定为+*X* 方向。指定 *Q* 值时不能太大（通常推荐取 0.1mm），以避免碰撞工件。

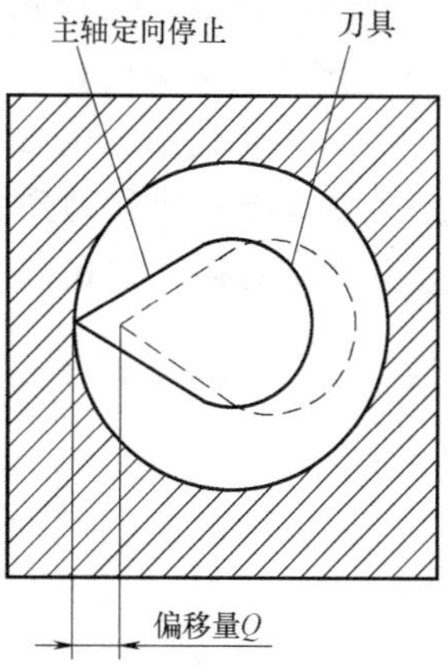

图 5-58　主轴定向停止与偏移

这里要特别指出的是，镗刀在装到主轴上后，一定要在 CRT/MDI 方式下执行 M19 指令使主轴准停后，检查刀尖所处的方向，如图 5-58 所示，若与图中位置相反（相差 180°）时，须重新安装刀具使其按图中定位方向定位。

6）攻左旋螺纹循环指令 G74。

指令格式：G74 X_ Y_ Z_ R_ F_；

说明：该孔加工指令动作如图 5-59 所示。图中，CW 表示主轴正转，CCW 表示主轴反转。此指令用于攻左旋螺纹，故需先使主轴反转，再执行 G74 指令，刀具先快速定位至 X、Y 所指定的坐标位置，再快速定位到 *R* 点，接着以 F 指定的进给速度攻螺纹至 Z 所指定的坐标位置后，主轴转换为正转且同时向 *Z* 轴正方向退回至 *R* 点，退至 *R* 点后主轴恢复反转。

7）攻左旋螺纹循环指令 G84。

指令格式：G84 X_ Y_ Z_ R_ F_；

说明：该指令与 G74 类似，但主轴旋转方向相反，用于攻右旋螺纹，其动作如图 5-60 所示。

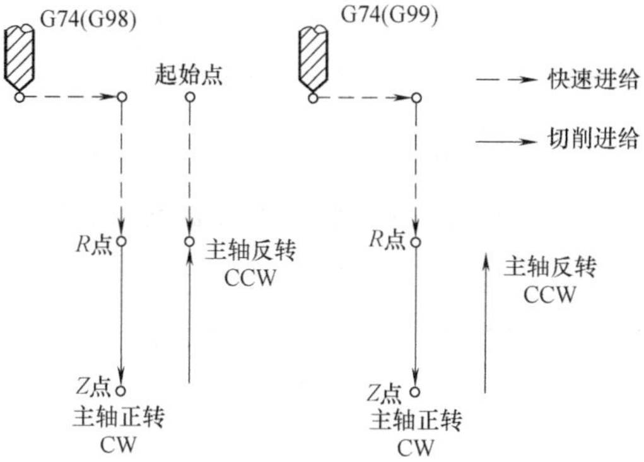

图 5-59　G74 的动作

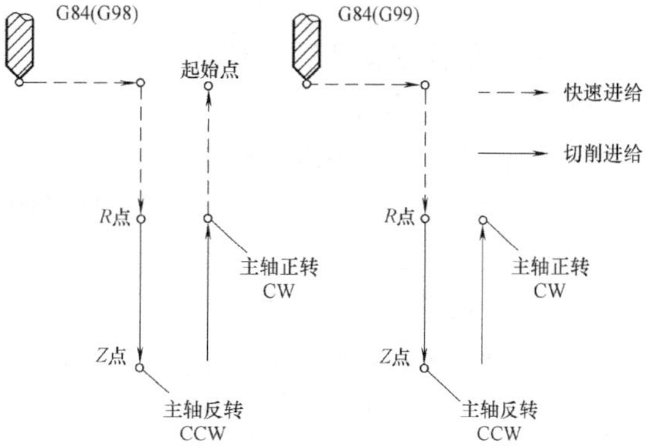

图 5-60　G84 的动作

8）镗孔循环指令 G86。

指令格式：G86 X_ Y_ Z_ R_ F_；

说明：该指令的格式与 G81 完全类似，但进给到孔底后，主轴停止，返回到 *R* 点（G99）或起始点（G98）后主轴再重新起动，其动作如图 5-61 所示。采用这种方式加工，如果连续加工的孔间距较小，则可能出现刀具已经定位到下一个孔的位置而主轴尚未到达规定的转速的情况。为此，可以在各孔动作之间加入暂停指令 G04，以使主轴获得规定的转速。使用固定循环指令 G74 与 G84 时也有类似的情况，同样应注意避免。本指令属于一般孔镗削加工固定循环。

9）反镗孔循环指令 G87。

指令格式：G87 X_ Y_ Z_ R_ Q_ F_；

说明：如图 5-62 所示，*X* 轴和 *Y* 轴定位后，主轴停止，刀具以与刀尖相反的方向按指令 Q 设定的偏移量偏移，并快速定位到孔底，在该位置刀具按原偏移量返回，然后主轴正转，沿 *Z* 轴正向加工到 *Z* 点，在此位置主轴再次停止后，刀具再次按原偏移量反向位移，然后主轴向上快速移动到初始平面，并按原偏移量返回后主轴正转，继续执行下一个程序段。采用这种循环方式，刀具只能返回到初始平面而不能返回到 *R* 平面。

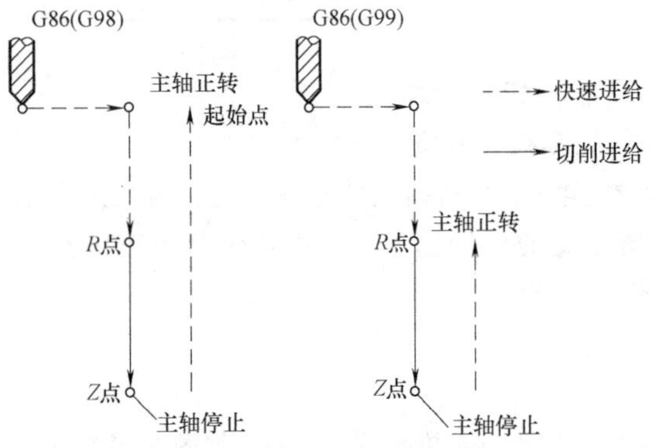

图 5-61　G86 的动作

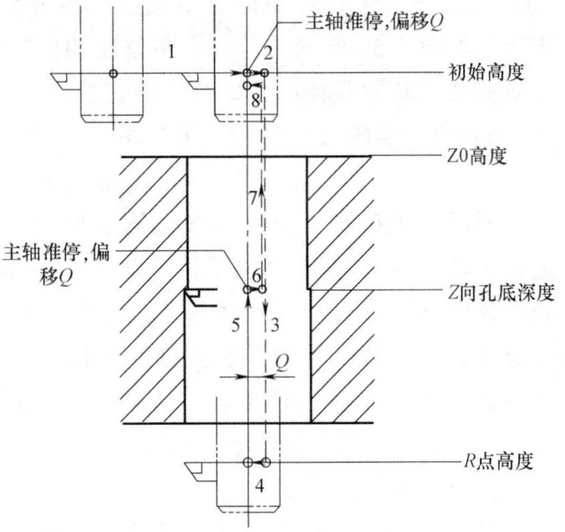

图 5-62　G87 的动作

10）取消固定循环指令 G80。

指令格式：G80；

说明：当固定循环指令不再使用时，应用 G80 指令取消固定循环，而回复到一般指令状态（如 G00、G01、G02、G03 等），此时固定循环指令中的孔加工数据（如 *Z* 点、*R* 点值等）也被取消。

（4）固定循环的重复使用

在固定循环指令最后，用 K 地址指定重复次数。在增量方式（G91）时，如果有间距相同的若干个相同的孔，采用重复次数来编程是很方便的。

采用重复次数编程时，要采用 G91 和 G99 方式。

如图 5-63 所示，沿任意一条直线钻等距的孔。若使用配备 FANUC-0i M 系统的立式加工中心，则加工程序如下：

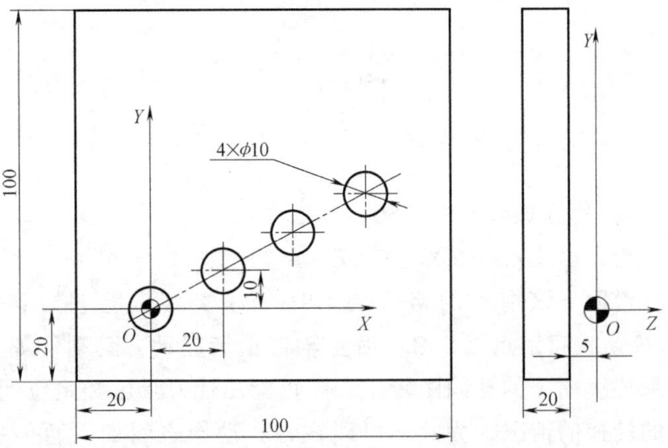

图 5-63　沿直线钻等距孔

```
O1000;
G17 G21 G40 G49 G80 G94 G98;
G91 G28 Z0;
G28 X0 Y0;
M06 T01;                                 换上中心钻
G54 G90 G00 G43 Z20 H01;
M13 S1500;                               主轴起动
G99 G81 X0 Y0 R-2.0 Z-10.0 F30;          钻深为5mm的中心孔
G91 X20.0 Y10.0 K3;                      重复3次钻3个中心孔
G91 G28 Z0;                              回机床原点
M06 T02;                                 换钻孔刀，返回加工点
G54 G90 G00 G43 Z20 H01;
M13 S500;                                主轴起动
G99 G81 X0 Y0 R-2.0 Z-30.0 F30;          钻通孔
G91 X20.0 Y10.0 K3;                      重复3次钻3个孔
G80;
G91 G28 Z0;                              回机床原点
M30;
```

六、加工中心换刀方式与编程

加工中心自动换刀功能是通过机械手（自动换刀机构）和数控系统的有关控制指令来完成的。实现刀库与机床主轴之间传递和装卸刀具的装置称为刀具交换装置。交换方式通常分为无机械手换刀和有机械手换刀两大类。下面就典型的换刀方法进行介绍。

1. 无机械手换刀

一般小型卧式加工中心的刀库在立柱的正前方上部，刀库轴线方向与机床主轴同方向，采取无机械手换刀方式。

刀库与主轴同方向无机械手换刀方式的特点：刀库整体前后移动与主轴直接换刀，省去了机械手，结构紧凑，但刀库运动较多，刀库旋转是在工步与工步之间进行的，即旋转所需的辅助时间与加工时间不重合，因而换刀时间较长。无机械手换刀方式主要用于小型加工中心，刀具数量较少（30 把以内），而且刀具尺寸也小的情况。

无机械手换刀过程的图例及说明见表 5-3。无机械手换刀通常利用刀套编码识别方法控制换刀。

表 5-3　无机械手换刀过程的图例及说明

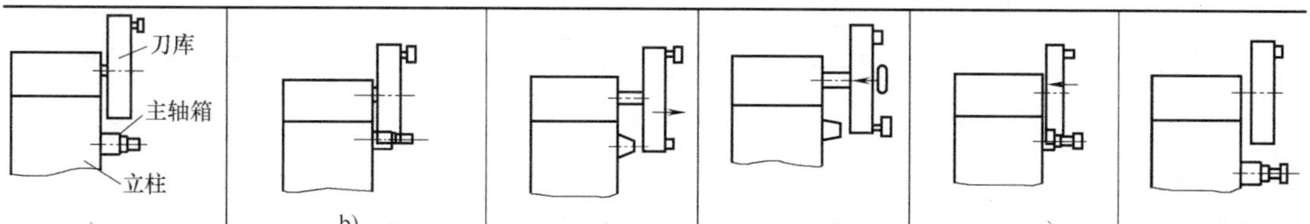

a)	b)	c)	d)	e)	f)
当上一工步工作结束后执行换刀指令，主轴准停，主轴箱带动主轴沿 Y 轴上升	换刀时，主轴沿立柱导轨上升至换刀位置，主轴上的刀具进入刀库的存放位置，主轴内的夹刀机构松开	刀库夹持住刀具顺着主轴方向向前移动，从主轴中将刀具拔出	刀库回转，将下一工步用刀具转到与主轴对齐的位置；主轴进行吹孔清洗	刀库退回，将一把新刀具插入主轴中，刀具随即被夹紧	主轴箱下移到工作位置，开始新的加工

2. 有机械手换刀

采用机械手进行刀具交换的方式应用最广泛，这是因为机械手换刀灵活，而且可以减少换刀时间。由于刀库及刀具交换方式的不同，换刀机械手也有多种形式，以手臂的类型来分，有单臂机械手和双臂机械手。常用的双臂机械手有钩手、插手、伸缩手等。图 5-64 所示为常用的双臂机械手结构形式举例，这几种机械手能够完成抓刀、拔刀、回转、插刀、返回等一系列动作。为了防止刀具掉落，各机械手的活动爪都带有自锁机构。由于双臂回转机械手的动作比较简单，而且能够同时抓取和装卸机床主轴和刀库中的刀具，因此换刀时间进一步缩短。

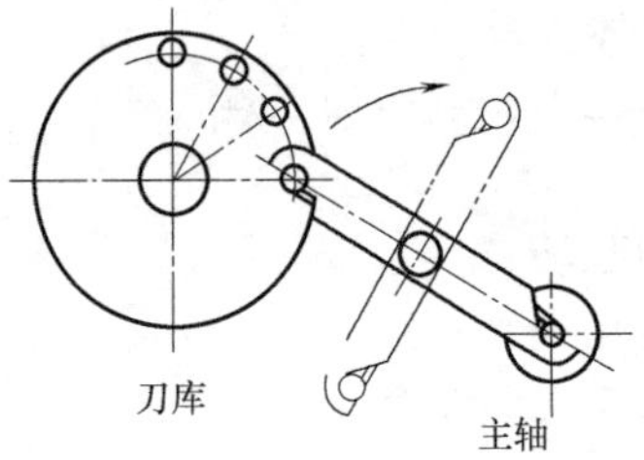

a) 钩手

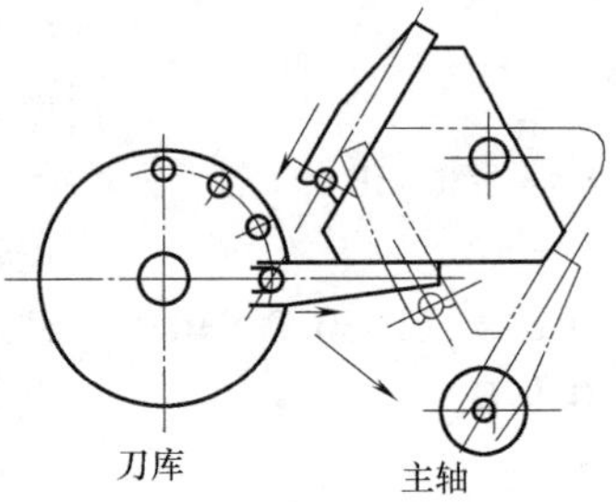

b) 插手

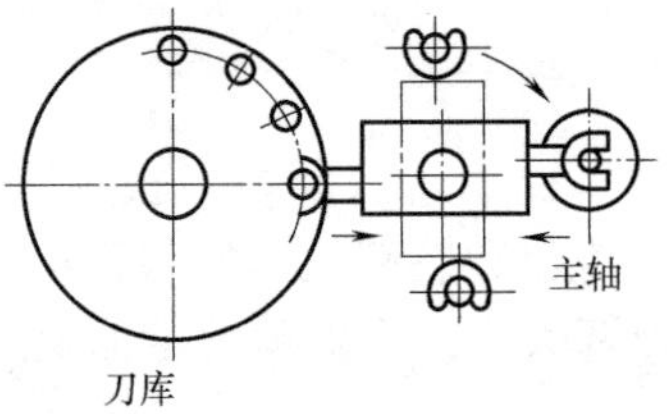

c) 伸缩手

图 5-64 常用的双臂机械手结构形式举例

如表 5-4 中图例 a 所示，刀库与主轴方向相垂直，机械手为双臂机械钩手，一把待换刀具停在换刀位置上。自动换刀的动作过程如表 5-4 中图例 a~f 所示。

表 5-4 双臂机械手换刀过程举例

图示	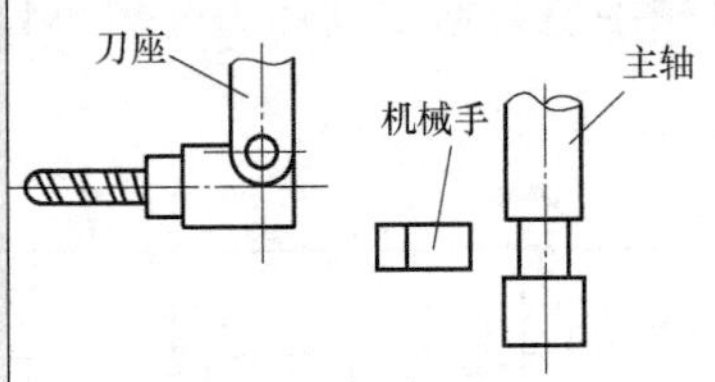 a)	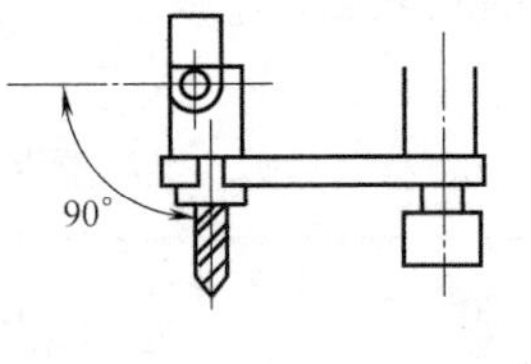 b)	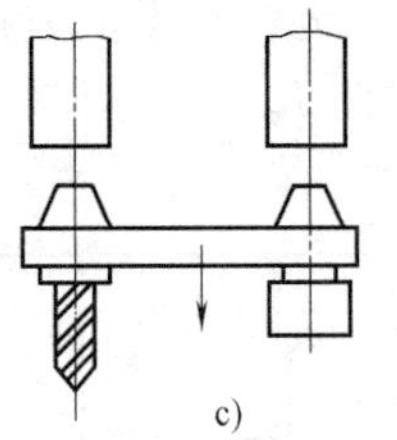 c)
说明	刀库预先按程序中的刀具指令，将准备更换的刀具转到待换刀位置	按换刀指令，待换刀刀座逆时针方向转动 90°，处于垂直向下的位置，主轴箱上升到换刀位置，机械手旋转 60°，两个手爪分别抓住主轴和刀座中的刀具	待主轴孔内的刀具自动夹紧机构松开后，机械手向下移动，将主轴和刀座中的刀具拔出

（续）

图示	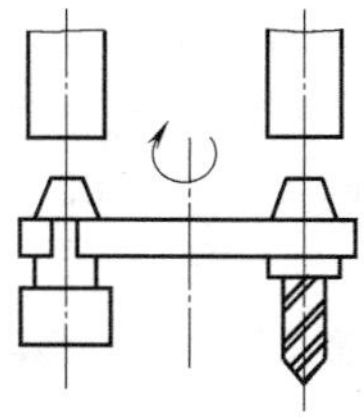 d)	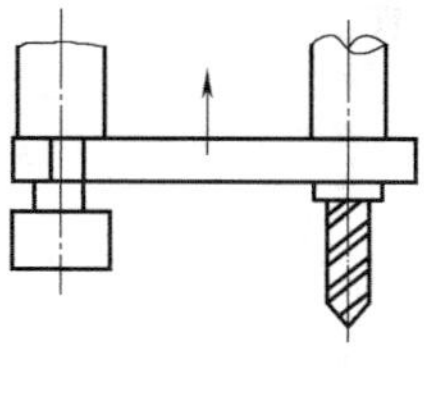 e)	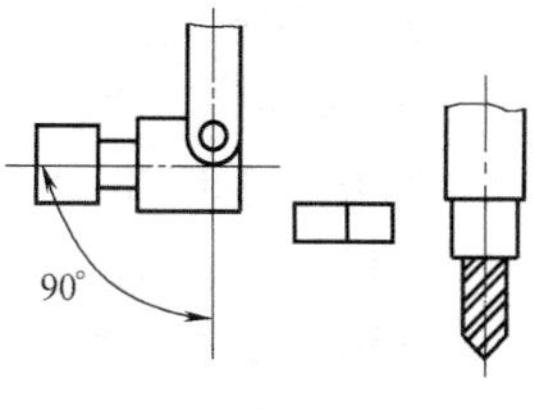 f)
说明	松刀的同时主轴孔中吹出压缩空气，清洁主轴和刀柄，然后机械手旋转 180°	机械手向上移动，将新刀插入主轴，将旧刀插入刀座	刀具装入后主轴孔内拉杆上移夹紧刀具，同时关掉压缩空气；然后机械手回转 60°复位，刀座向上（顺时针）旋转 90°至水平位置

3. 自动换刀程序的编制

1）换刀动作（指令）：选刀（T××）；换刀（M06）。

2）选刀和换刀通常分开进行。

3）为提高机床利用率，选刀动作与机床加工动作重合。

4）换刀指令 M06 必须在用新刀具进行切削加工的程序段之前，而下一个选刀指令 T 常紧跟在这次换刀指令之后。

5）换刀点：多数加工中心规定换刀点在机床 Z 轴零点（Z0），要求在换刀前用准备功能指令（G28）使主轴自动返回 Z0 点。

6）换刀过程：接到 T××指令后立即自动选刀，并使选中的刀具处于换刀位置，接到 M06 指令后机械手动作，一方面将主轴上的刀具取下送回刀库，另一方面又将换刀位置的刀具取出装到主轴上，实现换刀。

7）换刀程序编制方法。

① 主轴返回参考点和刀库选刀同时进行，选好刀具后进行换刀。

……；

N02 G91 G28 Z0 T02；　　　　Z 轴回零，选 T02 号刀

N03 M06；　　　　换上 T02 号刀

……；

缺点：选刀时间大于回零时间时，需要占机选刀。

② 在 Z 轴回零换刀前就选好刀。

……；

N10 G01 X_ Y_ Z_ F_ T02；　　　　直线插补，选 T02 号刀

N11 G91 G28 Z0 M06；　　　　Z 轴回零，换 T02 号刀

……；

N20 G01 Z_ F_ T03；　　　　直线插补，选 T03 号刀

N30 G02 X_ Y_ I_ J_ F_；　　　　顺圆弧插补

③ 有的加工中心（TH5632）换刀程序与上述方法略有不同。

……；

N10 G01 X_ Y_ Z_ F_ T02；　　　　直线插补，选 T02 号刀

……；

N30 G91 G28 Z0 M06 T03；　　　　*Z* 轴回零，换 T02 号刀，选 T03 号刀

N40 G00 Z1；

N50 G02 X_ Y_ I_ J_ F_；　　　　圆弧插补

……；

注意：对卧式加工中心，上面程序中的“G91 G28 Z0”应为“G91 G28 Y0”。

4. 换刀条件及换刀程序内容

加工中心执行换刀前，应满足必要的换刀条件，如机床原点复位、切削液关闭、主轴停止以及其他功能相关的程序功能等，换刀的条件也是换刀程序不可或缺的部分，建立正确的换刀条件需要多个程序段。

以普通的立式加工中心自动换刀为例，通常换刀程序应包括下列内容：

1）关闭冷却液。

2）取消固定循环模式。

3）取消刀具半径偏置。

4）主轴停止旋转。

5）返回机床 *Z* 轴参考点位置。

6）取消偏置值。

7）进行实际换刀。

第三节　任务实施

一、工艺分析

1. 分析图样，确定数控加工工艺过程和数控加工内容

1）图 5-1 所示零件属于平面类零件，零件外形尺寸为 160mm×100mm×20mm，由凸台、槽、孔以及螺纹孔组成，所有表面都需要加工。

2）零件标注完整，尺寸标注基本符合数控加工要求，轮廓描述清晰。

3）零件毛坯为 165mm×105mm×25mm 的 45 钢方料，可加工性较好，无热处理要求。

4）零件 160mm×100mm 轮廓面的加工要求不高，容易保证；高度尺寸 10mm、20mm、60mm×40mm×15mm 槽以及 ϕ40mm 孔、6×M12×1 螺纹有较高的尺寸精度，且表面粗糙度值 *Ra* 均为 3.2μm 及其以下，加工时需要重点注意。

5）在进行数控铣床工艺分析时，主要从两个方面考虑：精度、效率。理论上的加工工艺必须达到图样的要求，同时又能充分合理地发挥机床的功能。

6）该零件几乎所有尺寸精度都很高，故所有表面均在数控铣床上加工。

2. 确定数控机床和数控系统

根据零件的结构特点及加工要求，选用配备 FANUC—0i MC 系统的 KVC650 加工中心加工该零件比较合适。

3. 工件的安装和夹具的确定

根据对零件图的分析可知，该零件所有表面都需要加工，显然不能一次装夹完成，经

分析可知，除保证各尺寸外还需保证上下面的平行度 0.1mm、下底面 0.05mm 的平面度、相邻侧面的垂直度 0.05mm。在实际加工中接触的通用夹具为机用虎钳和压板，本例用机用虎钳分两次装夹较为方便合理（*B* 面紧贴固定钳口，底部用平整垫铁托起，并用百分表仔细找正）。

在安装工件时，要注意工件要放在钳口中间部位。安装机用虎钳时，要对它的固定钳口找正，工件被加工部分要高出钳口，以避免刀具与钳口发生干涉。

第一次装夹：如图 5-65a 所示，装夹毛坯（工件上半部分）8~10mm 厚，加工上表面（工件下底面）及四周，并且粗、精加工分开。

a) 第一次装夹　　b) 第二次装夹

图 5-65　装夹方案

第二次装夹：如图 5-65b 所示，装夹工件已加工好的部分约 8mm 厚，加工工件上表面、凸台外轮廓、槽、$\phi40^{+0.025}_{0}$mm 孔、6×M12×1 螺纹，并且粗、精加工分开。

4. 刀具、量具的确定

关于刀具的选择，要注意以下几点：

1）对于粗加工，铣外轮廓时可以尽可能地选择直径大一些的刀具，这样可以提高效率。

2）对于精加工，铣内轮廓时要注意内轮廓内圆弧的大小，也就是说刀具的半径要小于或等于内圆弧的半径。

在本例中，零件上、下表面采用面铣刀加工，根据工件宽度尺寸选择面铣刀直径，使铣刀工作时有合理的切入/切出角，精铣时，铣刀直径应尽量包容工件的整个加工宽度，以提高加工精度和效率。故粗铣用 ϕ80mm 硬质合金面铣刀，精铣用 ϕ160mm 硬质合金面铣刀。

凸台采用立铣刀加工，粗加工用 ϕ25mm 硬质合金立铣刀，精铣时用 ϕ18mm 硬质合金立铣刀。

60mm×40mm 的凹槽粗、精铣都用 ϕ18mm 的整体硬质合金立铣刀。

ϕ40 孔粗、精铣都用 ϕ18mm 的整体硬质合金立铣刀。

6×M12×1 螺纹加工依次用 A3.15mm 中心钻、ϕ11mm 麻花钻、ϕ16mm 倒角钻以及 M12×1 丝锥。

5. 工件加工方案的确定

平面与外轮廓表面、60mm×40mm 的凹槽、ϕ40mm 孔的表面粗糙度 *Ra* 值要求为 3.2μm 及其以下，可采用粗铣→精铣方案；6×M12×1 螺纹采用引钻→钻→孔口倒角→攻螺纹的方案加工。

根据该零件的尺寸偏差，轮廓采用游标卡尺测量。ϕ40mm 孔用内径千分表测量即可。具体量具型号见量具卡片。

二、编制并填写零件的数控加工工艺文件

1. 刀具卡片（见表5-5）

表5-5 数控加工刀具卡片

产品名称或代号			零件名称	平面轮廓	零件图号	0001	程序编号
工步号	刀具号	刀具名称	刀柄型号	刀具 直径/mm	刀具 长度/mm	补偿值/mm	备注
1	T01	FM90-80SD12	BT40-XM32-75	ϕ80	63		
2	T02	FM45-160SD12	BT40-XM40-75	ϕ160	63		
3	T03	ZE25. 38. 3-45	BT40-ER32-60	ϕ25	102		
4	T04	ZE18. 32. 4-30	BT40-ER32-60	ϕ18	89		
5	T05	中心钻 A3. 15 mm	BT40-Z12-45	ϕ3. 15			
6	T06	麻花钻 ϕ11 mm	BT40-Z16-45	ϕ11			
7	T07	倒角钻 ϕ16 mm	BT40-MW3-76	ϕ16			
8	T08	M12 丝锥	BT40-Z16-45	M12			
编制		审核		批准		共1页	第1页

2. 量具卡片（见表5-6）

表5-6 量具卡片

零件图号	0001	零件名称	端盖	编制日期	
量具清单		编制			
序号	名称	规格	分度值	数量	
1	游标卡尺	0~150mm	0. 02mm	1	
2	内径千分表	25~50mm	0. 01mm	1	
3	百分表	0~10mm	0. 01mm	1	

在根据刀具样本选好刀具时，切削用量可采用推荐值，并根据实际条件加以修正，具体内容见数控加工工序卡片。

3. 数控加工工序卡片（见表5-7）

表5-7 数控加工工序卡片

工厂名称		产品名称或代号		零件名称		零件图号	
				平面轮廓		0002	
工序号	程序编号	夹具名称		使用设备		车间	
4		机用虎钳		KVC650			
工步号	工步内容	刀具号	刀具规格	主轴转速/(r/min)	进给量/(mm/min)	背吃刀量/mm	备注
第一次装夹							
1	粗铣工件下底面(见光)	T01	ϕ80mm	400	80	—	自动
2	粗铣工件四周深12mm，单边留0.5mm余量	T03	ϕ25mm	600	80	10	自动

（续）

工步号	工步内容	刀具号	刀具规格	主轴转速/(r/min)	进给量/(mm/min)	背吃刀量/mm	备注
3	精铣工件下底面，深 0.5mm	T02	ϕ160mm	300	50	0.5	自动
4	精铣工件四周至尺寸	T04	ϕ18mm	800	40	0.5	自动
第二次装夹							
1	粗铣工件上表面，留余量 0.5mm	T01	ϕ80mm	400	80	—	自动
2	粗铣工件凸台外轮廓并保证尺寸(10±0.01)mm，单边留 0.25mm 余量	T03	ϕ25mm	800	40	10	自动
3	粗铣 60mm×40mm 槽，单边留 0.5mm 余量	T04	ϕ18mm	800	40	5	自动
4	粗铣 ϕ40mm 孔，留 0.25mm 余量	T04	ϕ18mm	800	40	5	自动
5	精铣工件上表面并保证高度尺寸(20±0.05)mm	T02	ϕ160mm	300	50	0.5	自动
6	精铣凸台轮廓至尺寸	T04	ϕ18mm	800	40	5	自动
7	精铣凹槽至尺寸	T04	ϕ18mm	800	40	5	自动
8	精铣 ϕ40mm 孔至尺寸	T04	ϕ18mm	800	40	5	自动
9	钻中心孔	T05	ϕ3.15mm	1500	75	1.5	自动
10	钻各孔至 ϕ11mm	T06	ϕ11mm	500	50	4.9	自动
11	6×M12×1 孔口倒角	T07	ϕ16mm	800	50		
12	攻 6×M12×1 螺纹	T08	M12	700	进给 1.0		
编制	审核	批准				共 1 页	第 1 页

4. 走刀路线

铣削加工时，主要用顺铣。确定加工余量的基本原则是在保证加工质量的前提下，尽量减小加工余量。

为了防止刀具在运动中与夹具、工件等发生意外的碰撞，必须设法告诉操作者编程中的刀具运动路线（如从哪里下刀、在哪里让刀等），使操作者在加工前就有所了解，计划好夹紧位置并控制好夹紧元件的高度，这样就可以避免上述事故的发生；同时，给出走刀路线图也有利于编程人员编程和进行程序分析。

该零件需要加工平面、凸台、槽及孔系，而且要求在两次装夹中完成。由于凸台轮廓、槽及平面尺寸精度要求均比较高，可以分粗、精加工；为了减少编程工作量，槽及轮廓加工利用子程序加工，孔用固定循环切削完成。尤其是槽的尺寸较小，故在 Z 向螺旋下刀（见图 5-66）后直接按轮廓编程，利用刀补功能完成粗、精加工。安排走刀路线如图 5-67 所示。

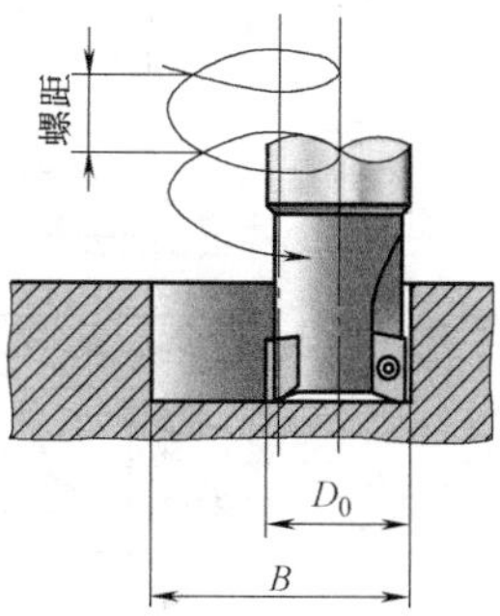

图 5-66　螺旋下刀

5. 数值处理

（1）编程原点的确定　编程时，一般是选择工件或夹具上某一点作为程序的原点，这一点就称为编程原点。通过编程原点，各轴都与机床坐标轴平行而建立的一个新坐标系就称为工作坐标系（也称为编程坐标系）。

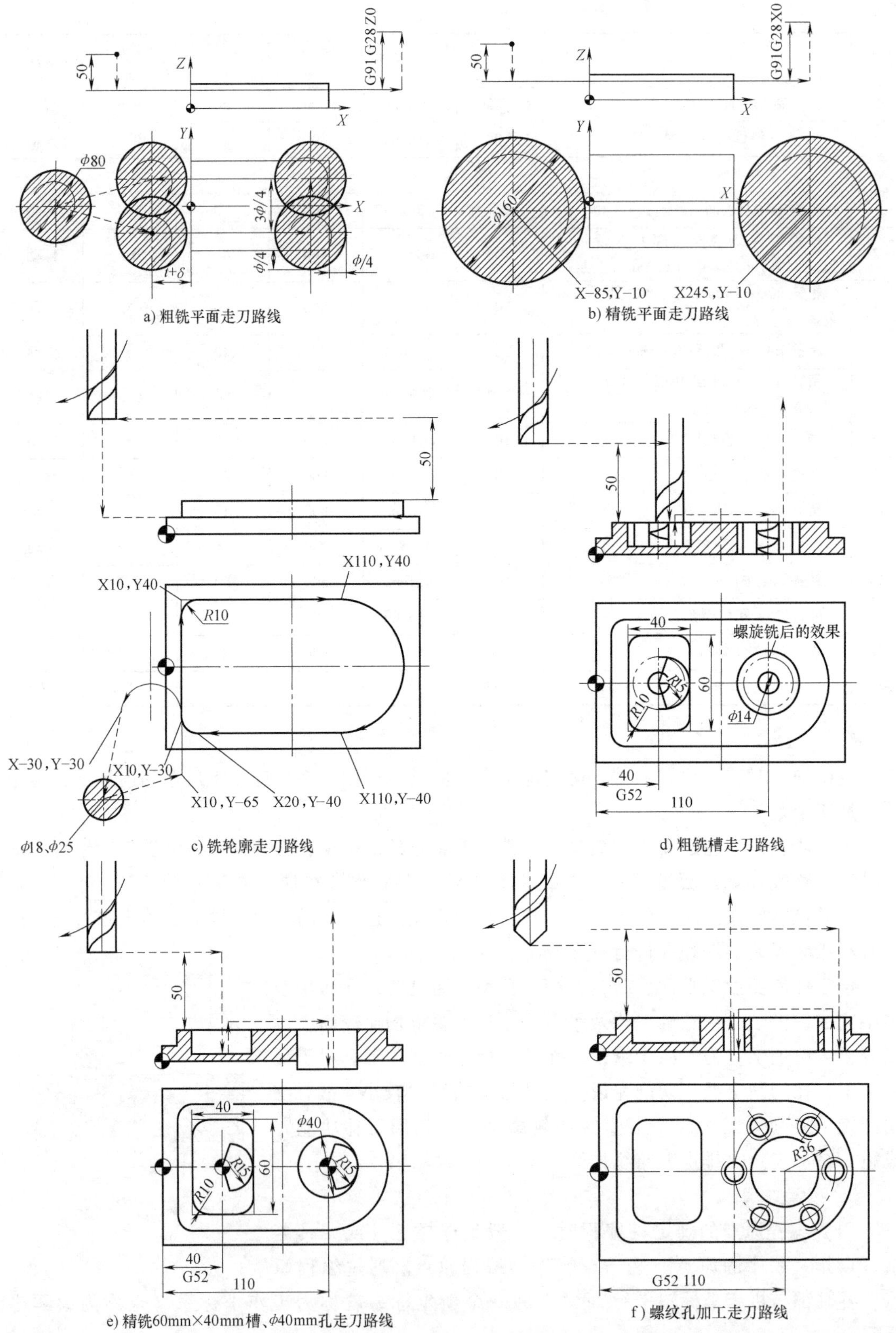
G91 G28 Z0
50
Z
X
Y
ϕ80
3ϕ/4
ϕ/4
ϕ/4
t+δ
a) 粗铣平面走刀路线
G91 G28 X0
ϕ160
X-85,Y-10
X245，Y-10
b) 精铣平面走刀路线
X110，Y40
X10，Y40
R10
X-30，Y-30
X10,Y-30
X10，Y-65
X20，Y-40
X110,Y-40
ϕ18、ϕ25
c) 铣轮廓走刀路线
螺旋铣后的效果
40
R15
R10
60
ϕ14
G52
110
d) 粗铣槽走刀路线
ϕ40
e) 精铣60mm×40mm槽、ϕ40mm孔走刀路线
R36
G52 110
f) 螺纹孔加工走刀路线

图 5-67　走刀路线

编程原点的选择原则如下：

1）编程原点最好与图样上的尺寸基准重合。

2）编程原点选择好后，在进行数值计算时，运算简单。

3）编程原点引起的加工误差最小。

4）编程原点应该是容易找正，而且测量方便的位置。

在编程原点确定后，编程坐标、对刀位置及对刀方法也就定下来了。本例中，由于零件的毛坯尺寸为 165mm×105mm×25mm，根据零件图样的尺寸标注特点、加工精度要求以及安装情况，编程原点选在零件底面与左侧面相交边界的中点，如图 5-68 所示。

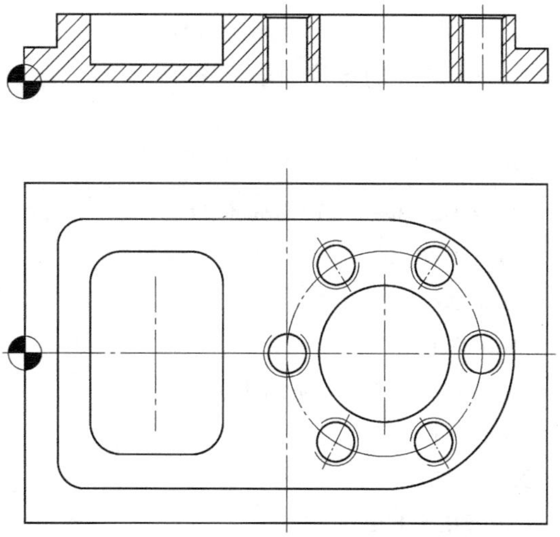

图 5-68 编程原点的设置

（2）计算基点坐标 在完成刀具中心轨迹绘制后往往还需进行必要的坐标值计算，这样可避免编程时出现不必要的错误。在本例中基点坐标应按照各点极限尺寸的平均值计算（见图 5-69）。该零件基点计算比较简单，根据编程原点的位置，本书只对精铣槽和孔加工的基点坐标列表说明，见表 5-8 和表 5-9。

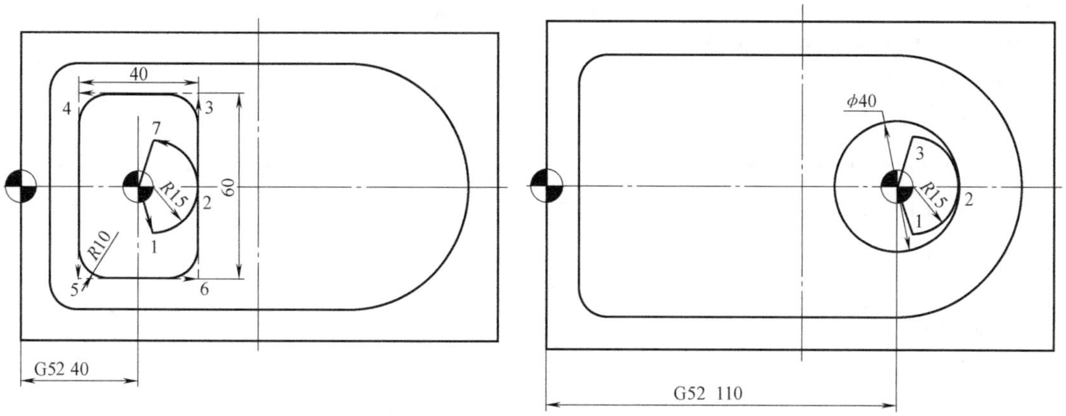

a) 精铣槽基点坐标 b) 精铣φ40mm孔基点坐标

图 5-69 局部坐标系设定

表 5-8 局部坐标原点为（40，0）下的槽铣削各点的绝对坐标值

基点	绝对坐标(X,Y)	基点	绝对坐标(X,Y)
1	(5,-15)	5	(-20,-30)
2	(20,0)	6	(20,-30)
3	(20,30)	7	(5,15)
4	(-20,30)		

表 5-9 局部坐标原点为（110，0）下的孔铣削各点的绝对坐标值

基点	绝对坐标(X,Y)	基点	绝对坐标(X,Y)
1	(5,-15)	3	(5,15)
2	(20,0)		

三、编制零件的数控加工程序

第一次装夹的数控加工程序：

```
%
O0001;
/G17 G21 G40 G49 G80 G94;
/G91 G28 Z0;
/G28 X0 Y0;
M06 T01;                              //粗铣下底面
G00 G90 G54 G43 Z50 H01;
S400 M13;
X-70;
G00 Z0.5 F200;
X-45 Y-35;
G01 X145;
Y35;
X-45;
G00 X-70 Y0;
G91 G28 Z0;
M06 T03;                              //粗铣四周
G00 G90 G54 X-30 Y-80 S600 M03;
G43 Z50 H03;
G00 Z-12 F80 M08;
D01;
M98 P1234;
G91 G28 Z0;
M06 T02;                              //精铣下底面
G00 G90 G43 Z50 H02;
G54 X-165 Y-10;
S300 M03;
G00 Z0;
G01 X330 F150;
G91 G28 Z0;
M06 T04;                              //精铣四周
G00 G90 G54 X-30 Y-50 S800 M03;
```

```
G43 Z50 H04;
G00 Z-12 F60 M08;
D02;
M98 P1234;
G91 G28 Z0;
M30;
%
```

铣四周子程序:

```
%
O1234;
G00 G41 X0 Y-65;
G01 Y50;
X160;
Y-50;
X-15;
G00 G40 X-30 Y-80;
M99;
%
```

第二次装夹的数控加工程序:

```
%
O0123;
/G17 G21 G40 G49 G80 G94;
/G91 G28 Z0;
/G28 X0 Y0;
M06 T01;                                    //粗铣工件上表面
G00 G90 G54 G43 Z70 H01;
S400 M13;
X-70;
G00 Z20.5 F80;
X-45 Y-35;
G01 X145;
Y35;
X-45;
G00 X-70 Y0;
G91 G28 Z0;
M06 T03;                                    //粗铣四周及凸台
M13 S800;
G90 G00 G43 Z70 H01;
G00 X-40 Y-80;
```

```
Z8 F80;
D01;
M98 P1234;
G00 Z22;
M98 P00042013;
G91 G28 Z0;
G28 X0 Y0;
M06 T04;                              //粗铣槽
M03 S800;
G90 G00 G43 Z70 H04;
G52 X40 Y0;
X7 Y0;
Z23;
G01 Z20 F40;
M98 P00052008;
G00 X0 Y0;
G52 X0 Y0;
Z23;
G52 X110 Y0;                          //粗铣孔
X7 Y0;
G01 Z20 F40;
M98 P2011;
G90 G00 X0 Y0;
Z23;
G52 X0 Y0;
G00 X-40 Y-80;
G91 G28 Z0;
M06 T02;                              //精铣上表面
G00 G90 G43 Z70 H02;
G54 X-165 Y-10;
S300 M03;
G00 Z20;
G01 X330 F50;
G91 G28 Z0;
M06 T04;                              //精铣凸台
M13 S800;
G90 G00 G43 Z70 H04;
G00 X-40 Y-80;
Z10;
```

```
D03;
M98 P2014;
G00 Z23;
G52 X40 Y0;
X0 Y0;
Z8
G01 Z20 F40;
D03;
M98 P2009;                    //精铣槽
G00 Z5;
G52 X0 Y0;
G52 X110 Y0;
X0 Y0;
Z-1 D03;
M98 P2012;                    //精铣孔
G52 X0 Y0;
G91 G28 Z0;
M06 T05;                      //钻中心孔
M03 S1500;
G90 G00 G43 Z70 H05;
G52 X110 Y0;
G16;
G98 G81 X30 Y0 R23 Z15 F30;
X30 Y60;
X30 Y120;
X30 Y180;
X30 Y240;
X30 Y-60;
G98 G80;
M06 T06;                      //用麻花钻钻孔
M13 S500;
G90 G00 G43 Z70 H06;
G98 G81 X30 Y0 R23 Z-5 F50;
X30 Y60;
X30 Y120;
X30 Y180;
X30 Y240;
X30 Y-60;
G98 G80;
```

```
G91 G28 Z0;
M06 T07;                              //孔口倒角
M13 S800;
G90 G00 G43 Z70 H07
G98 G81 X30 Y0 R23 Z13 F50
X30 Y60;
X30 Y120;
X30 Y180;
X30 Y240;
X30 Y-60;
G98 G80;
G91 G28Z0;
M06 T08;                              //攻螺纹
M13 S700;
G90 G00 G43 Z70 H08;
G95 G98 G84 X30 Y0 R23 Z-2 F1;
X30 Y60;
X30 Y120;
X30 Y180;
X30 Y240;
X30 Y-60;
G15 G98 G80;
G52 X0 Y0;
G91 G28 Z0;
M30;
%


O2013;                                //粗铣凸台子程序
G91 G01 Z-3 F60 D01;
M98 P2014;
M99;

O2008;                                //粗铣槽子程序
M98 P2010;
G90 G01 X0 Y0;
M98 P2009;
G01 X7 Y0;
M99;
```

```
O2011;                                        //粗铣孔子程序
M98 P00072010;
M99;

O2010;                                        //螺旋下刀子程序
G91 G03 I-7 Z-3;
G03 I-7;
M99;

O2014;                                        //精铣凸台子程序
G90 G41 G00 X10 Y-65;
G01 Y40,R10;
X110;
G02 Y-40 R40;
G01 X20;
G02 X10 Y-30 R10;
G03 X-30 R20;
G40 G00 X-40 Y-80;
M99;

O2009;                                        //精铣槽子程序
G90 G41 G01 X5 Y-15;
G03 X20 Y0 R15;
G01 Y30,R10;
X-20,R10;
Y-30,R10;
X20,R10;
Y0;
G03 X5 Y15 R15;
G40 G01 X0 Y0;
M99;

O2012;                                        //精铣孔子程序
G90 G01 G41 X5 Y-15 D02;
G03 X20 Y0 R15;
G03 I-20;
G03 X5 Y15 R15;
G40 G01 X0 Y0;
M99;
```

```
%
%
O1234;                                  //铣四周子程序
G00 G41 X0 Y-65;
G01 Y50;
X160;
Y-50;
X-15;
G00 G40 X-30Y -80;
M99;
%
```

第四节　数控加工中心编程综合应用

如图 5-70 所示的端盖，毛坯为 165mm×105mm×25mm 的 45 钢方料，试分析该零件的数

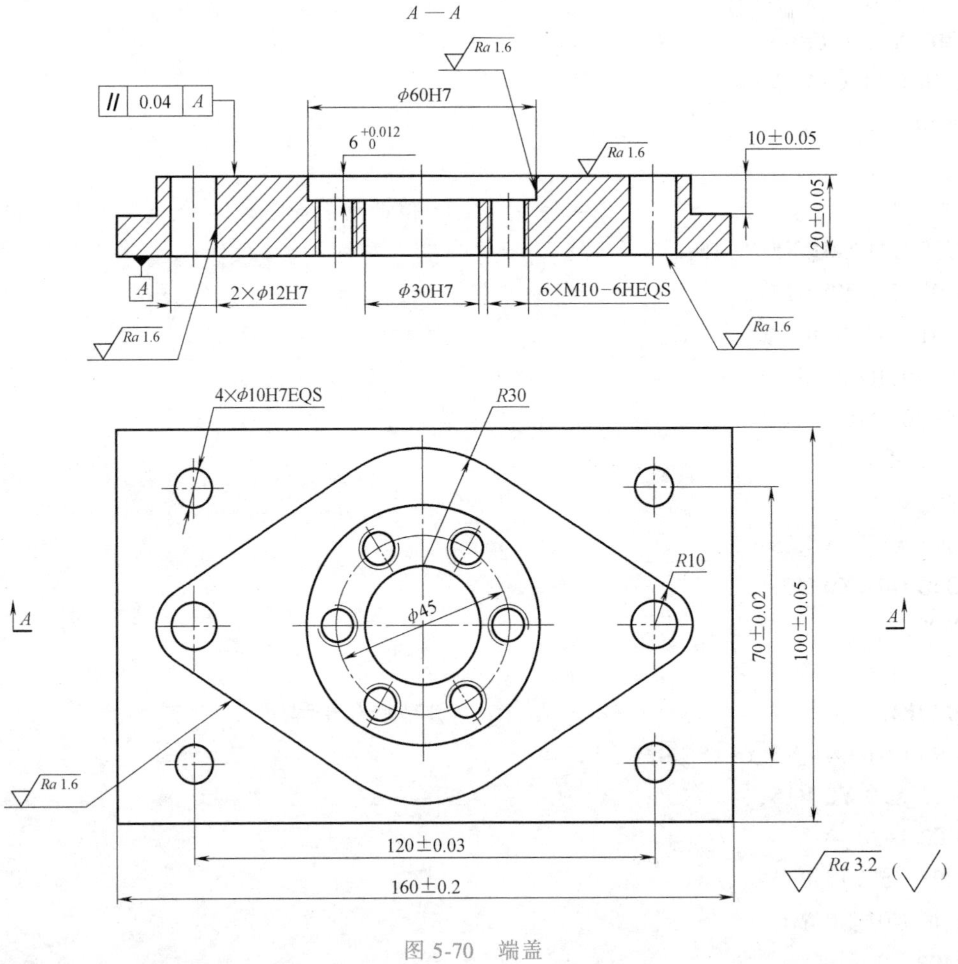

图 5-70　端盖

控铣削加工工艺，并完成程序编制。

一、工艺分析

1. 分析图样，确定数控加工工艺过程和数控加工内容

1）该零件属于平面端盖类零件，主要由平面、凸台、槽、孔及螺纹组成，所有表面都需要加工。

2）零件标注完整，轮廓描述清晰。

3）零件毛坯为 165mm×105mm×25mm 的 45 钢方料，可加工性较好，无热处理要求。

4）表面粗糙度 *Ra* 值均为 3.2μm 及其以下，尺寸公差等级为 IT7。

5）在进行加工中心工艺分析时，主要从两个方面考虑：精度、效率。理论上的加工工艺必须达到图样的要求，同时又能充分合理地发挥机床的功能。

见表 5-10，该零件在加工中心上加工前已将底面及四周、上表面在普通铣床上粗加工完成，在加工中心上加工的内容如下：

表 5-10 机械加工工艺过程

序号	工序名称	工序内容	设备及工装
1	备料	毛坯:45 钢,长×宽×高为 165mm×105mm×25mm	
2	划线	照顾各部,划全线	
3	铣削	①按线找正,粗铣工件上表面留 0.5mm 余量 ②粗、精铣下表面及 160mm×100mm 四周	普通铣床、机用虎钳
4	加工中心加工	①精铣上表面保证工件高度尺寸 ②加工凸台、圆形槽及孔系	KVC650 加工中心、精密机用虎钳
5	清理		

① 精加工顶面。

② 粗、精铣工件凸台外轮廓。

③ 粗、精铣 ϕ60mm 槽。

④ 粗、精铣 ϕ30mm 孔。

⑤ 加工 4×ϕ10mm 及 2×ϕ12mm 孔。

⑥ 攻 6×M10 螺纹。

2. 确定数控机床和数控系统

根据零件的结构特点及加工要求，选取在数控机床上加工，选用配备 FANUC 0i M 系统的 KVC650 加工中心加工该零件比较合适。

3. 工件的安装和夹具的确定

根据对零件图的分析可知，该零件所有表面都需要加工，但在加工中心上加工前已将底面及四周、上表面在普通铣床上粗加工完成，所以只需要一次装夹。

如图 5-71 所示，以主视图的下表面（底面）及两侧面定位，用机用虎钳装夹工件下半部分 7~8mm 厚，精加工上表面，完成凸台及孔加工。

4. 刀具、量具的确定

零件上表面采用面铣刀加工，根据工件宽度尺寸选择面铣刀直径，使铣刀工作时有合理的切入/切出角，铣刀直径应尽量包容工件的整个加工宽度；采用不对称顺铣，以提高加工精度和效率。故用 ϕ160mm 硬质合金面铣刀。

a) 装夹方案　　　　b) 加工部位

图 5-71　装夹方案及加工部位

粗加工凸台外轮廓时，用 ϕ25mm 可转位硬质合金立铣刀。

精加工凸台外轮廓及粗、精加工 ϕ60mm 槽、ϕ30mm 孔时，用 ϕ20mm 整体硬质合金立铣刀。

2×ϕ12H7 孔用 A3. 15mm 中心钻引钻→ϕ11. 8mm 麻花钻钻底孔→ϕ12H7 铰刀铰孔。

4×ϕ10H7 孔用 A3. 15mm 中心钻引钻→ϕ9. 8mm 麻花钻钻底孔→ϕ10H7 铰刀铰孔。

6×M10 螺纹孔用 A3. 15mm 中心钻引钻→ϕ9mm 麻花钻钻底孔→ϕ12mm 倒角钻孔口倒角→M10 丝锥攻螺纹。

具体刀具型号见表 5-11。

采用游标卡尺、内径千分表和塞规测量即可。具体量具型号见表 5-12。

表 5-11　数控加工刀具卡片

产品名称或代号		零件名称	盖板	零件图号	5002	程序编号	
工步号	刀具号	刀具名称	刀柄型号	刀具		补偿值/mm	备注
				直径/mm	长度/mm		
1	T01	FM90-160LD15	BT40-XM40-75	ϕ160	50		
2	T02	EM90HZ-25AP16	BT40-XP25-100	ϕ25	100		
3	T03	ZE20. 38. 4-45	BT40-ER32-60	ϕ20	102		
4	T04	中心钻 A3. 15mm	BT40-Z12-45	ϕ3. 15			
5	T05	麻花钻 ϕ11. 8mm	BT40-Z12-45	ϕ11. 8			
6	T06	麻花钻 ϕ9. 8mm	BT40-MW2-64	ϕ9. 8			
7	T07	麻花钻 ϕ9mm	BT40-MW2-64	ϕ9			
8	T08	ϕ12mm 铰刀	BT40-MW2-64	ϕ12			
9	T09	ϕ10mm 铰刀	BT40-MW2-64	ϕ10			
10	T10	ϕ12mm 倒角钻	BT40-Z12-45	ϕ12			
11	T11	M10 丝锥	BT40-MW2-64	M10			
编制		审核		批准		共 1 页	第 1 页

表 5-12 量具卡片

零件图号	50002	零件名称	端盖	编制日期	
量具清单		编制			
序号	名称	规格	分度值	数量	
1	游标卡尺	0~150mm	0.02mm	1	
2	内径千分表	1~25mm	0.01mm	1	
3	塞规	M10		1	

5. 工件加工方案的确定

1）上表面的表面粗糙度 *Ra* 值为 1.6μm 和 3.2μm，尺寸公差等级为 IT7，故选加工方案为“精铣”。

2）凸台的表面粗糙度 *Ra* 值为 3.2μm，尺寸公差等级为 IT7，故选加工方案为“粗铣—精铣”。

3）ϕ30mm 孔，加工方案为“粗铣→精铣”。

4）ϕ60mm 槽，加工方案为“粗铣→精铣”。

5）4×ϕ10mm 及 2×ϕ12mm 孔，加工方案为“中心钻引钻→钻→铰”。

6）6×M10 螺纹，加工方案为“中心钻引钻→钻→孔口倒角→攻螺纹”。

切削用量等具体内容见数控加工工序卡片（表 5-13）。

表 5-13 数控加工工序卡片

工厂名称		产品名称或代号		零件名称		零件图号	
				端盖		5002	
工序号	程序编号	夹具名称		使用设备		车间	
4		精密机用虎钳		KVC650			
工步号	工步内容	刀具号	刀具规格	主轴转速/(r/min)	进给量/(mm/min)	背吃刀量/mm	备注
1	精铣上表面	T01	ϕ160mm	400	60	0.5	自动
2	粗铣凸台	T02	ϕ25mm	800	80	3	自动
3	粗铣 ϕ30mm 孔	T03	ϕ20mm	1000	80	3	自动
4	粗铣 ϕ60mm 槽	T03	ϕ20mm	1000	80	3	自动
5	精铣凸台	T03	ϕ20mm	1200	60	0.25	自动
6	精铣 ϕ60mm 槽	T03	ϕ20mm	1200	60	0.25	自动
7	精铣 ϕ30mm 孔	T03	ϕ20mm	1200	60	0.25	自动
8	钻各中心孔	T04	A3.15mm	2000	30	—	自动
9	钻 2×ϕ12H7 底孔	T05	ϕ11.8mm	600	40	—	自动
10	钻 4×ϕ10H7 底孔	T06	ϕ9.8mm	600	40	—	自动
11	钻 6×M10 底孔	T07	ϕ9mm	600	40	—	自动
12	铰 2×ϕ12H7 孔至尺寸	T08	ϕ12H7	450	30	0.1	自动
13	铰 4×ϕ10H7 孔至尺寸	T09	ϕ10H7	450	30	0.1	自动
14	6×M10 孔口倒角	T10	ϕ12mm	800	20	—	自动
15	攻 6×M10 螺纹	T11	M10	720	72	—	自动
编制		审核		批准		共 1 页	第 1 页

二、确定并绘制走刀路线

该零件需要加工平面、内轮廓、外轮廓和孔，能在一次装夹中完成。为装夹方便，零件内、外轮廓依次进行粗、精加工；为了减少编程工作量，利用子程序加工，孔用固定循环切削完成。上表面由于在普通铣床上已完成粗铣，则在数控机床上利用不对称逆铣精加工即可。走刀路线如图 5-72 所示。

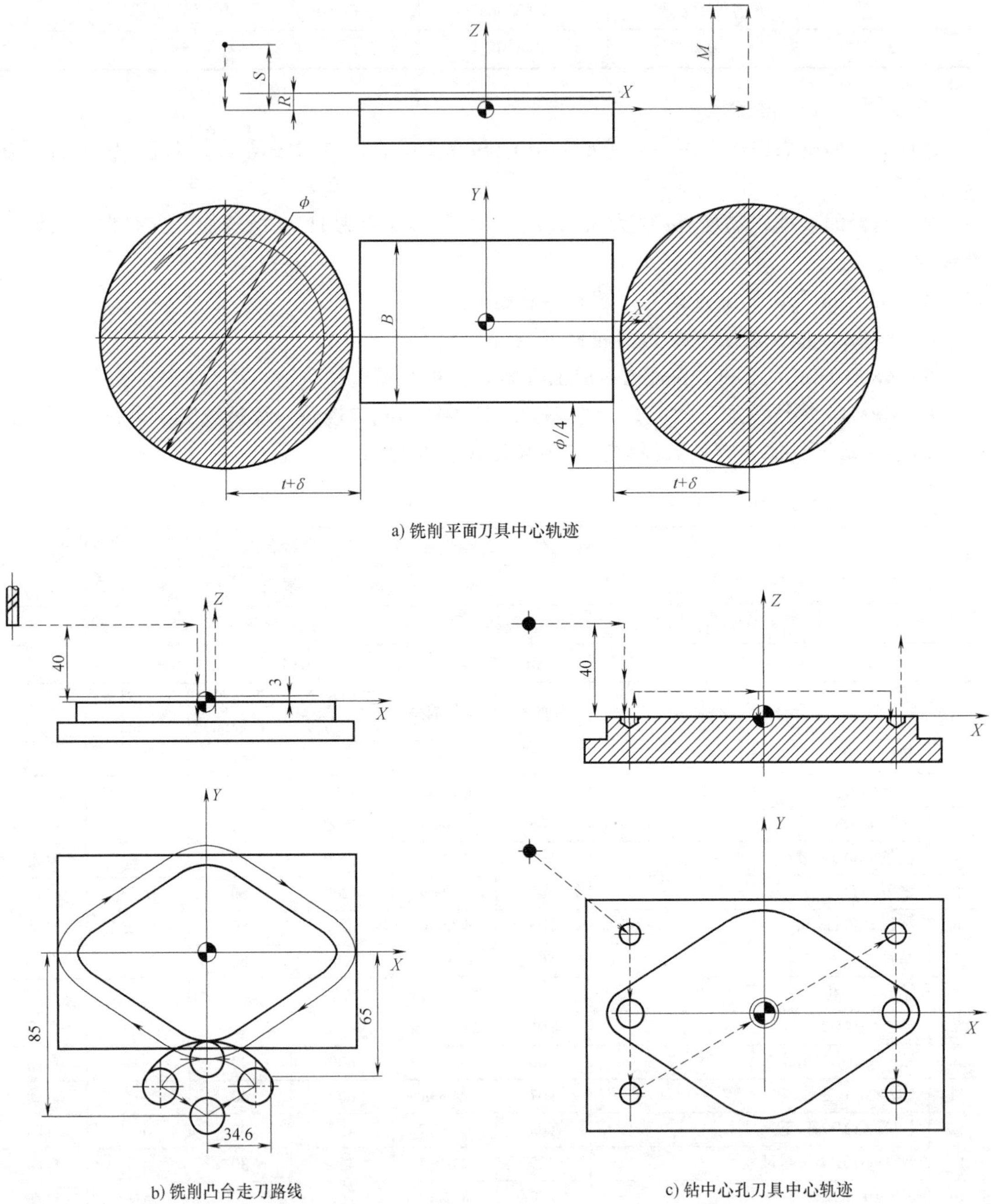

图 5-72　走刀路线

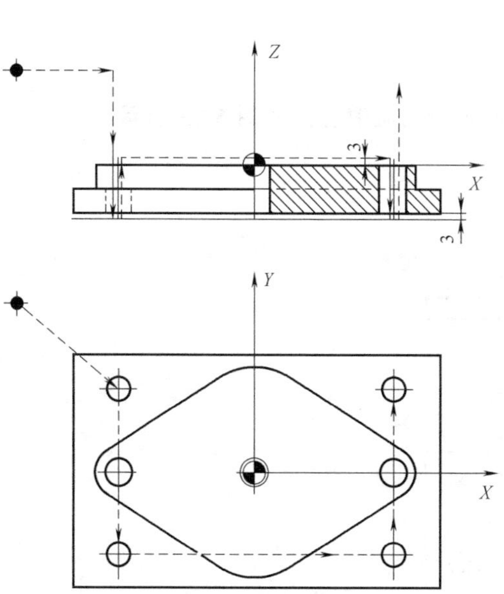

d) 钻、铰ϕ10H7孔刀具中心轨迹

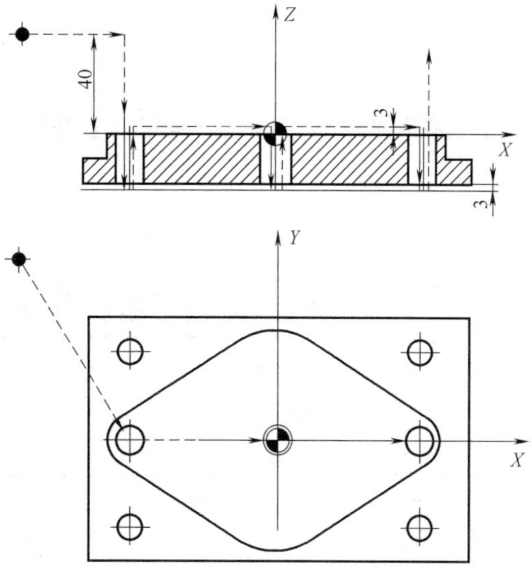

e) 钻、铰ϕ12H7孔刀具中心轨迹

图 5-72　走刀路线（续）

为了更直观，绘制走刀路线图，见表 5-14。本书仅以铣内轮廓为例进行介绍，其余走刀路线图请读者自行完成。

表 5-14　数控加工走刀路线图

刀具中心轨迹	零件图号	50002	工序号	4	工步号	1	程序号	
机床型号	KVC650	加工内容	精铣平面	共 1 页　第 1 页				

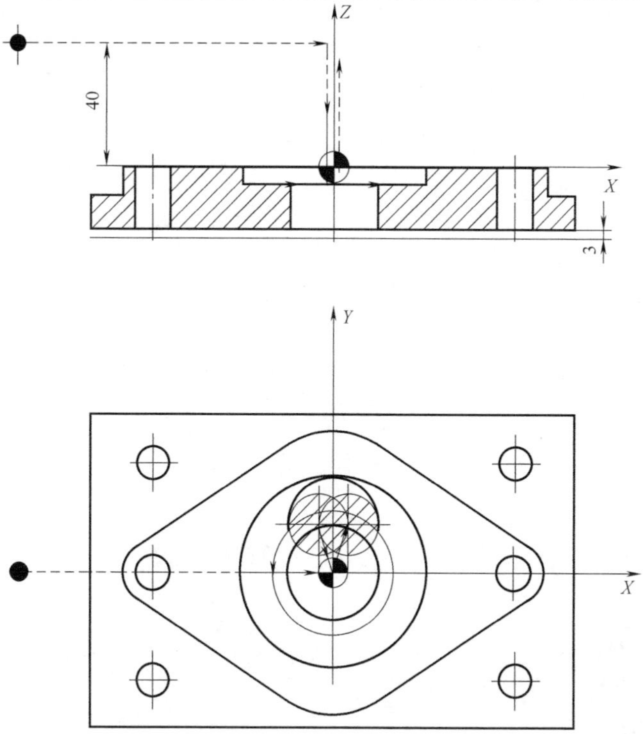

三、数值处理

1. 编程原点的确定

考虑基准重合，工件坐标原点设置在工件上表面的几何中心，如图 5-73 所示。

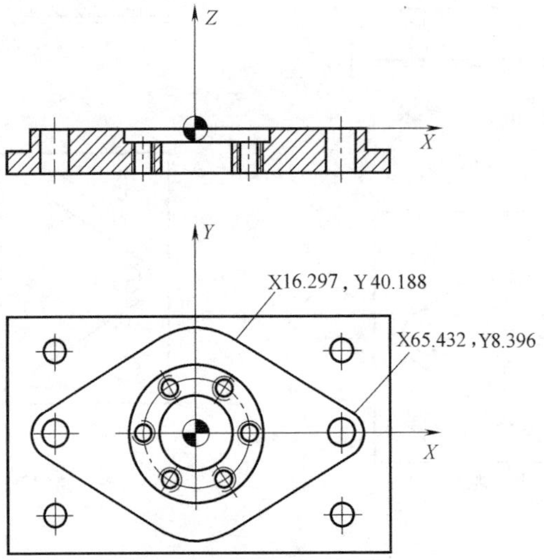

图 5-73　编程原点的设置

2. 计算基点坐标

基点坐标应按照各点极限尺寸的平均值计算。该零件孔加工基点计算非常简单，除了铣削凸台时，直线与圆的切点以外（图 5-73 中已注明），其余基点很简单，故不单独列出。

四、编制数控加工程序

```
O4014;
G21 G17 G40 G49 G98 G80;
G91 G28 Z0;
G28 X0 Y0;
M06 T01                                   //精铣上表面
M13 S400;
G90 G43 Z20 H03;
G54 G00 X-180 Y-10;
Z5;
G01 Z0 F60;
X180;
G91 G28 Z0;
M06 T02;                                  //粗铣凸台
M13 S800 F80;
G90 G43 Z20 H02;
G54 G00 X0 Y-80;
M98 P00024010;
```

```
G91 G28 Z0;
M06 T03;                         //精铣凸台
M13 S1200 F60;
G90 G43 Z20 H03;
G54 G00 X0 Y-80 D04;
Z-10;
M98 P4008;
G00 Z3;
G00 X4.75 Y0;
G01 Z0 F100;
M98 P00074011;                   //粗铣 φ30mm 孔
G90 G00 X0 Y0;
Z-6 D05;                         //粗铣 φ60mm 槽
M98 P4009;
D04 S1000 F30;
M98 P4009;                       //精铣 φ60mm 槽
G00 Z-6;
M98 P00034012;
G91 G28 Z0;
M06 T04;                         //钻各中心孔
M03 S2000;
G90 G43 Z20 H04;
G98 G81 X60 Y0 R3 Z-3 F40;
X-60;
G81 X-60 Y35 R-7 Z-13;
X-60 Y-35;
X60 Y-35;
G98 X60 Y35;
G16;
G99 G81 X22.5 Y0 R-3 Z-9 F100;
Y60;
Y120;
Y180;
Y240;
Y-60;
G15 G98 G80;
G91 G28 Z0;
M06 T05                          //钻 φ12mm 底孔
M03 S600;
```

```
G90 G43 Z20 H05;
G98 G81 X-60 Y0 R3 Z-24 F40;
X60;
G98 G80;
G91 G28 Z0;
M06 T06                                  //钻 φ10mm 底孔
M03 S600
G90 G43 Z20 H06;
G81 X-60 Y35 R-7 Z-24 F40;
Y-35;
X60;
Y35;
G80;
G91 G28 Z0;
M06 T07;                                 //钻 M10 底孔
M03 S600;
G90 G43 Z20 H07;
G16
G99 G81 X22.5 Y0 R-3 Z-9 F40;
Y60;
Y120;
Y180;
Y240;
Y-60;
G15 G98 G80;
G91 G28 Z0;
M06 T08;                                 //铰 φ12H7 孔
M03 S450;
G90 G43 Z20 H10;
G85 X-60 Y0 R3 Z-22 F30;
X60;
G98 G80;
G91 G28 Z0;
M06 T09;                                 //铰 φ10H7 孔
M03 S450;
G90 G00 G43 Z20 H09;
G85 X-60 Y35 R-7 Z-22 F30;
Y-35;
X60;
```

```
Y35;
G80;
G91 G28 Z0;
M06 T10;                                    //M10孔口倒角
M03 S800;
G90 G43 Z20 H10;
G16;
G97 G99 G82 X22.5 Y0 R-3 Z-5 P3000 F20;
Y60;
Y120;
Y180;
Y240;
Y-60;
G15 G98 G80;
G91 G28 Z0;
M06 T11;                                    //攻M10螺纹
M03 S720;
G90 G43 Z20 H11;
G16
G95  G97 G99 G84 X22.5 Y0 R-3 Z-11 F1;
Y60;
Y120;
Y180;
Y240;
Y-60;
G15 G98 G80;
G16;
G99 G84 X22.5 Y0 R-3 Z-22 F1;
Y60;
Y120;
Y180;
Y240;
Y-60;
G15 G98 G80;
G91 G28 Z0;
M30;
%;

O4010;                                      //粗铣轮廓子程序
```

```
G91 G00 Z-5;
D02;
M98 P4008;
D03;
M98 P4008;
M99;
%;

O4008;                              //铣轮廓子程序
G90 G41 G00 X25 Y-70;
G03 X0 Y-45 R25;
G02 X-16.297 Y-40.188 R30;
G01 X-65.432 Y-8.396;
G02 Y8.396 R10;
G01 X-16.297 Y40.188;
G02 X16.297 R30;
G01 X65.432 Y8.396;
G02 Y-8.396 R10;
G01 X16.297 Y-40.188;
G02 X0 Y-45 R30;
G03 X-25 Y-70 R25;
G40 G00 X0 Y-80;
M99;
%;

O4011;                              //螺旋下刀铣φ30mm孔子程序
G91 G03 I-4.75 Z-3;
G03 I-4.75;
M99;
%;

O4012;                              //精铣φ30mm孔子程序
G91 Z-5;
G90 G01 G41 X2 Y-13;
G03 X15 Y0 R13;
G03 I-15;
G03 X2 Y13 R13;
G40 G01 X0 Y0;
M99;
```

```
%;

O4009;                          //铣 φ60mm 槽子程序
G41 G01 X25 Y5;
G03 X0 Y30 R25;
G03 J-30;
G03 X-25 Y5 R25;
G40 G01 X0 Y0;
M99;
```

企业点评

第二重型机械集团公司高级工程师黄亮

数控镗、铣及加工中心是目前企业应用最广的机械产品加工设备之一，其加工范围很广，配上各种机床附件，还可以扩展加工内容，主要针对箱体、泵体、盘类以及各种异形零件上的平面、沟槽、台阶、曲面和孔加工。因其加工范围宽，所以对工艺要求较高，数控加工路线规划较复杂，在企业中也是一个技术要求较高的工种。建议在学习中加强刀具知识、工艺知识、夹具知识和编程知识等的融会贯通，并强化实际操作，提高操作技能，积累丰富的经验。

思　考　题

5-1　加工中心编程与数控铣床编程的主要区别有哪些？

5-2　加工中心可分为哪几类？其主要特点有哪些？

5-3　被加工零件轮廓上的内转角尺寸是指哪些尺寸？为何要尽量统一？

5-4　G53 指令与 G54～G59 指令的含义是什么？它们之间有何关系？

5-5　数控铣削加工空间曲面的方法主要有哪些？其中哪种方法常被采用？其原理是什么？

5-6　如图 5-74 所示，加工 2×M10×1.5 螺纹通孔，在立式加工中心上加工工序为：①φ8.5mm 麻花钻

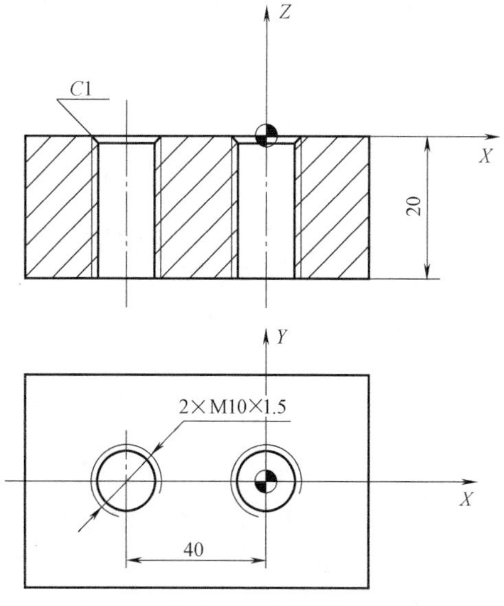

图 5-74　加工图

钻孔；②ϕ25mm 锪钻倒角；③M10 丝锥攻螺纹。切削用量见表 5-15，试编制加工程序。

表 5-15 切削用量

刀具号	长度补偿号	刀具名称	切削速度/(m/min)	进给量/(mm/r)
T01	H02	ϕ8.5mm 麻花钻	20	0.2
T02	H03	ϕ25mm 倒角刀	12	0.2
T03	H04	M10 丝锥	8	1.5

5-7 如图 5-75 所示，工件材料为 45 钢，设计基准 *A* 面及四个侧面已经在普通铣床上加工，现要在数控铣床上加工上表面，保证最终厚度为 40mm，且满足图中标注的几何公差和表面质量要求。上表面留有余量 4.5mm。根据图中给出的刀具规格、走刀路线和编程原点，编制其数控加工程序。

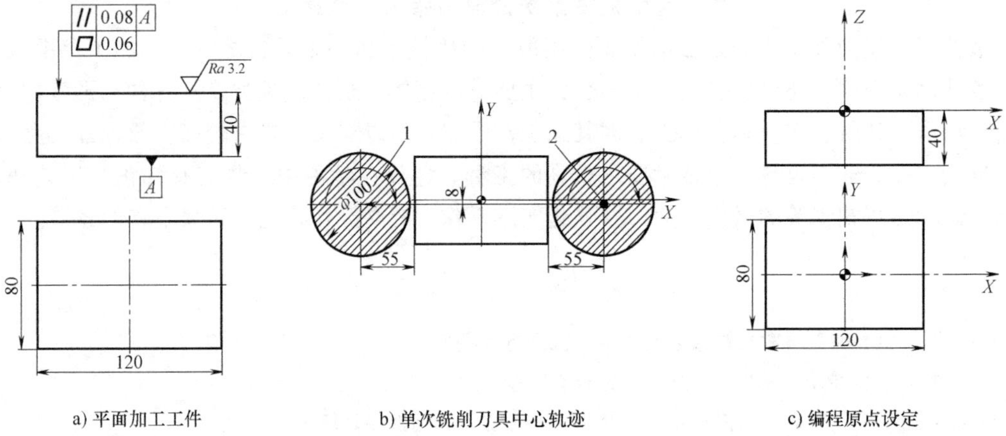

图 5-75 平面铣削

第六章

用户宏程序编制

第一节　任务引入

加工图 6-1 所示零件，毛坯为 ϕ40mm×90mm 的棒料，材料为 45 钢，小批量生产。

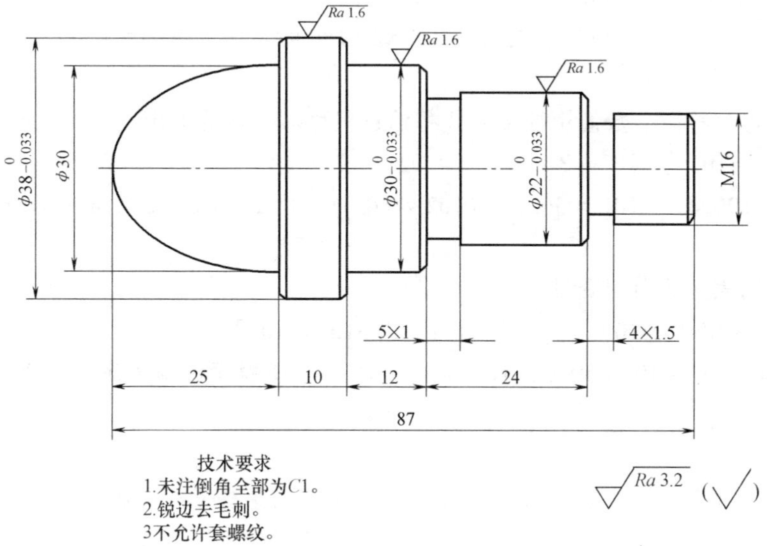

图 6-1　零件图

要完成图 6-1 所示零件的加工，需要考虑以下问题：

1）分析零件图，确定数控加工内容：首先分析零件图是否完整和正确，其次分析零件图的技术要求是否合理，最后分析零件图的结构工艺性是否合理，各加工内容在什么机床上完成，如何相互衔接。

2）选择毛坯：该零件是否指定了毛坯种类？如果没有，该采用哪种毛坯？

3）拟定工艺路线：选择定位基准，确定加工方法，划分加工阶段，安排加工顺序，以及热处理、检验及其他辅助工序（去毛刺、倒角等）。

4）选择加工设备（包括系统）、夹具及装夹方式、刀具及切削用量、量具等。

5）编制数控加工程序：根据选定的数控系统，参照上述工艺分析，按照规定编制零件的数控加工程序清单。

6）零件的试切加工及检验评估。

第二节 相关知识

FANUC 0i 系统为用户配备了强有力的类似于高级语言的宏程序功能，用户可以使用变量进行算术运算、逻辑运算和函数的混合运算。此外，宏程序还提供了循环语句、分支语句和子程序调用语句，利于编制各种复杂零件的加工程序，可减少甚至免除手工编程时进行烦琐的数值计算，以及精简程序量。

由于现在 A 类宏程序基本上很少用了，故在此介绍的都是 B 类宏程序。

一、宏变量及常量

1. 变量的表示

一个变量由符号“#”和变量序号组成，如#i（i=1，2，3，…），还可以用表达式表示，但其表达式必须全部写入“[ ]”中。

【例 6-1】 如#100、#500、#5 等。

【例 6-2】 如#[#1+#2+10]，当#1=10、#2=180 时，该变量表示#200。

2. 变量的引用

将跟随在地址符后的数值用变量来代替的过程称为变量的引用。

【例 6-3】 G01 X#100 Z-#101 F#102;

当#100=100.0、#101=50.0、#102=80 时，上述程序段即表示 G01 X100.0 Z-50.0 F80;

也可以采用表达式引用变量。

【例 6-4】 G01 X[#100-30] Z-#101 F[#101+#103];

当#100=100.0、#101=50.0、#103=80.0 时，上述程序段即表示 G01 X70.0 Z-50.0 F130;

3. 变量的种类

变量分为局部变量、公共变量（全局变量）和系统变量三种。在 A、B 类宏程序中，其分类均相同。

（1）局部变量　局部变量（#1~#33）是在宏程序中局部使用的变量。当宏程序 C 调用宏程序 D 而且都有变量#1 时，由于变量#1 服务于不同的局部，因此 C 中的#1 与 D 中的#1 不是同一个变量，可以赋予不同的值，且互不影响。

（2）公共变量　公共变量（#100~#149、#500~#549）贯穿于整个程序过程。同样，当宏程序 C 调用宏程序 D 而且都有变量#100 时，由于#100 是全局变量，因此 C 中的#100 与 D 中的#100 是同一个变量。

（3）系统变量　系统变量是指有固定用途的变量，其值决定系统的状态。系统变量包括刀具偏置值变量、接口输入与接口输出信号变量及位置信号变量等。

4. 变量的赋值

变量的赋值方法有直接赋值和引数赋值。

（1）直接赋值　变量可以在操作面板上用“MDI”方式直接赋值，也可在程序中以等式方式赋值，但等号左边不能用表达式。B 类宏程序的赋值为带小数点的值。在实际编程中，大多采用在程序中以等式方式赋值的方法。

【例 6-5】　#100 = 100. 0；#100 = 30. 0+20. 0；

(2) 引数赋值　宏程序以子程序方式出现，所用的变量可在调用宏程序时赋值。

【例 6-6】　G65 P1000 X100. 0 Y30. 0 Z20. 0 F100. 0；

该处的 X、Y、Z 不代表坐标字，F 也不代表进给字，而是对应于宏程序中的变量号，变量的具体数值由引数后的数值决定。引数宏程序中的变量对应关系有两种，见表 6-1 和表 6-2。这两种方法可以混用，其中，G、L、N、O、P 不能作为引数代替变量赋值。

表 6-1　变量赋值方法 I

引数	变量	引数	变量	引数	变量	引数	变量
A	#1	H	#11	R	#18	X	#24
B	#2	I	#4	S	#19	Y	#25
C	#3	J	#5	T	#20	Z	#26
D	#7	K	#6	U	#21		
E	#8	M	#13	V	#22		
F	#9	Q	#17	W	#23		

表 6-2　变量赋值方法 II

引数	变量	引数	变量	引数	变量	引数	变量
A	#1	J3	#10	I6	#19	I9	#28
B	#2	J3	#11	J6	#20	J9	#29
C	#3	K3	#12	K6	#21	K9	#30
I1	#4	I4	#13	I7	#22	I10	#31
J1	#5	J4	#14	J7	#23	J10	#32
K1	#6	K4	#15	K7	#24	K10	#33
I2	#7	I5	#16	I8	#25		
J2	#8	J5	#17	J8	#26		
K2	#9	K5	#18	K6	#27		

1) 变量赋值方法 I

【例 6-7】　G65 P0020 A50. 0 X40. 0 F100. 0；

经赋值后#1 = 50. 0，#24 = 40. 0，#9 = 100. 0。

2) 变量赋值方法 II

【例 6-8】　G65 P0030 A50. 0 I40. 0 J100. 0 K0 I20. 0 J10. 0 K40. 0；

经赋值后#1 = 50. 0，#4 = 40. 0，#5 = 100. 0，#6 = 0，#7 = 20. 0，#8 = 10. 0，#9 = 40. 0。

3) 变量赋值方法 I 和 II 混合使用。

【例 6-9】　G65 P0030 A50. 0 D40. 0 I100. 0 K0 I20. 0；

经赋值后，P40. 0 先分配给变量#7，I20. 0 后又分配给变量#7，则后一个#7 有效，所以变量#7 = 20. 0，其余同上。

二、运算符与表达式

B 类宏程序的运算指令与 A 类宏程序的运算指令有很大的区别，它的运算相似于数学运算，仍用各种数学符号来表示。B 类宏程序的变量运算见表 6-3。

表 6-3　B 类宏程序的变量运算

功能	格式	备注与示例
定义、转换	#i = #j	#100 = #1, #100 = 30.0
加法	#i = #j+#k	#100 = #1+#2
减法	#i = #j-#k	#100 = 100.0-#2
乘法	#i = #j * #k	#100 = #1 * #2
除法	#i = #j/#k	#100 = #1/30
正弦	#i = SIN[#j]	#100 = SIN[#1] #100 = COS[36.3+#2] #100 = ATAN[#1]/[#2]
反正弦	#i = ASIN[#j]	
余弦	#i = COS[#j]	
反余弦	#i = ACOS[#j]	
正切	#i = TAN[#j]	
反正切	#i = ATAN[#j]/[#k]	
平方根	#i = SQRT[#j]	#100 = SQRT[#1 * #1-100] #100 = EXP[#1]
绝对值	#i = ABS[#j]	
舍入	#i = ROUND[#j]	
上取整	#i = FUP[#j]	
下取整	#i = FIX[#j]	
自然对数	#i = LN[#j]	
指数函数	#i = EXP[#j]	
或	#i = #j OR #k	逻辑运算一位一位地按二进制执行
异或	#i = #j XOR #k	
与	#i = #j AND #k	
BCD 转 BIN	#i = BIN[#j]	用于与 PMC 的信号交换
BIN 转 BCD	#i = BCD[#j]	

1）函数 SIN、COS 等的角度单位是度，分和秒要换算成带小数点的度。如 90°30′表示为 90.5°，30°18′表示为 30.3°。

2）宏程序数学计算的顺序：函数运算（SIN、COS、ATAN 等），乘和除运算（*、/、AND 等），加和减运算（+、-、OR、XOR 等）。

【例 6-10】　#1 = #2+#3 * SIN[#4]；

运算顺序：函数 SIN[#4]；乘和除运算#3 * SIN[#4]；加和减运算#2+#3 * SIN[#4]。

3）函数中的括号“[　]”用于改变运算顺序，允许嵌套使用，但最多只允许嵌套 5 层。

【例 6-11】　#1 = SIN[[[#2+#3] * 4+#5]/#6]；

4）宏程序中的上、下取整运算。数控系统在处理数值运算时，若操作产生的整数大于原数时为上取整，反之则为下取整。

【例 6-12】　设#1 = 1.2，#2 = -1.2。

执行#3 = FUP[#1] 时，2.0 赋给#3；

执行#3 = FIX[#1] 时，1.0 赋给#3；

执行#3 = FUP[#2] 时，-2.0 赋给#3；

执行#3 = FIX[#2] 时，-1.0 赋给#3。

三、控制指令

控制指令起控制程序流向的作用。

1. 分支语句

格式一：GOTO n；

【例 6-13】 GOTO 200；

该例为无条件转移。当执行该程序段时，将无条件转移到 N200 程序段执行。

格式二：IF [条件表达式] GOTO n；

【例 6-14】 IF [#1 GT #100] GOTO 200；

该例为有条件转移语句。如果条件成立，则转移到 N200 程序段执行；如果条件不成立，则执行下一程序段。条件表达式的种类见表 6-4。

表 6-4 条件表达式的种类

条件	意义	示例
#i EQ #j	等于(=)	IF[#5 EQ #6]GOTO 300；
#i NE #j	不等于(≠)	IF[#5 NE 100]GOTO 300；
#i GT #j	大于(>)	IF[#6 GT #7]GOTO 100；
#i GE #j	大于或等于(≥)	IF[#8 GE 100]GOTO 100；
#i LT #j	小于(<)	IF[#9 LT #10]GOTO 200；
#i LE #j	小于或等于(≤)	IF[#11 LE 100]GOTO 200；

2. 循环指令

WHILE[条件表达式]DO m(m=1,2,3,…)；

……；

END m；

当条件满足时，就循环执行 WHILE 与 END 之间的程序段；当条件不满足时，就执行 END m 的下一个程序段。

四、数学计算

1. 选定自变量

1）公式曲线中的任意一个 X 和 Z 坐标都可以被定义为自变量。

2）一般选择变化范围大的一个坐标作为自变量。如图 6-2 所示，椭圆曲线从起点 S 到终点 T，从图中可以看出，Z 坐标变化量为 16，X 坐标变化量比 Z 坐标要小得多，所以将 Z 坐标选定为自变量比较适当。实际加工中通常将 Z 坐标选定为自变量。

3）根据表达式方便情况来确定 X 或 Z 作为自变量。如图 6-3 所示，公式曲线表达式为 $Z=0.005X^3$，将 X 坐标定义为自变量比较适当。如果将 Z 坐标定义为自变量，则因变量 X 的表达式为 $X=\sqrt[3]{Z/0.005}$，其中含有三次开方函数，在宏程序中不方便表达。

4）为了表达方便，在这里将和 X 坐标相关的变量设为#1、#11、#12 等，将和 Z 坐标相关的变量设为#2、#21、#22 等。实际中变量的定义完全可根据个人习惯进行。

2. 确定自变量的起、止点的坐标值

该坐标值是相对于公式曲线自身坐标系的坐标值。其中起点坐标为自变量的初始值，终点坐标为自变量的终止值。如图 6-2 所示，选定椭圆曲线的 Z 坐标为自变量#2，起点 S 的 Z 坐标为 $Z_1=8$，终点 T 的 Z 坐标为 $Z_2=-8$，则自变量#2 的初始值为 8，终止值为-8。如图 6-4 所示，选定抛物线的 Z 坐标为自变量#2，起点 S 的 Z 坐标为 $Z_1=15.626$，终点 T 的 Z 坐标为 $Z_2=1.6$，则#2 的初始值为 15.626，终止值为 1.6。

如图 6-3 所示，选定三次曲线的 X 坐标为自变量#1，起点 S 的 X 坐标为 $X_1=28.171-12=16.171$，终点 T 的 X 标为 $X_2=\sqrt[3]{2/0.005}=7.368$，则#1 的初始值为 16.171，终止值为 7.368。

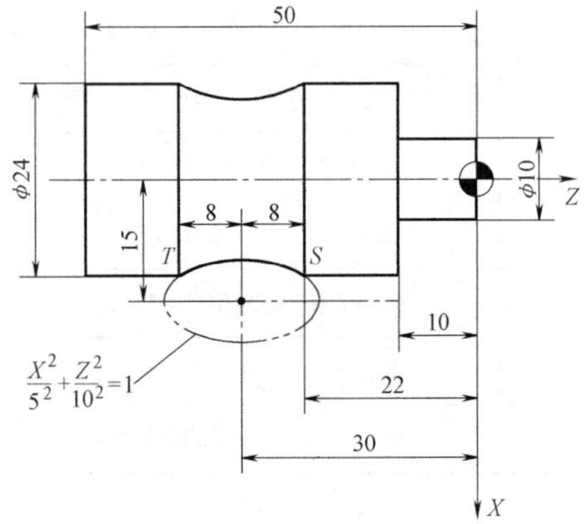

图 6-2 含椭圆曲线的零件图

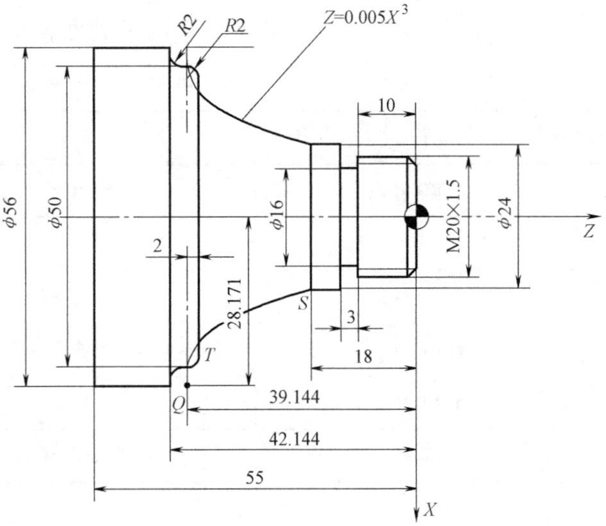

图 6-3 含三次曲线的零件图

3. 进行函数变换，确定因变量相对于自变量的宏表达式

如图 6-2 所示，Z 坐标为自变量#2，则 X 坐标为因变量#1，那么 X 用 Z 表示为

X=5 * SQRT[1-Z * Z/100]

分别用宏变量#1、#2 代替上式中的 X、Z，即得因变量#1 相对于自变量#2 的宏表达式

#1=5 * SQRT[1-#2 * #2/100]

如图 6-4，Z 坐标为自变量#2，则 X 坐标为因变量#1，那么 X 用 Z 表示为

X=SQRT[Z/0.1]

分别用宏变量#1、#2 代替上式中的 X、Z，即得因变量#1 相对于自变量#2 的宏表达式

#1=SQRT[#2/0.1]

如图 6-3 所示，X 坐标为自变量#1，则 Z 坐标为因变量#2，那么 Z 用 X 表示为

Z=0.005 * X * X * X

分别用宏变量#1、#2 代替上式中的 X、Z，即得因变量#2 相对于自变量#1 的宏表达式：

#2=0.005 * #1 * #1 * #1

4. 确定公式曲线自身坐标系原点对编程原点的偏移量（含正负号）

该偏移量是相对于工件坐标系而言的。如图 6-2 所示，椭圆曲线自身原点相对于编程原点的 X 轴偏移量 $\Delta X=15$，Z 轴偏移量 $\Delta Z=-30$。如图 6-3 所示，三次曲线自身原点相对于编程原点的 X 轴偏移量 $\Delta X=28.171$，Z 轴偏移量 $\Delta Z=-39.144$。如图 6-4 所示，抛物线自身原点相对于编程原点的 X 轴偏移量 $\Delta X=20$，Z 轴偏移量 $\Delta Z=-25.626$。

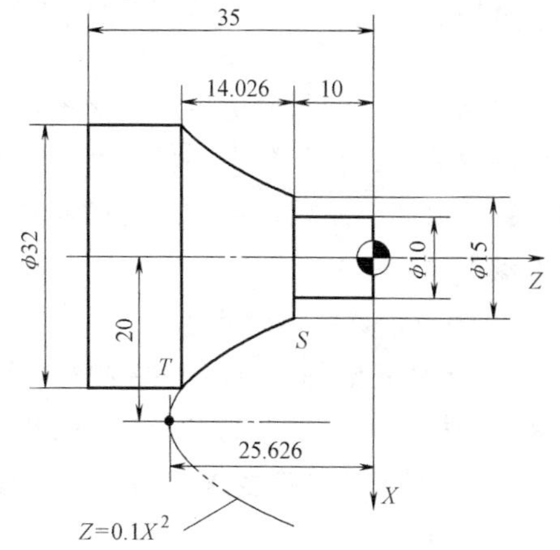

图 6-4 含抛物线的零件图

5. 判别在计算工件坐标系下的 X 坐标值（#11）时，宏变量#1 的正负号

1）根据编程使用的工件坐标系，确定编程轮廓为零件的下侧轮廓还是上侧轮廓：当编程使用的是 X 向下为正的工件坐标系时，则编程轮廓为零件的下侧轮廓；当编程使用的是 X 向上为正的工件坐标系时，则编程轮廓为零件的上侧轮廓。

2）以编程轮廓中的公式曲线自身坐标系原点为原点，绘制对应工件坐标系的 X' 和 Z' 坐标轴，以其 Z' 坐标为分界线，将轮廓分为正负两种轮廓，编程轮廓在 X' 正方向的称为正轮廓，编程轮廓在 X 负方向的称为负轮廓。

3）如果编程中使用的公式曲线是正轮廓，则在计算工件坐标系下的 X 坐标值（#11）时宏变量#1 的前面应冠以正号，反之为负。

如图 6-2 所示，在 X 向下为正的前置刀架数控车床编程工件坐标系下，编程中使用的是零件的下侧轮廓，其中的公式曲线为负轮廓，所以在计算工件坐标系下的 X 坐标值#11 时宏变量#1 的前面应冠以负号。

如图 6-3 所示，在 X 向下为正的前置刀架数控车床编程工件坐标系下，编程中使用的是零件的上侧轮廓，其中的公式曲线为负轮廓，所以在计算工件坐标系下的 X 坐标值#11 时宏变量#1 的前面应冠以负号。

如图 6-4 所示，在 X 向下为正的前置刀架数控车床编程工件坐标系下，编程中使用的是零件的下侧轮廓，其中的公式曲线为负轮廓，所以在计算工件坐标系下的 X 坐标值#11 时宏变量#1 的前面应冠以负号。

第三节 任务实施

一、工艺分析

1. 分析图样，确定数控加工内容

1）如图 6-1 所示，该零件属于轴类零件，零件的表面主要由圆柱、椭圆面、槽及螺纹组成，所有表面都需要加工。

2）零件标注完整，尺寸标注基本符合数控加工要求，轮廓描述清晰。

3）零件的材料为 45 钢，可加工性较好，无热处理要求。

4）零件外表面的加工要求不高，容易保证。

5）零件属于小批量生产，所有加工内容可以在一台数控车床上完成。

2. 确定数控机床和数控系统

根据零件加工要求，选用配备 FANUC 0i 系统的 CK3050 数控车床加工该零件比较合适。

3. 工件的安装和夹具的确定

根据对零件图的分析可知，该零件所有表面都需要加工，显然不能一次装夹完成，至少需要两次装夹，首先装夹零件毛坯的左端，加工右端面和右端外圆面，同时完成切槽和螺纹加工；然后调头用软爪装夹工件的右端并找正，加工零件左端椭圆保证总长。夹具采用自定心卡盘即可。

4. 刀具、量具的确定

1）零件外圆加工可以选择 90°（或 93°）硬质合金偏刀完成，端面采用端面车刀；切槽采用切槽车刀（宽度为 4mm），以及外螺纹车刀。具体刀具型号见刀具卡片。

2）外圆尺寸精度要求不高，采用游标卡尺测量即可。椭圆可采用样板检测。具体量具型号见量具卡片。

5. 工件加工方案的确定

该零件在 CK3050 数控车床上采用自定心卡盘装夹零件毛坯的左端，用划线盘（百分表等其他工具也可以）找正，加工右端面和右端外圆表面，以及切槽和螺纹各表面的粗、精加工，然后调头完成左端椭圆的加工。

二、确定并绘制走刀路线

该零件需要加工端面、外圆、槽、螺纹及椭圆，而且加工不能在一次装夹中完成，需要调头装夹。可以先加工右端面，$\phi22_{-0.033}^{\ 0}$mm、$\phi30_{-0.033}^{\ 0}$mm、$\phi38_{-0.033}^{\ 0}$mm 外圆，M16 螺纹，切槽；然后调头加工左端椭圆。在加工椭圆时由于 FANUC 系统的 G71 指令无法套用宏程序，故在粗加工时要用一个循环进行粗加工，然后再用一个循环进行精加工。

三、编制并填写零件的数控加工工艺文件

1. 刀具卡片

将选定的各工步所用刀具型号、刀片型号、刀片牌号及刀尖圆弧半径等填入数控加工刀具卡片中，见表 6-5。

表 6-5 刀具卡片

<table>
<tr><td>零件图号</td><td>6009</td><td>零件名称</td><td>××××</td><td>编制日期</td><td></td></tr>
<tr><td colspan="2">刀具清单</td><td colspan="2">编制</td><td colspan="2"></td></tr>
<tr><td>序号</td><td>名称</td><td>规格</td><td>刀具编号</td><td colspan="2">数量</td></tr>
<tr><td>1</td><td>外圆、端面车刀</td><td>95°</td><td>T01</td><td colspan="2">1</td></tr>
<tr><td>2</td><td>外圆车刀</td><td>93°</td><td>T02</td><td colspan="2">1</td></tr>
<tr><td>3</td><td>切槽车刀</td><td>宽度为 4mm</td><td>T03</td><td colspan="2">1</td></tr>
<tr><td>4</td><td>外螺纹车刀</td><td>60°</td><td>T04</td><td colspan="2">1</td></tr>
</table>

2. 量具卡片

将选定的各量具名称、规格、分度值等填入量具卡片中，见表 6-6。

表 6-6 量具卡片

零件图号	6009	零件名称	××××	编制日期	
量具清单		编制			
序号	名称	规格	分度值	数量	
1	游标卡尺	0~150mm	0.02mm	1	
2	外径千分表	0~25mm,25~50mm	0.01mm	1	
3	椭圆样板				
4	百分表	0~10mm	0.01mm	1	

3. 数控加工工序卡片

按加工顺序将各工步的加工内容、所用刀具及切削用量等填入数控加工工序卡片中，见表 6-7。

表 6-7 数控加工工序卡片

零件图号	6009	零件名称	××××	编制日期		
程序号		O6009		编制		
工步号	加工内容	刀具号	主轴转速 /(r/min)	进给量 /(mm/r)	背吃刀量 /mm	备注
1	装夹毛坯左端外圆,车右端面,粗车 $\phi22_{-0.033}^{0}$mm、$\phi30_{-0.033}^{0}$mm、$\phi38_{-0.033}^{0}$mm 外圆,单边留余量 0.25mm	T01	800	0.5	1.5	
2	精车 $\phi22_{-0.033}^{0}$mm、$\phi30_{-0.033}^{0}$mm、$\phi38_{-0.033}^{0}$mm 外圆至尺寸	T02	v_c=150m/min	0.15	0.25	
3	切槽	T03	600	0.1	2.5	
4	车螺纹 M16	T04	720	—		
5	调头装夹 $\phi30_{-0.033}^{0}$mm 外圆,粗车左端椭圆,单边留余量 0.25mm	T01	1500	0.15	0.5~3	
6	精车左端椭圆,保证总长 87mm	T02	v_c=150m/min	0.15	0.25	

4. 进给路线

将各工步的进给路线绘制成文件形式的进给路线图。例如，该零件的左端走刀路线如图 6-5 和图 6-6 所示。

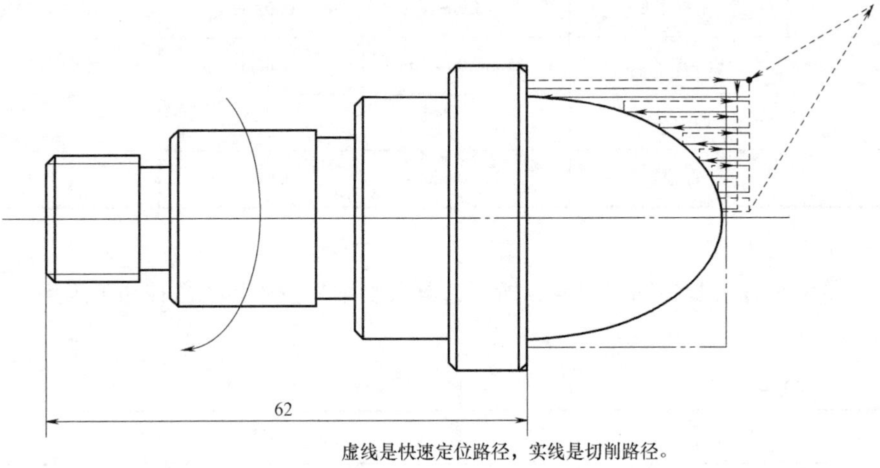

图 6-5　非圆曲线轴类零件粗车走刀路线

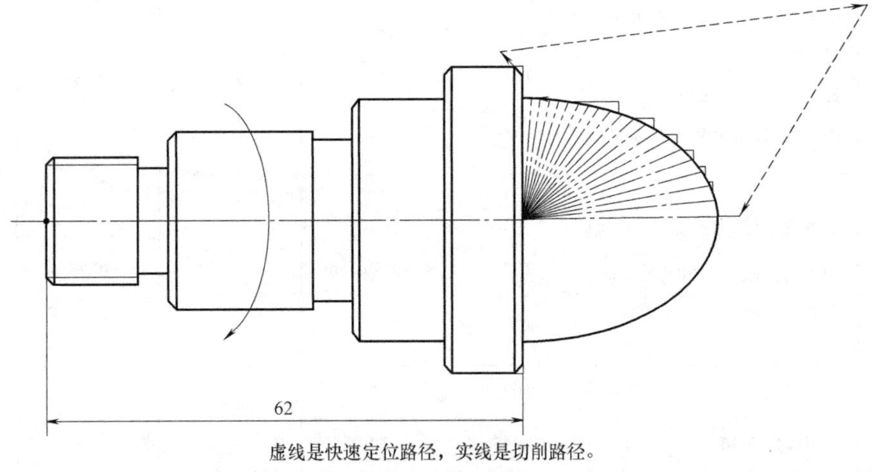

图 6-6　非圆曲线轴类零件精车走刀路线

四、零件的数控加工程序编制

1. 编程原点的确定

由于零件的毛坯为一圆柱棒料，根据零件图样的尺寸标注特点、加工精度要求以及安装情况，夹持右端加工左端椭圆时，编程原点选在零件左端面和轴线交点处。

2. 计算基点坐标

基点坐标应按照各点极限尺寸的平均值计算。该零件的基点计算非常简单，根据编程原点的位置，即可计算各基点坐标。

3. 编写数控加工程序

第一次装夹左端，加工右端，完成工步 1、2、3、4；工件原点在工件右端与回转中心线交点，加工程序如下：

```
O6009;
G21 G54 G97 G99;
G28 U0;
G28 W0;
S800 M03;
G00 X100 Z100;
T0101;
G00 X42 Z0;
G01 X-1 F0.2;
G00 X42 Z2;
G71 U1.5 R1;
G71 P10 Q20 U0.5 W0.25 F0.2;
N10 G00 X10;
G01 G42 X16 Z-1 F0.15;
G01 Z-16;
X20;
X22 Z-17;
Z-40;
X28;
X30 Z-41;
Z-52;
X36;
N20 X38 Z-53;
G00 X100 Z100 T0100 M05;
T0202;
G00 X42 Z2;
G96 M03 S150;
G70 P10 Q20;
G00 X100 Z100 T0200 M05;
T0303;
G00 X26 Z-15;
G97 M03 S600;
```

```
G01 X15;
X26;
G00 Z-16;
G01 X15;
G04 X1.5;
Z-15;
X35;
G00 Z-38;
G01 X21;
X35;
Z-40;
X21;
G04 X1.5;
Z-38;
X35;
G00 X100 Z100 T0300 M05;
T0404;
G00 X18 Z5 M03 S720;
G92 X15 Z-14 F2;
X14.2;
X13.8;
G00 X100 Z100 T0400 M05;
M30;
```

第二次装夹 $\phi30_{-0.033}^{0}$ mm 外圆，完成工步 5、6；工件原点在零件左端面和轴心线交点，加工程序如下：

```
G21 G54 G97 G99;
S800 M03;
G00 X100 Z100;
T0101;
G00 X42 Z0;
G01 X-1 F0.2;
G00 X42 Z2;
G90 X38.5 Z-35;
X36.5 Z-25;
X34.5;
X32.5;
X30.5;
```

```
G00 X42 Z2;
#1=0;
WHILE[#1LE90]DO1;
#24=25*COS[#1];
#25=15*SIN[#1];
G00 X[2*#25+0.5];
G01 Z[#24-25+0.25];
#1=#1+5;
U2;
Z2;
END1;
G00 X100 Z100 T0100 M05;
T0202;
G96 S150 M03;
G00 X0. Z0.;
#1=0;
WHILE[#1LE90]DO2;
#24=25*COS[#1];
#25=15*SIN[#1];
G01 X[2*#25] Z[#24-25] F0.15;
#1=#1+5;
END2;
G01 X36;
X38 Z-26;
Z-35;
X42;
G00 X100 Z100 T0200 M05;
M30;
```

五、零件的数控加工

1. 程序的输入

在编辑操作方式下进行程序的输入，注意不同程序号的区别。

2. 程序的校验

输入程序后进行程序的校验，校验程序是否有误。方法是通过空运行检查刀路是否正确。

3. 工件的安装

检查毛坯质量是否满足要求以及是否存在缺陷。

根据加工工艺要求装夹工件，注意毛坯伸出长度要适宜。

4. 车刀的安装

安装刀具时，车刀伸出应合理，夹紧要可靠。

安装螺纹车刀时要用中心规对正，保证刀尖角平分线与轴线垂直，以避免牙型角偏斜。

5. 对刀

选择工件坐标系的原点，进行对刀操作。

6. 刀具参数设置的检查

对刀后进行刀具参数设置的检查，避免出现撞刀事故或产生废品。

7. 零件的加工

为了保证车削过程的可靠性，车削首件时，必须用单段操作方式进行，当确认程序无误时，再使用连续操作方式进行车削。

8. 零件尺寸的检测

选用合适的量具完成零件尺寸的检测。

第四节　用户宏程序编程综合应用

用 B 类用户宏程序编写图 6-7 所示零件型腔的精加工程序。

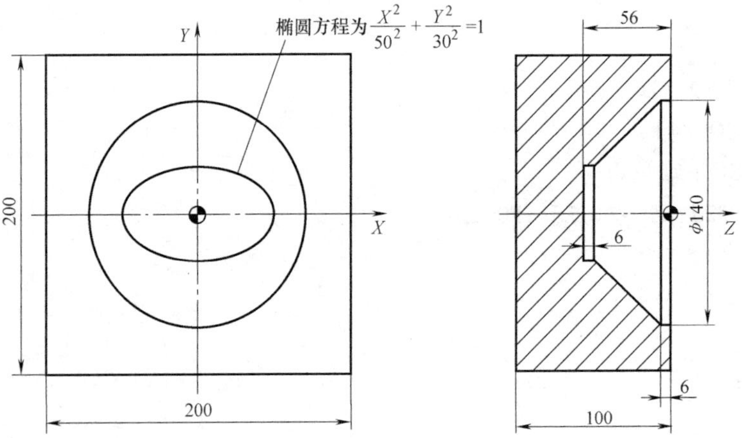

图 6-7　零件图

一、工艺分析

该零件型腔部分的上部是一个直径为 140mm、深度为 6mm 的圆柱形型腔，下部为一个长半轴为 50mm、短半轴为 30mm 且深度为 6mm 椭圆型腔，中间是呈线性的过渡部分，也是加工的关键部分。加工中间部分的关键是找出在 Z 向的每一个截面上椭圆的长、短轴。经过分析计算可知，中间部分在 Z 向每上升 1mm，椭圆的长半轴增加 20/44mm，短半轴增加 40/44mm。

椭圆的加工可以设角度为自变量，在［0°，360°］范围内变化，每一层高度上都完成一个完整的椭圆加工。

二、程序编制

参考程序如下：

O6014;

```
G21 G17 G40 G49 G80 G94;
G91 G28 Z0;
G28 X0 Y0;
T01 M06;
G90 G54 G00 G43 Z50 H01;
X0 Y0;
M13 S2000;
Z-53;
G01 Z-56 F120;
G65 P6011 A0 B50 D30;
G65 P6012 C50 I30 J-50 K0;
G91 G28 Z0;
M30;

O6011;
#100=#1;
#101=#2;
#102=#7;
WHILE[#100 LE 360] DO3;
#103=#101*COS[#100];
#104=#102*SIN[#100];
G90 G41 G01 X#103 Y#104 D01 F200;
#100=#100+0.5;
END3;
G40 G01 X0 Y0;
M99;

O6012;
#101=#3;
#102=#4;
#104=#5;
#111=20/44;
#112=40/44;
WHILE[#104LE-6]DO1;
G01 Z#104 F200;
#103=#104+50;
#105=#101+#103*#111;
#106=#102+#103*#112;
#100=#6;
```

```
WHILE[#100LE360] DO2;
#107=#105*COS[#100];
#108=#106*SIN[#100];
G90 G41 G01 X#107 Y#108 D01 F200;
#100=#100+0.5;
END2;
G40 G01 X0 Y0;
#104=#104+0.1;
END1;
M99;
```

企业点评

东方电机股份有限公司高级工程师吴伟

非圆曲线加工手工编程的关键是引入了变量，并利用了数学中的微积分原理。因此编制程序时主要是找到曲线的变化规律，并用数学公式正确描述，其次是要掌握变量（或宏程序）的编程方法和技巧。

思考题

6-1 何谓用户宏程序？使用用户宏程序有什么意义？

6-2 B类用户宏程序常用变量有哪些？各有什么特点？

6-3 试解释G65程序段的功能。

6-4 简述子程序调用和用户宏程序调用之间的区别。

6-5 编制图6-8所示零件的数控车削工艺及加工程序。

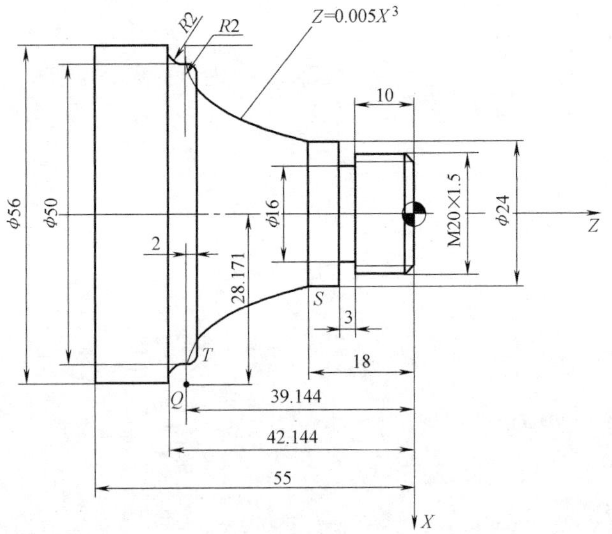

a)

图6-8 题6-5图

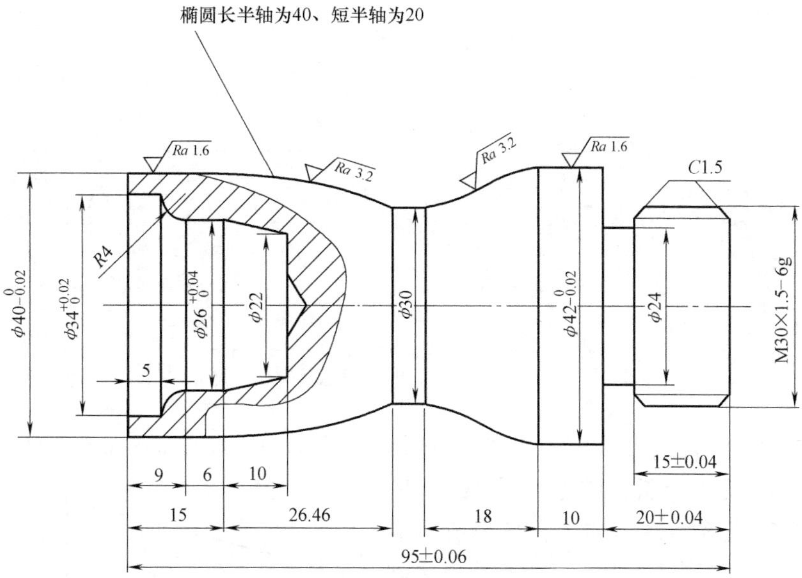
椭圆长半轴为40、短半轴为20
Ra 1.6
Ra 3.2
Ra 3.2
Ra 1.6
C1.5
R4
φ40-0.02
φ34+0.02
φ26+0.04
φ22
φ30
φ42-0.02
φ24
M30×1.5-6g
5
9
6
10
15
26.46
18
10
20±0.04
15±0.04
95±0.06

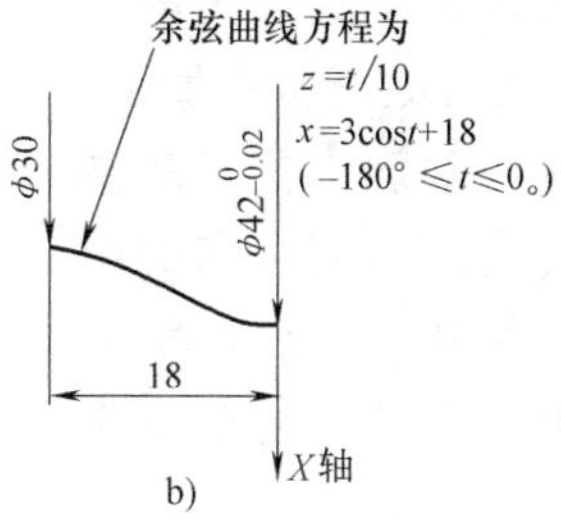
余弦曲线方程为
z=t/10
x=3cost+18
(-180°≤t≤0。)
φ30
φ42-0.02
18
X轴
b)

图 6-8　题 6-5 图（续）

第七章 7

数控电火花线切割加工工艺与编程

第一节 任务引入

加工图 7-1 所示零件，已知毛坯材料为 45 钢，毛坯尺寸为 120mm×100mm×10mm 的钢板。

通过对零件图的分析，结合给定的条件，可以发现，要完成该零件的加工，采用前几章介绍的加工方法有较大的难度，甚至无法达到加工要求。为了顺利完成加工，保证加工质量，可以采用一种有别于普通数控车、铣加工的特殊方法，这种方法就是数控电火花线切割加工。本章主要介绍数控电火花线切割加工技术的基础知识，重点介绍数控电火花线切割机床的结构、加工原理，线切割加工的特点，线切割装夹要求，线切割加工工艺指标以及线切割的编程方法等方面的知识。

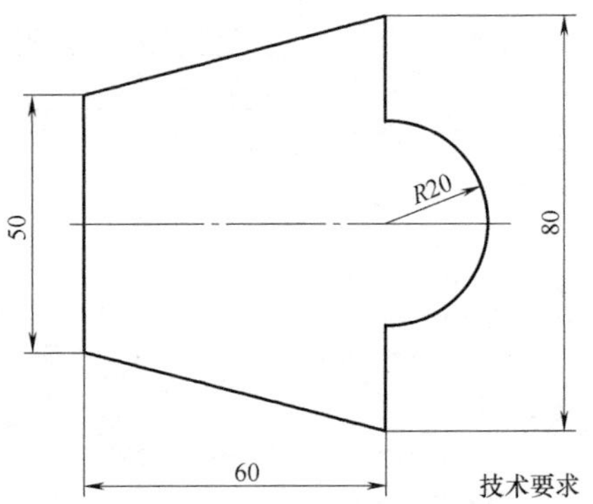

图 7-1 线切割加工零件图

第二节 相关知识

一、电火花线切割机床的组成与工作原理

1. 概述

20 世纪中期，苏联的拉扎林科夫妇在研究开关触点受火花放电腐蚀损坏的现象和原因时，发现电火花的瞬时高温可以使局部的金属熔化、氧化而被腐蚀掉，从而开创和发明了电火花加工方法，线切割放电机也于 1960 年发明于苏联。当时用投影器观看轮廓面，通过前后左右手动进给工作台面进行加工，加工速度虽慢，却可加工传统机械难以加工的微细形状。典型实例就是喷嘴的异形孔加工。当时使用的加工工作液是矿物质性油（灯油），绝缘性好，极间距离小，加工速度低于现在的机械，实用性受限。后来随着数控技术的发展，将之数控化，在脱离子水（接近蒸馏水）中加工的机种首先由瑞士放电加工机械制造厂在 1969 年巴黎工作母机展览会中展出，它改进了加工速度，确立了线切割加工的地位。

电火花线切割加工（Wire cut Electrical Discharge Machining，WEDM），有时又称线切割。其基本工作原理是利用连续移动的细金属丝（称为电极丝）作为电极，对工件进行脉冲火花放电蚀除金属、切割成形。它主要用于加工各种形状复杂和精密细小的工件，例如冲模的凸模、凹模、凸凹模、固定板、卸料板等，成形刀具、样板、电火花成形加工用的金属电极，各种微细孔槽、窄缝、任意曲线等，具有加工余量小、加工精度高、生产周期短、制造成本低等突出优点，已在生产中获得广泛的应用。目前国内外的电火花线切割机床已占电加工机床总数的 60%以上。

根据电极丝的运行速度不同，电火花线切割机床通常分为两类：一类是高速走丝电火花线切割机床（WEDM-HS），是我国生产和使用的主要机种，也是我国独创的电火花线切割加工模式，其电极丝做高速往复运动，一般走丝速度为 8～10m/s，电极丝可重复使用，加工速度较高，但高速走丝容易造成电极丝抖动和反向时停顿，使加工质量下降；另一类是低速走丝电火花线切割机床（WEDM-LS），是国外生产和使用的主要机种，其电极丝做低速单向运动，一般走丝速度低于 0.2m/s，电极丝放电后不再使用，工作平稳、均匀、抖动小、加工质量较好，但加工速度较低。

2. 数控电火花线切割的加工原理

电火花线切割加工的基本原理是利用移动的细小金属导线（铜丝或钼丝）作为电极，对工件进行脉冲火花放电，通过计算机进给控制系统，配合一定浓度的水基乳化液进行冷却排屑，就可以对工件进行成形加工。

电火花线切割加工时，在电极丝和工件上加高频脉冲电源，使电极丝和工件之间脉冲放电，产生高温使金属熔化或汽化，从而得到需要的工件。

如图 7-2 所示，工件接脉冲电源的正极，电极丝接负极。加上高频脉冲电源后，在工件与电极丝之间产生很强的脉冲电场，使其间的介质被电离击穿，产生脉冲放电。由于放电的时间很短（10^{-6}～10^{-5}s），放电间隙小（0.01mm 左右），且发生在放电区的小点上，能量高度集中，放电区温度高达 10000～12000℃，使工件上的金属材料熔化，甚至汽化。由于熔化或汽化都是在瞬间进行的，具有爆炸的性质（火花）。在爆炸力的作用下，将熔化的金属材料抛出，或被液体介质冲走。工作台相对电极丝按预定的要求运动，就可以加工出要求形状的工件。所以，数控电火花加工过程中至少包含以下三个条件：

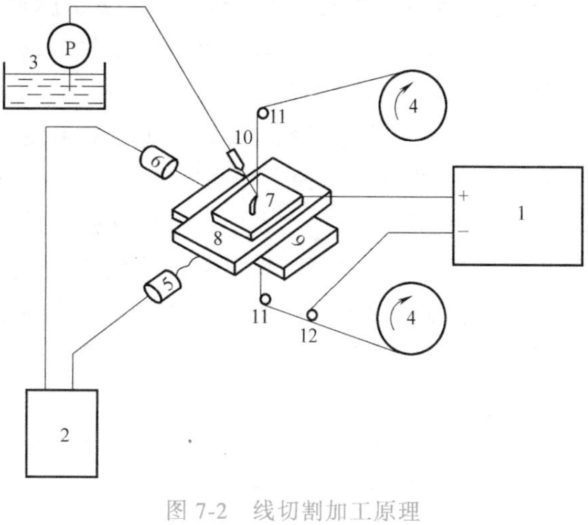

图 7-2　线切割加工原理

1—脉冲电源　2—控制装置　3—工作液箱　4—走丝机构
5、6—步进电动机　7—工件　8、9—纵横向拖板
10—喷嘴　11—电极丝导向器　12—电源进电柱

1）必须在工件与工具之间加上脉冲电源。

2）工具电极做轴向运动。

3）工件相对工具电极做进给运动。

电火花线切割加工中，电极丝同样要受到电腐蚀作用，为了获得较好的表面质量和高的尺寸精度，电极丝受到的电腐蚀应尽可能小。由电腐蚀作用原理可知：电极丝接脉冲电源的负极，工件接正极，这样电极丝受到的电腐蚀最小；同时电极丝必须做轴向移动，以避免电

极丝局部过度腐蚀；还需向放电间隙注入大量的液体工作介质，以使电极丝得到充分冷却。另外，两个电脉冲之间必须有足够的间隔时间，以确保电极丝和工件之间的脉冲放电是火花放电而不是电弧放电。

3. 数控电火花加工的基本条件

实现电火花加工，应具备如下条件：

1）工具电极和工件电极之间必须保持合理的距离。在该距离范围内，既可以满足脉冲电压不断击穿介质，产生火花放电，又可以适应在火花通道熄灭后介质消电离以及排出蚀除产物的要求。若两电极间距离过大，则脉冲电压不能击穿介质、不能产生火花放电；若两电极短路，则在两电极间没有脉冲能量消耗，也不可能实现电腐蚀加工。

2）两电极之间必须充入介质。在进行电火花加工时，两极间为液体介质（专用工作液或工业煤油）；在进行材料电火花表面强化时，两极间为气体介质。

3）两电极间的脉冲能量密度应足够大。在火花通道形成后，脉冲电压变化不大，因此，通道的电流密度可以表示通道的能量密度。能量密度只有足够大，才可以使被加工材料局部熔化或汽化，从而在被加工材料表面形成一个腐蚀痕（凹坑），实现电火花加工。放电通道只有具有足够大的峰值电流，通道才可以在脉冲期间得到维持。

4）放电必须是短时间的脉冲放电。由于放电时间短，使放电时产生的热能来不及在被加工材料内部扩散，从而把能量作用局限在很小的范围内。

5）脉冲放电需重复多次进行，并且多次脉冲放电在时间上和空间上是分散的。这里包含两个方面的意义：其一，时间上相邻的两个脉冲不在同一点上形成通道；其二，若在一定时间范围内脉冲放电集中发生在某一区域，则在另一段时间内，脉冲放电应转移到另一区域。只有如此，才能避免积炭现象，进而避免发生电弧和局部烧伤。

6）脉冲放电后的电蚀产物必须及时排放至放电间隙之外，使重复性放电顺利进行。

在电火花加工的生产实际中，上述过程通过两个途径完成。一方面，火花放电以及电腐蚀过程本身具备将蚀除产物排离的固有特性，蚀除物以外的其余放电产物（如介质的汽化物）也可以促进上述过程；另一方面，还必须利用一些人为的辅助工艺措施，例如工作液的循环过滤，加工中采用的冲、抽油措施等。

4. 数控电火花加工机床的组成及作用

要实现电火花加工过程，机床必须具备三个要素，即脉冲电源，机械部分和自动控制系统，以及工作液过滤与循环系统。

（1）脉冲电源　加在放电间隙上的电压必须是脉冲的，否则放电将成为连续的电弧。所谓脉冲电源，实际就是一种电气线路或装置，它们能输出具有足够能量的脉冲电流。

（2）机械部分和自动控制系统　其作用是维持工具电极和工件之间有一适当的放电间隙，并能在线调整。

（3）工作液过滤与循环系统　工作液的作用是使能量集中，强化加工过程，带走放电时所产生的热量和电蚀产物。工作液过滤与循环系统包括工作液的储存冷却、循环及其调节与保护、过滤以及利用工作液强迫循环系统。

上述三要素，有时也称为电火花加工机床的三大件，它们组成了电火花加工机床这一统一体，以满足加工工艺的要求。

二、电火花加工的极性效应

在电火花加工过程中，无论是正极还是负极，都会不同程度地被电蚀。即使是相同的材料，正、负极的电蚀量也是不同的（如果两极材料不同，则差异更大）。这种纯粹因正、负极性不同而彼此电蚀量不同的现象叫极性效应。一般把工件接脉冲电源正极的加工方式叫“正极性”加工，而把工件接脉冲电源负极的加工方式叫“负极性”加工。

产生极性效应的根本原因在于：在加工时正极和负极表面分别受到电子和离子的轰击，同时受到瞬时高温热源的作用，通常认为放电时，电子奔向正极，由于电子质量小，加速度大，容易获得较高的运动速度；而正离子质量大，加速度小，短时间不易获得较高速度。所以当放电时间较短时，如小于30μs，电子传递给正极的能量大于正离子传递给阴极的能量，使正极蚀除量大于负极蚀除量，此时工件应接正极，工具电极应接负极，称为“正极性加工”或“正极性接法”。反之，当放电时间足够长时，如大于300μs，正离子被加速到较高的速度，加上它的质量大，轰击负极时的动能也大，使负极蚀除量大于正极蚀除量，此时工件应接负极，工具应接正极，称为“负极性加工”或“负极性接法”。这是因为随着脉冲宽度即放电时间的加长，质量和惯性较大的正离子也逐渐获得了加速，陆续地冲击负极表面，因此，它对负极的冲击破坏作用要比电子对正极的冲击破坏作用大。

当采用长脉冲（即放电持续时间较长）加工时，负极性加工的切割速度较高，电极丝的损耗较少，适合于零件的粗加工；当采用短脉冲（即放电持续时间较短）加工时，正极性加工的加工精度较高，适合于零件的精加工。

三、数控电火花线切割机床的加工特点

与传统的金属切削加工相比，数控电火花加工具有以下加工特点：

1）采用电火花加工零件。由于火花放电的电流密度很大，产生的高温足以熔化和汽化任何导电材料。因此，数控电火花加工可以加工任何硬、脆、软、黏或高熔点金属材料，包括热处理后的钢制零件。而利用电火花对零件加工成形后，可不受热处理后变形的影响，从而提高了零件的加工精度。

2）电火花加工由于不是靠刀具的机械方法去除材料的，加工时几乎无机械力作用，也无任何因素限制，因此可以用来加工小孔、窄槽及各种复杂形状的型孔、型腔以及利用一般加工方法难以加工的零件，为零件加工提供了方便性。

3）电脉冲参数可以任意调节，故在同一台机床上可对零件进行粗加工、半精加工、精加工及连续加工，从而提高了工作效率。

4）电火花加工直接用电能加工，便于实现生产中的自动控制及加工自动化。

5）电火花加工由于能加工硬质合金零件，为制造硬质合金零件、延长零件的使用寿命及提高零件的耐用度创造了方便条件。

6）采用电火花加工零件，操作方便，加工后的零件精度高，表面粗糙度 Ra 值可达1.25μm。因此，利用电火花加工后的零件，经钳工稍加修整后即可以装配使用。

7）由于采用移动的长电极丝进行加工，使单位长度电极丝的损耗较少，从而对加工精度的影响比较小，特别是在低速走丝切割加工时，电极丝为一次性使用，电极丝损耗对加工精度的影响更小。

8）采用数控电火花线切割加工冲模时，可以实现凸、凹模一次加工成形。

数控电火花线切割加工有许多优点，因而在国内外发展都较快，被广泛应用于模具加

工、电火花成形加工用的电极加工、新产品试制等方面。

四、数控电火花线切割的工件装夹

1. 工件的装夹要求

1）工件的基准面应清洁无毛刺，经过热处理的工件应清除热处理的残留物和氧化皮。

2）夹具精度要高。工件至少用两个侧面固定在夹具或工作台上，如图 7-3 所示。

3）装夹工件的位置要有利于工件的找正，并能满足加工行程的需要。工作台移动时，不得与丝架相碰。

4）装夹工件的作用力要均匀，不得使工件变形或翘起。

5）批量加工零件时，最好采用专用夹具，以提高效率。

6）细小、精密、壁薄的工件应固定在辅助工作台或不易变形的辅助夹具上，如图 7-4 所示。

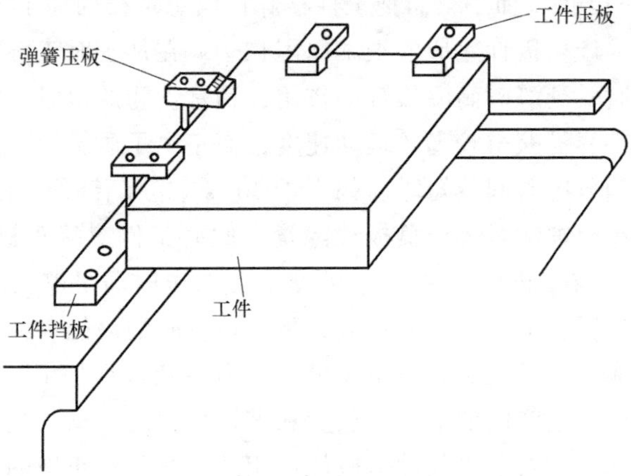

图 7-3　工件的装夹

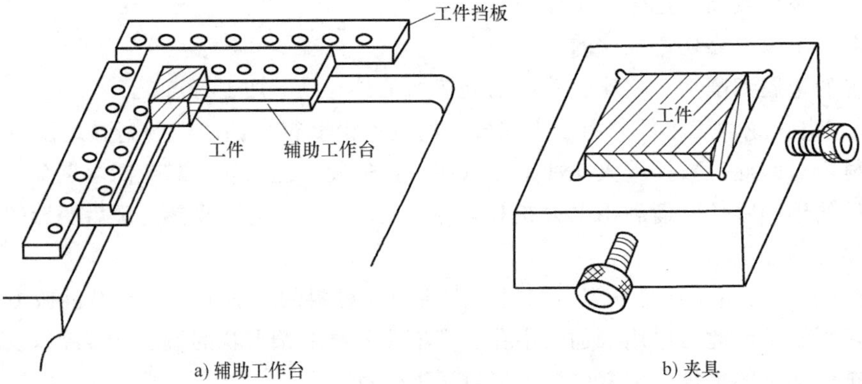

图 7-4　辅助工作台和夹具

2. 工件的装夹方式

（1）悬臂支撑方式　如图 7-5 所示，悬臂支撑方式通用性强，装夹方便，但工件平面难与工作台面找平，工件受力时位置易变化，因此只在工件加工要求低或悬臂部分小的情况下使用。

（2）两端支撑方式　两端支撑方式是将工件两端固定在夹具上，如图 7-6 所示。这种方式装夹方便，支撑稳定，定位精度高，但不适于小工件的装夹。

（3）桥式支撑方式　桥式支撑方式是在两端支撑的夹具上，再架上两块支撑垫铁，如图 7-7 所示。此方式通用性强，装夹方便，大、中、小型工件都适用。

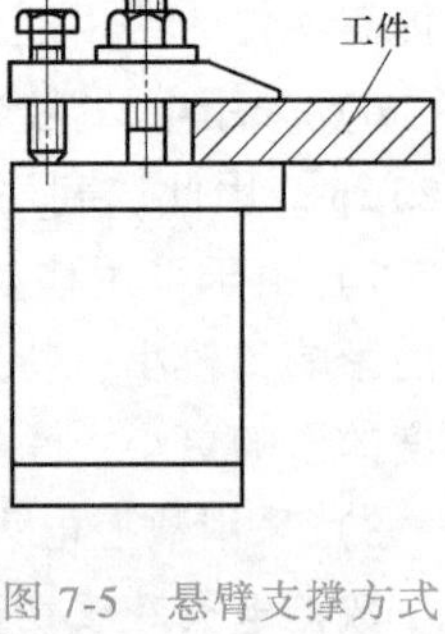

图 7-5　悬臂支撑方式

（4）板式支撑方式　板式支撑方式是根据常规工件的形状，制成具有矩形或圆形孔的支撑板夹具，如图 7-8 所示。此方式装夹精度高，适用于常规与批量生产，同时也可增加纵、横方向的定位基准。

（5）复式支撑方式 在通用夹具上装夹专用夹具，便成为复式支撑方式，如图 7-9 所示。此方式对于批量加工尤为方便，可大大缩短装夹和找正时间，提高效率。

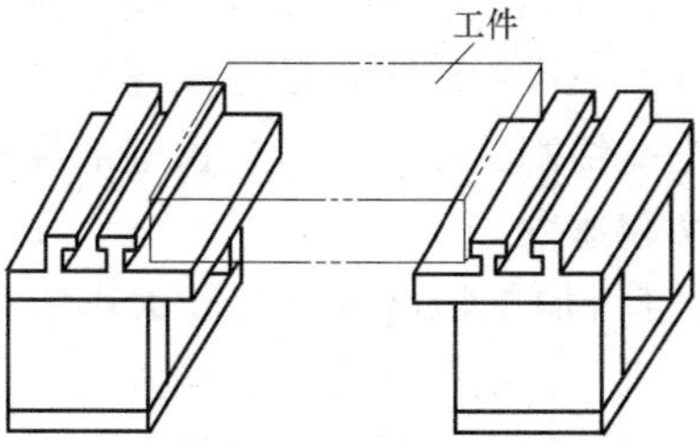

图 7-6 两端支撑方式

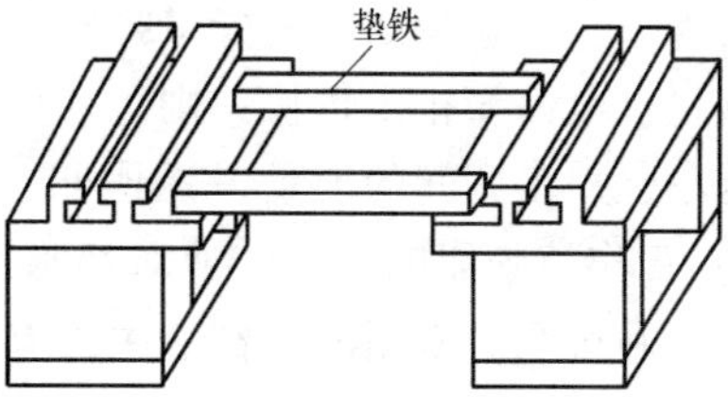

图 7-7 桥式支撑方式

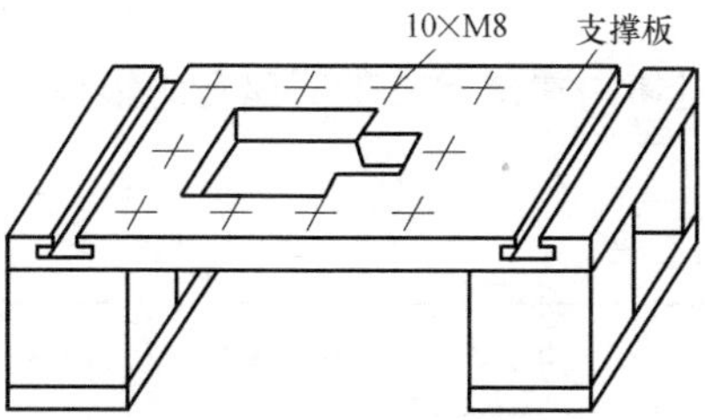

图 7-8 板式支撑方式

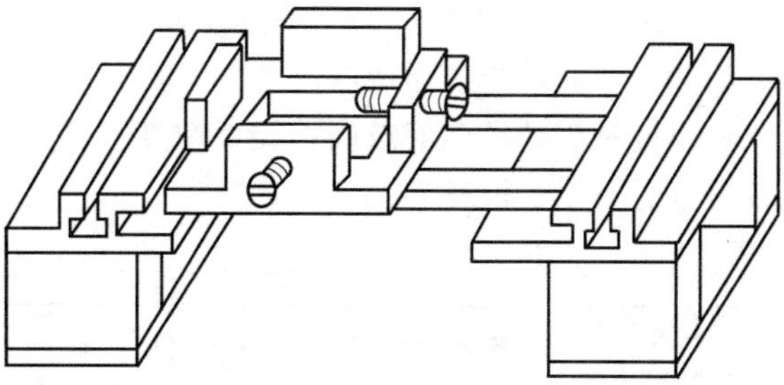

图 7-9 复式支撑方式

五、数控电火花线切割加工的主要工艺问题

1. 数控电火花线切割加工的主要工艺指标

（1）切割速度 v_{wi} 在保持一定表面粗糙度的切割加工过程中，单位时间内电极丝中心线在工件上切过的面积总和称为切割速度，单位为 mm^2/min。切割速度是反映加工效率的一项重要指标，数值上等于电极丝中心线沿图形加工轨迹的进给速度乘以工件厚度。

（2）加工精度 线切割加工后，工件的尺寸精度、几何精度（如直线度、平面度、圆度、平行度、垂直度、倾斜度等）称为加工精度。

（3）表面粗糙度 线切割加工中的工件表面粗糙度通常用轮廓算术平均偏差 *Ra* 值表示。

（4）电极丝损耗量 对高速走丝线切割加工，在切割 $10000mm^2$ 面积后电极丝直径的减少量应小于 0. 01mm。

2. 影响工艺指标的主要因素

（1）影响切割速度的主要因素 切割速度是反映加工效率的重要指标。影响切割速度的因素有很多，主要有极性效应、脉冲电源、线电极、工作液、工件等。

1）极性效应的影响。当采用长脉冲（即放电持续时间较长）加工时，负极性加工的切割速度较高，电极丝的损耗较少，适合于零件的粗加工；当采用短脉冲（即放电持续时间较短）加工时，正极性加工的加工精度较高，适合于零件的精加工。

2）脉冲电源的影响。线切割加工一般都采用晶体管高频脉冲电源，用单个脉冲能量小、脉宽窄、频率高的脉冲参数进行正极性加工。加工时，可改变的脉冲参数主要有电流峰值、脉冲宽度、脉冲间隔、空载电压、放电电流。要求获得较小的表面粗糙度值时，所选用的电参数要小；若要求获得较高的切割速度，脉冲参数要选大一些，但加工电流的增大受排屑条件及电极丝截面面积的限制，过大的电流易引起断丝。

3）线电极的影响。线电极直径越大，允许通过的电流越大，这时其切割速度也越高，对加工厚工件特别有利；线电极的张紧力越大，加工区域可能产生的振动幅值越小，不易产生短路现象，可减少放电的能量损耗，有利于切割速度的提高；线电极的走丝速度快，线电极冷却快，电蚀物排出也快，则可加大切割电流，以提高切割速度；线电极供电部位的接触电阻越小，加工区间的能量损耗越小，越有利于提高切割速度。

4）工作液的影响。工作液对切割速度、表面粗糙度、加工精度等都有较大影响，加工时必须正确选配。常用的工作液主要有乳化液和去离子水。目前低速走丝线切割加工普遍使用去离子水。为了提高切割速度，在加工时还要加入有利于提高切割速度的导电液，以增加工作液的电阻率。加工淬火钢，应使电阻率在 $2\times10^4\Omega\cdot cm$ 左右；加工硬质合金，使电阻率在 $30\times10^4\Omega\cdot cm$ 左右；对于高速走丝线切割加工，目前最常用的是乳化液。乳化液是由乳化油和工作介质配制而成的。

不同种类的乳化液或同种类而浓度不同的乳化液对切割速度都有不同程度的影响，其比较分别见表 7-1 和表 7-2。

表 7-1　乳化液浓度对切割速度的影响

乳化液浓度（体积分数）	脉冲宽度/μs	脉冲间隔/μs	空载电压/V	放电电流/A	切割速度/(mm²/min)
10%	40	100	87	1.6~1.7	41
	20	100	85	2.1~2.3	44
18%	40	100	87	1.6~1.7	36
	20	200	85	2.1~2.3	37.5

表 7-2　乳化液种类对切割速度的影响

乳化液种类	脉冲宽度/μs	脉冲间隔/μs	空载电压/V	放电电流/A	切割速度/(mm²/min)
Ⅰ	40	100	88	1.7~1.9	37.5
	20	100	86	2.3~2.5	39
Ⅱ	40	100	87	1.6~1.8	32
	20	100	85	2.3~2.5	36
Ⅲ	40	100	87	1.6~1.8	49
	20	100	85	2.3~2.5	51

工作液的注入方式和注入方向对线切割的加工精度有较大的影响。工作液的注入方式有浸泡式、喷入式、浸泡喷入复合式。在浸泡式注入方式中，线切割加工区域流动性差，加工不稳定，放电间隙大小不均匀，很难达到理想的加工精度。喷入式注入方式是目前国产线切割机床最常采用的一种方式，因为工作液被强制注入工作区域，工作液在加工间隙中流动较快，加工较稳定，但是喷入工作液时难免带入一些空气，常会发生气体介质放电，其蚀除特性与工作液介质放电不同，从而影响加工精度。相比之下，喷入式注入方式的优点较明显，故目前国产线切割机床中应用喷入式要广泛些。在精密电火花线切割加工中，低速走丝线切

割机床常采用浸泡喷入复合式工作液注入方式，它既体现了喷入式的优点，又避免了喷入式带入空气的隐患。

工作液的喷入方向有单向喷入和双向喷入两种。无论哪一种喷入方式，在线切割加工中，因为切缝狭小，放电区域介质液体的介电系数不均匀，所以放电间隙也并不均匀，导致加工面不平、精度不高。若采用单向喷入方式，入口工作液比较纯净，出口工作液杂质较多，这样会造成加工斜度，如图 7-10a 所示；若采用双向喷入方式，则上、下口工作液比较纯净，中间工作液杂质较多，放电系数低，这样会造成鼓形切割面，如图 7-10b 所示，且工件厚度越大，这种现象越明显。

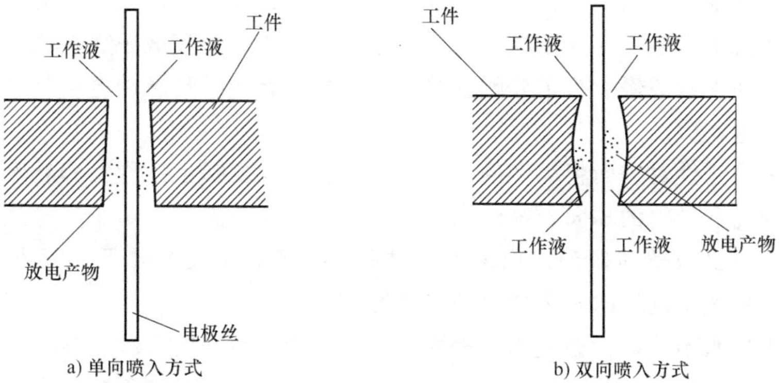

图 7-10 工作液喷入方式对线切割加工质量的影响

5）工件的影响。不同材质的工件，因其电导率、电蚀物的附着（或排除）程度及加工间隙的绝缘程度不同，对切割速度的影响程度也不同。例如，在同等加工条件下，铝合金件的切割速度是硬质合金件切割速度的 10 倍，是铜的 6 倍，是石墨的 7 倍左右，而磁钢及锡材件的切割速度则最低。

工件的厚度是直接影响切割速度的重要因素。一般来讲，工件厚度越大，加工的表面面积增大，熔蚀量大，耗能多，切割速度也就越慢。

工件经锻造后，如含有电导率极小的“夹灰”等异物，将大大降低其切割速度，严重时还会导致无法“切割”。

经磨削（如平磨）后的钢质工件，因有剩磁，加工中的电蚀屑可能吸附在割缝中，不易清除，产生无规律的短路现象，也会大大降低其切割速度。

（2）影响切割精度的主要因素　数控线切割的切割精度主要受机械传动精度的影响，但线电极的直径、放电间隙大小、工作液喷流量大小和喷流角度等也会影响加工精度。

1）割缝是影响工件尺寸的重要因素。除了线电极的直径在理论上为定值，并排除编程计算因素外，割缝大小及其变化将受到脉冲电源的多项电参数、切割速度、工作液的电阻率和工件厚度等的综合影响，在加工中应尽量控制割缝尺寸，使其趋于稳定不变。

2）线电极的振动是影响加工表面平直度和垂直度的主要因素。线电极的振动与线电极的张紧力、导轮导向槽或导轮轴承的磨损有着密切的联系。在低速走丝线切割加工中，由于电极丝张力均匀，振动较少，因此加工稳定性、表面粗糙度、精度指标等均较好；走丝速度过高，将使电极丝的振动加大，会降低精度，使表面粗糙度值增大，且易造成断丝。

3）工件厚度及材料的影响。工件薄，工作液容易进入并充满放电间隙，对排屑和消电离有利，加工稳定性好；但工件太薄，金属丝易产生抖动，对加工精度和质量不利。工件厚，工作液难以进入和充满放电间隙，加工稳定性差，但电极丝不易抖动，因此精度较好，表面粗糙度值小。

工件材料不同，其熔点、汽化点、热导率等都不一样，因而加工效果也不同。例如采用乳化液加工铜、铝、淬火钢时，加工过程稳定，切割速度快；加工不锈钢、磁钢、未淬火高碳钢时，稳定性较差，切割速度较慢，表面质量较差；加工硬质合金时，比较稳定，切割速度较慢，表面粗糙度值较小。

（3）影响表面粗糙度的主要因素　表面粗糙度主要取决于脉冲电源的电参数、加工过程的稳定性及工作液的脏污程度，此外，线电极的走丝速度对表面粗糙度的影响也很大。

脉冲放电的总能量少，则表面粗糙度值就小。这就要求适当减小放电峰值电流和脉冲宽度，但这样切割速度会减慢。为了兼顾这些工艺指标，就应提高脉冲电源的重复频率，增加单位时间内的放电次数。

加工过程的稳定性对表面粗糙度的影响也很大，为此要保证贮丝筒和导轮的制造和安装精度，控制贮丝筒和导轮的轴向及径向圆跳动，导轮转动要灵活，防止导轮跳动和摆动，这样有利于减少工具电极丝的振动，稳定加工过程。必要时可适当降低工具电极丝的走丝速度，增加工具电极丝正反换向及走丝时的平稳性。

工作液上下冲水不均匀，会使加工表面产生上下凹凸相间的条纹，精度变差，表面粗糙度值增大。适当减小其流量和压力，还可减小线电极的振动，有利于减小表面粗糙度值。

（4）工件内部残余应力对加工的影响　对热处理后的坯件进行电火花线切割加工时，由于进行大面积去除金属和切断加工，会使工件内部残余应力的相对平衡状态受到破坏，从而产生很大的变形，破坏了零件的加工精度，甚至在切割过程中工件会突然开裂。减少变形和开裂的措施主要如下：

1）改善热处理工艺，减少内部残余应力或使应力均匀分布。

2）采用多次切割的方法。

3）选择合理的切割路线（图 7-11）和切割进刀点。

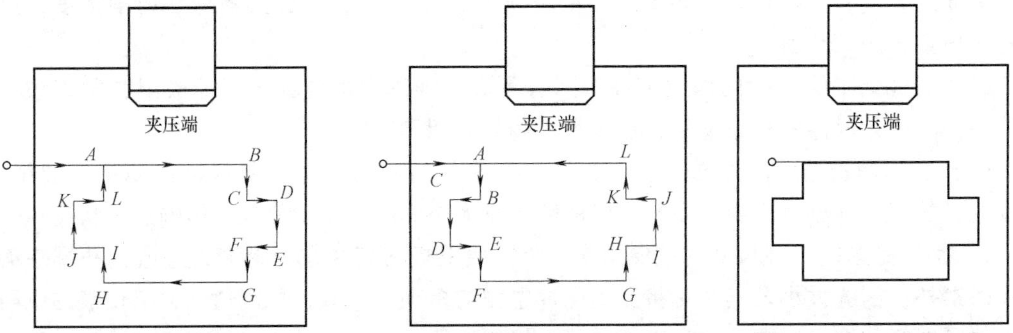

a) 错误的切割路线　b) 正确的切割路线　c) 高精度的切割路线

图 7-11　切割路线的确定

在切割路线的安排上，图 7-11a 所示的切割路线是错误的，按此加工，切割完前几段线后，继续加工时，由于原来主要连接的部位被割离，余下的材料与夹持部分连接较少，工件刚度大为降低，容易产生变形，从而影响加工精度。若按图 7-11b 所示的切割路线加工，可减少由于材料割离后残余应力重新分布而引起的变形，所以一般情况下最好将工件与其夹持部分分割的线段安排在切割总程序的末端。对精度要求较高的零件，最好采用图 7-11c 所示的方案，电极丝不是由坯料的外部切入，而是将切割起点取在坯件上预制的穿丝孔中。

4）减少切割体积，在热处理之前把部分材料切除或预钻孔，使热处理变形均匀。

3. 提高线切割加工质量的途径

影响线切割加工质量的因素是多方面的，有机床主体（机械及伺服驱动等）方面的，有电参数及其工艺参数选择方面的，也有工艺方法方面的，其他还有如工件（材料、制坯、热处理）、线电极和工作液等诸多方面，所以说，提高线切割加工质量是一个“系统工程”，其中较多影响因素在前面已经做过分析。另外，还可以从以下几个方面来提高线切割的加工质量。

（1）减小线电极振动　减小线电极振动的措施有：经常检查和调整线电极张紧机构的张力，对手工绕线的高速走丝装置，则应注意在绕线过程中凭手感控制张力进行紧线工作；注意检查导轮支撑轴承和导轮上的导向槽根部圆弧是否磨损，若已磨损应及时更换；加工时，工作液应将线电极圆周均匀包围，发现工作液喷洒歪斜时，应及时进行检查、调整或更换破损的喷头；加工薄片状工件时，可将多片坯件重叠在一起压紧后加工。为防止薄片未压紧部分受弹性影响而出现凸凹空间，并产生新的振动，有时还须采取多点压紧或多点铆接压紧处理后再加工，工件由薄变“厚”后，有利于减小线电极的振幅。

（2）多次切割　由于线切割加工的特殊性，工件切割后的变形不可避免，加之受工件材料及热处理等因素影响，有时对较大轮廓，即使从工艺孔开始进行封闭式切割，但仍可能出现芯部（凸模或废芯）被其外框变形收缩而卡死的现象。即使切割变形量不太大，但仍将影响工件的加工质量，甚至造成工件报废。采用多次切割加工工艺，则是提高其加工精度和整体质量的有效措施。多次切割的优点如下：

1）节省加工时间，提高加工精度。一次切割要满足不变形或极小变形，必须采用非常精细的加工规准，切割速度必然大幅度降低，加工时间可能大大超过多次切割。多次切割工艺是先用高速进行粗切割，然后采用中速进行精割，总加工时间可大大缩短。精割时，因变形的影响已大大减弱，加工精度也得到保证和提高，一般能使尺寸精度达到±0.005mm，凸尖圆角小于 0.005mm，表面粗糙度 Ra 值小于 0.63μm 。

2）利于修整拐角塌角。多次切割使其能量逐步减小，拐角的塌角经多次修整而得到较好的控制。

3）可去除加工表面的切割变质层和显微裂纹。因线切割过程受火花放电的影响，工件材料急剧加热、熔化，又急剧冷却，导致加工表面层的金相组织发生明显变化，会出现不连续、不均匀的变质层和显微裂纹。工件在使用中，变质层会很快磨损，显微裂纹也会扩散和增大，以致大大降低工件（特别是模具）的使用寿命。而多次切割因能量逐步减小，所以这些不利方面也可得到较大的改善。

（3）消除凸尖和避免凹坑的方法　在线切割中，工件加工表面上常常会出现一条高出或低于该表面的明显线痕，外凸形的称为凸尖，内凹形的称为凹坑。这是因为受线电极圆弧和火花间隙的影响，使线电极在加工轮廓面的交接处而发生的现象。在高速走丝时，用细电极加工的凸尖很小，而在低速走丝时，用粗电极加工的凸尖则比较严重。在加工实践中，常采用以下方法进行处理：

1）在确定切割路线时，应尽量安排其交接处位于轮廓的拐角（或其他轮廓线交点位置）处，并避免在平面中间或圆滑过渡轮廓（如相切位置）上设置交接点。这样，即使加工后出现凸尖，也便于采用多次切割工艺或其他一些加工方法去除。

2）因内表面工件在拐角处产生凹坑现象不十分明显，故一般不需另做处理。而对于无拐角轮廓（如全部轮廓线均相切或为整圆孔）工件，当凹坑严重时会造成报废损失。其处理方法除了仍可采用多次切割工艺外，对于切割变形可控制到很小的内表面无拐角工件（如椭圆孔凹模），还可采取预留凸尖（图 7-12）的方法，将圆滑表面上可能产生的凹坑转嫁到预留的凸尖上。

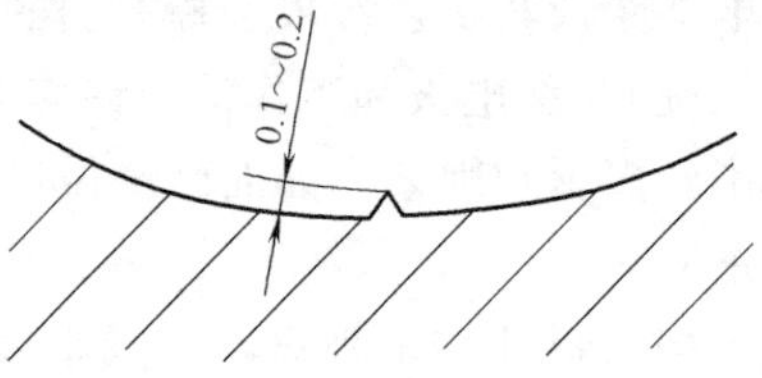

图 7-12　预留凸尖

预留凸尖的位置安排在不重要表面或曲率半径较大的表面上，以便于后期用其他方法予以去除，也可采用多次修整式切割法去除。

（4）完工件损伤的预防　完工件是指切割完毕后得到的内表面零件和外表面零件。加工过程稍有疏忽或不慎，都可能在加工轮廓的交接处造成损伤，甚至报废工件。

当割缝较宽而工件又不太厚时，在轮廓切割完毕后，工件（如凸模）或废芯（针对凹模件）会自行掉落，由于工件或废芯上各处的重力不均匀，一般很难保证垂直下落，若在该瞬间发生歪斜，就会使交接处因意外电蚀而损伤。其常用的预防方法如下：

1）在轮廓切割快要结束的适当位置，及时在坯件下放入一备用的等高辅助工作台托住工件或废芯，待线电极返回工艺孔或停机后再取出。

2）避免在最后一条轮廓加工结束就立即切断高频电源（可在加工结束的程序段末尾，增加一个停机代码）。待工件或废芯取出后，再返回工艺孔，也能保证工件不受损伤。

六、数控电火花线切割加工编程方法

数控电火花线切割机的编程格式主要有两类：3B 格式（或 4B 格式）、ISO 代码格式。3B、4B 格式是较早的线切割数控系统的编程格式，随着信息技术的发展，将会逐步被淘汰，而 ISO 代码格式是国际标准代码格式，正逐步成为数控电火花线切割机编程的主流格式。但由于 3B 代码格式目前仍然应用比较广泛，目前生产的数控电火花线切割机一般都能够接受这两种格式的程序。

3B 格式一般只能用于高速走丝线切割，其功能少，兼容性差，常采用相对坐标系编程，不具备间隙补偿功能，但其针对性强，通俗易懂。

下面就 3B 格式做些介绍。

3B 程序格式见表 7-3。表中的 B 叫分隔符，它在程序单上起着把 X、Y 和 J 数值分隔开的作用。当程序输入控制器时，读入第一个 B 后的数值表示 X 坐标值；读入第二个 B 后的数值表示 Y 坐标值，读入第三个 B 后的数值表示计数长度 J 的值。

表 7-3　3B 程序格式

B	X	B	Y	B	J	Z
分隔符	X 坐标值	分隔符	Y 坐标值	分隔符	计数长度	加工指令

1. X、Y 坐标值的确定

加工圆弧时，程序中的 X、Y 是圆弧起点对其圆心的坐标值。加工斜线时，程序中的 X、Y 是该斜线段终点对其起点的坐标值，斜线段程序中的 X、Y 值允许把它们同时缩小相同的倍数，只要其比值保持不变即可，因为 X、Y 值只用来确定斜线的斜率（但 J 值不能缩小）。对于与坐标轴重合的线段，其程序中的 X 或 Y 值均可不必写出或全写为 0。X、Y 坐标值只取其数值，不管正负。X、Y 坐标值都以 μm 为单位，1μm 以下按四舍五入计。

2. 计数方向 G 的确定

对所要加工的圆弧或线段长度的要求，线切割机床是通过控制从起点到终点某坐标轴进给的总长度来达到的。因此在控制系统中设置了一个计数器 J 进行计数。即将加工该线段的某坐标轴进给总长度 J 数值，预先置入 J 计数器中。加工时计数长度的坐标每进给一步，J 计数器就减 1，这样当 J 计数器减到零时，则表示该圆弧或直线段已加工到终点。

加工斜线段时，用进给距离比较长的一个方向作为进给长度控制。若线段的终点为 $A(X, Y)$，当 $|Y|>|X|$ 时，计数方向取 GY；当 $|Y|<|X|$ 时，计数方向取 GX。在确定计数方向时，可以 45°线为分界线，当斜线在阴影区内时，取 GY；反之取 GX。若斜线正好在 45°线上时，可任意选取 GX，GY。斜线段计数方向的选择如图 7-13 所示。

加工圆弧计数方向的选取，应视圆弧终点的情况而定。从理论上来分析，应该是当加工圆弧达到终点时，走最后一步的是哪个坐标，就选哪个坐标作为计数方向。这很麻烦，因此以 45°线为界（图 7-14），若圆弧终点坐标为 $B(X, Y)$，当 $|X|<|Y|$ 时，即终点在阴影区内，计数方向取 GX；当 $|X|>|Y|$ 时，计数方向取 GY；当终点在 45°线上时，可任意选取 GX、GY。

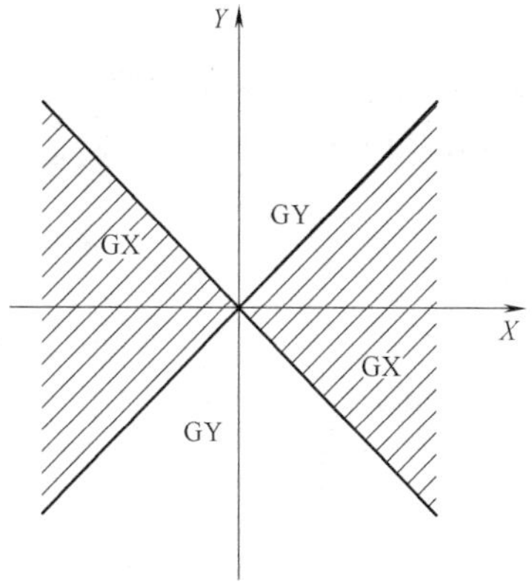

图 7-13　斜线段计数方向的选择

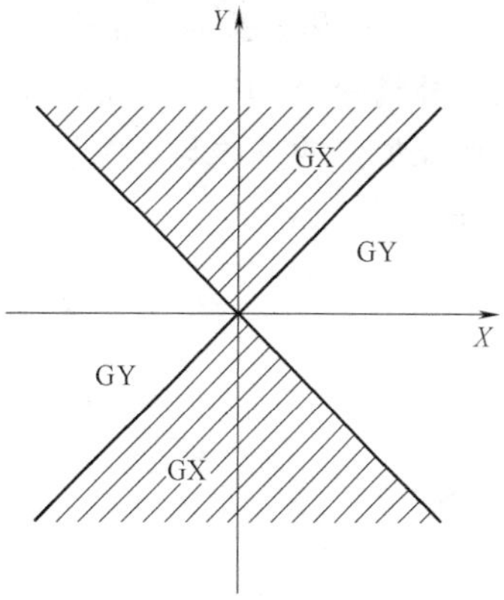

图 7-14　圆弧计数方向的选择

3. 计数长度 J 的确定

当计数方向确定后，计数长度 J 应取计数方向从起点到终点过程中移动的总距离，即圆弧或直线段在计数方向坐标轴上投影长度的总和。

对于斜线，如图 7-15a 所示，取 $J=X$；如图 7-15b 所示，取 $J=Y$ 即可。

对于圆弧，它可能跨越几个象限，如图 7-16 所示，圆弧都是从点 A 加工到点 B，图 7-16a 为 GX，$J=J_{X1}+J_{X2}$；图 7-16b 为 GY，$J=J_{Y1}+J_{Y2}+J_{Y3}$。

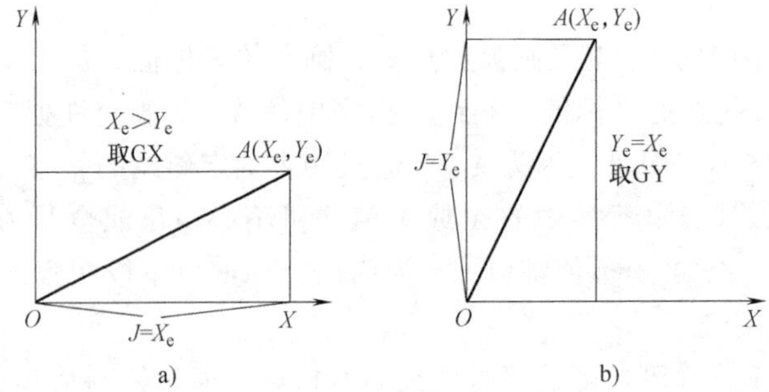

图 7-15　直线 J 的确定

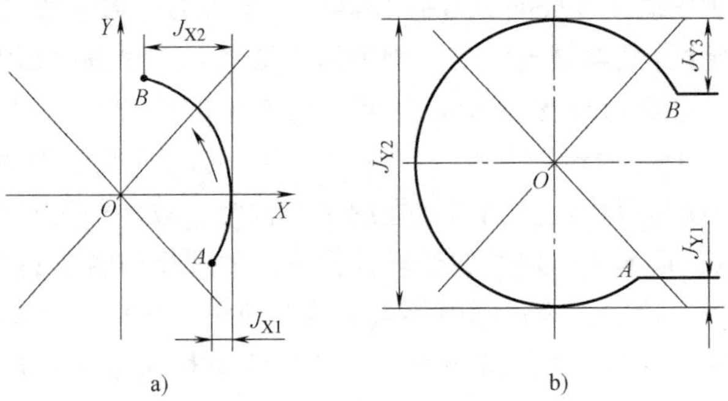

图 7-16　圆弧 J 的确定

4. 加工指令 Z

加工指令是用来确定轨迹的形状，以及起点、终点所在坐标象限和加工方向的，包括直线插补指令（L）和圆弧插补指令（R）两类。

直线插补指令（L1、L2、L3、L4）表示加工的直线终点分别在坐标系的第一、二、三、四象限；如果加工的直线与坐标轴重合，根据进给方向来确定指令（L1、L2、L3、L4），如图 7-17a、b 所示。注意：坐标系的原点是直线的起点。

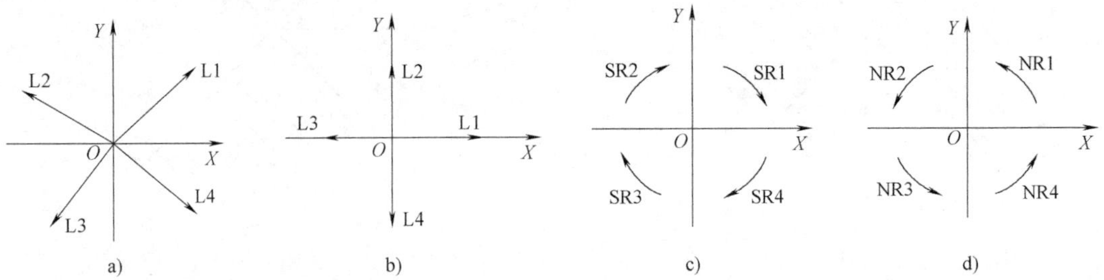

图 7-17　加工指令

圆弧插补指令（R）根据加工方向又可分为顺圆插补（SR1、SR2、SR3、SR4）和逆圆插补（NR1、NR2、NR3、NR4），字母后面的数字表示该圆弧的起点所在象限，如 SR1 表示顺圆弧插补，其起点在第一象限，如图 7-17c、d 所示。注意：坐标系的原点是圆弧的圆心。

【例】 用 3B 代码编制加工图 7-18 所示零件的线切割加工程序。已知线切割加工用的电极丝直径为 0.18mm，单边放电间隙为 0.01mm，图中 A 点为穿丝孔（已经做好），加工沿

$A \to B \to C \to D \to E \to F \to G \to H \to A$ 进行。

（1）分析　实际加工中由于钼丝半径和放电间隙的影响，钼丝中心运行轨迹如图 7-19 中双点画线所示，即加工轨迹与零件图相差一个补偿量，补偿量的大小 = 钼丝半径 + 单边放电间隙 = (0.09 + 0.01) mm = 0.1mm。在加工中需要注意的是 $E'F'$ 圆弧的编程，圆弧 EF（图 7-18）与圆弧 $E'F'$（图 7-19）有较多不同点，它们的特点比较见表 7-4。

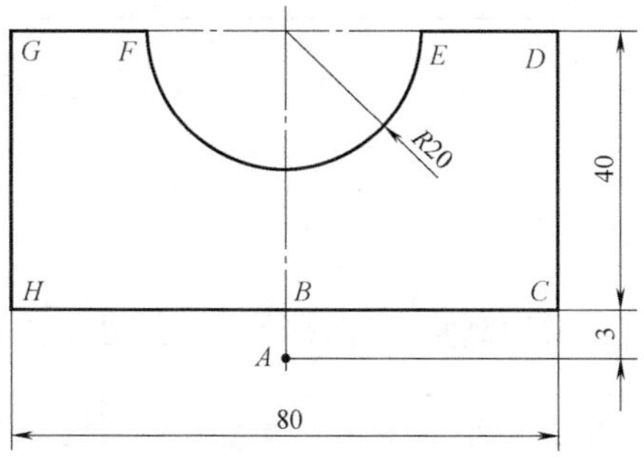

图 7-18　加工零件图

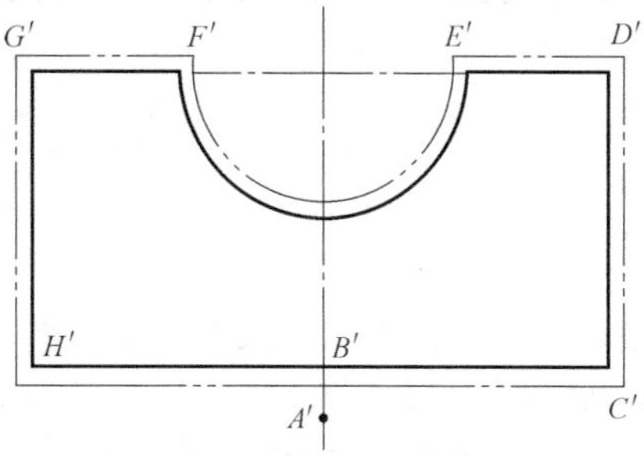

图 7-19　钼丝中心运行轨迹

表 7-4　圆弧 EF 和 $E'F'$ 的特点比较

	起点	起点所在象限	圆弧首先进入象限	圆弧经历象限
圆弧 EF	E	X 轴上	第四象限	第二、三象限
圆弧 $E'F'$	E'	第一象限	第一象限	第一、二、三、四象限

（2）计算并编制圆弧 $E'F'$ 的 3B 代码　在图 7-19 中，最难编制的是圆弧 $E'F'$ 的 3B 代码，其具体计算过程如下：

以圆弧 $E'F'$ 的圆心为坐标原点建立直角坐标系，则 E' 点的坐标为

$Y_{E'} = 0.1\text{mm}$，$X_{E'} = \sqrt{(20-0.1)^2 - 0.1^2}\,\text{mm} = 19.900\text{mm}$

根据对称原理可得 F' 的坐标为（−19.900，0.1）。

根据上述计算可知圆弧 $E'F'$ 的终点坐标 Y 的绝对值小，所以计数方向为 GY。圆弧 $E'F'$ 在第一、二、三、四象限分别向 Y 轴投射得到长度的绝对值分别为 0.1mm、19.9mm、19.9mm、0.1mm，故 $J = 40000$。

圆弧 $E'F'$ 首先在第一象限顺时针方向切割，故加工指令为 SR1。由上述可知，圆弧 $E'F'$ 的 3B 代码为

$E'F'$	B	19900	B	100	B	40000	GY	SR1

（3）编写 3B 加工程序　经过上述分析计算，可得该零件的 3B 加工程序，见表 7-5。

表 7-5　3B 加工程序

$A'B'$	B	0	B	0	B	2900	GY	L2
$B'C'$	B	40100	B	0	B	40100	GX	L1
$C'D'$	B	0	B	40200	B	40200	GY	L2
$D'E'$	B	0	B	0	B	20200	GX	L3

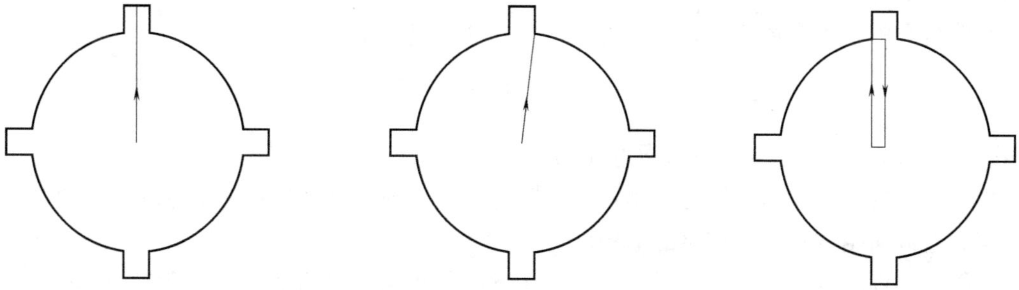

图 7-21　避免刀痕的进刀点的确定

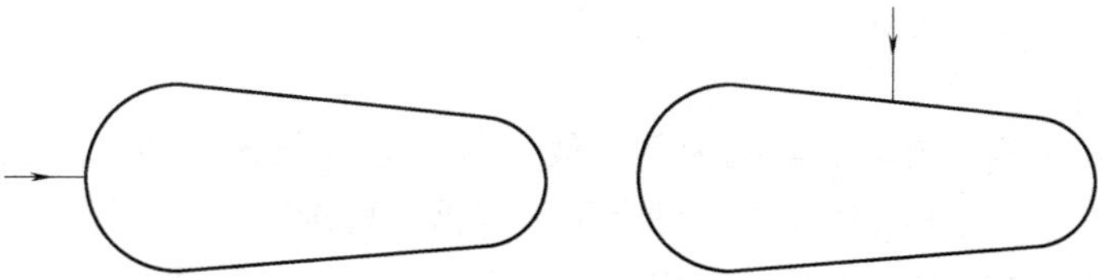

图 7-22　便于钳工修理的进刀点的确定

由于该零件为凸形类零件，不需要预制穿丝孔，可以直接从毛坯外缘切入。

3. 电极丝的选择

（1）电极丝材料的选择　电火花线切割加工时，对电极丝材料性能有一定的要求。电极丝必须具有良好的导电性、抗电蚀性，抗拉强度要高，材质应均匀。如果电极丝导电性不好，消耗在电极丝上的能量多，会使电极丝容易发热，造成断丝，同时输送到放电间隙的能量减少，影响加工效率。抗电蚀性不好，电极丝在加工过程中易被腐蚀，损耗快，使得电极丝变细，强度降低，寿命缩短，在高速线切割中，由于电极丝往复运动，还会影响加工精度。通常熔点高和导热性好的材料，有助于减少电极丝的损耗。加工中电极丝要承受一定的张紧力，特别是高速走丝线切割加工，电极丝要往复运动，受到的拉力更大些，所以电极丝必须具备足够的抗拉强度，以减少松丝和断丝故障。

目前工业中常用的电极丝主要有钨丝、黄铜丝、钼丝等。其中，钨丝的抗拉强度较高，直径一般为 0.03~0.1mm，常用于各种窄缝的精加工，但价格较贵；黄铜丝的导电性较好，直径一般为 0.1~0.3mm，适用于高速加工，加工表面粗糙度值要求较小和平面度要求较高的工件较好，切割速度较高，但电极丝损耗大；钼丝的抗拉强度较高，直径一般为 0.08~0.2mm，适用于高速走丝加工，是我国高速走丝机床常用的电极丝。

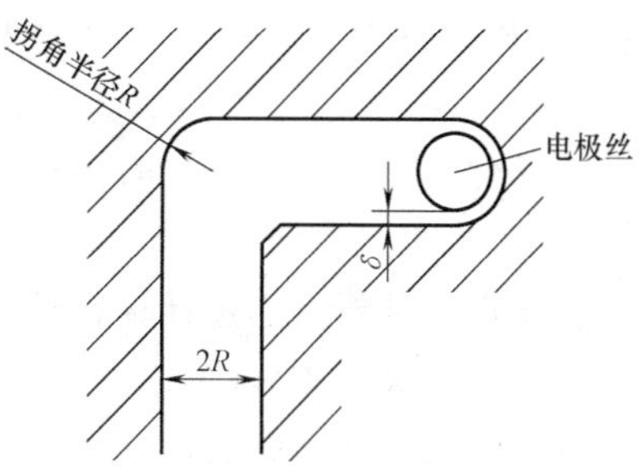

图 7-23　切缝宽度和拐角半径

（2）电极丝直径的选择　电极丝直径的选择应该根据切缝的宽度、工件的厚度以及拐角半径综合考虑，如图 7-23 所示。

对凹角内侧拐角半径 R 的加工，无法小于 1/2 的切缝宽，即

$$R\geqslant\frac{\phi}{2}+\delta$$

式中，ϕ 为电极丝直径；δ 为单边放电间隙。

如果加工有尖角、窄缝等的小型零件，则应选用较细的电极丝；加工厚度较大的工件以及采用大电流切割方式时选较粗的电极丝。

根据该零件的具体情况，选择直径为 0.18mm 的钼丝，单边放电间隙为 0.01mm，钼丝中心偏移量 $f=(0.18/2+0.01)\text{mm}=0.1\text{mm}$。

4. 工件的装夹与调整

根据前面介绍的装夹方式，结合该零件的加工条件，采用两端支撑方式装夹，然后用百分表找正相互垂直的三个方向。

5. 设备及工艺参数的选择

以 CTW320TB 高速走丝线切割机为例。线切割工艺参数的选择，一般初学者可以根据加工参数选择的基本规则进行选取，熟练者可以根据经验选择。

由于该零件加工精度要求不高，采用一次加工成形。加工时脉冲参数选择 5 挡，其放电脉冲时间为 20μs，放电脉冲间隔时间为 70μs，加工时通过对脉冲电源的调节，峰值电流可达 3A，调节加工速度旋钮，加工时切割速度可达 $35\text{mm}^2/\text{min}$。

二、编制并填写零件的数控线切割加工工艺文件

1. 工艺过程

根据对零件形状、尺寸精度的分析，制订如下加工工艺路线。

1）下料：用板材下料为 120mm×100mm，如果是批量生产，也可下料为 100mm 宽的长条料，以便后续加工时进行排料加工。

2）热处理：进行时效处理。

3）线切割：按图样将零件加工成形。

4）钳工打磨。

5）检验。

2. 切割路线

根据上述分析可得该零件的切割路线如图 7-24 所示：$A\to B\to C\to D\to E\to F\to G\to B\to A$

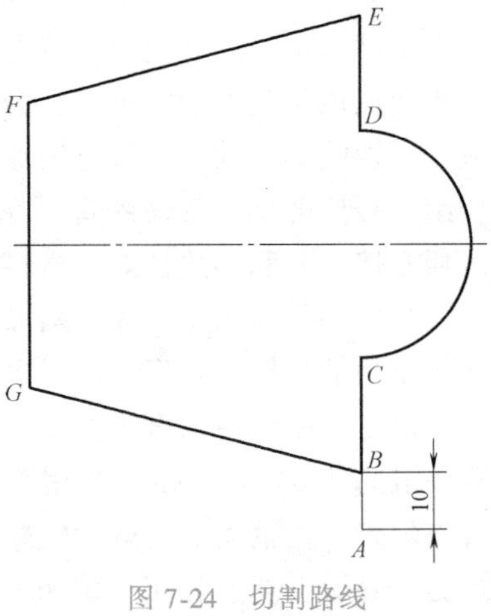

图 7-24　切割路线

三、零件的数控线切割加工程序编制

为简化编程，本程序忽略钼丝直径和单边放电间隙的影响。

根据以上分析，通过计算钼丝轨迹各交点的坐标，编制 3B 格式加工程序如下：

```
B0 B0 B10000 GY L2
B0 B0 B20000 GY L2
B0 B20000 B40000 GX NR4
B0 B0 B20000 GY L2
```

```
B60000 B15000 B60000 GX L3
B0 B50000 B50000 GY L4
B60000 B15000 B60000 GX L4
B0 B0 B10000 GY L4
DD
```

企 业 点 评

东方汽轮机股份有限公司高级工程师张学伟

数控电火花线切割加工在现代模具加工中应用非常广泛，它主要的贡献是弥补了传统金属切削加工的不足，可以加工那些传统加工方法难以加工的零件，因此使用越来越广泛。数控电火花线切割加工的关键是线切割中电参数的优化和非电因素的影响，以及加工过程中的质量控制。

思　考　题

7-1　数控电火花线切割加工与传统金属切削加工相比有哪些优点？

7-2　什么是极性效应？在电火花加工中如何充分利用极性效应？

7-3　数控线切割加工的主要工艺指标有哪些？影响表面粗糙度的主要因素有哪些？

7-4　电火花成形加工与电火花线切割加工的异同点是什么？

7-5　数控线切割加工中常用哪些措施来提高加工质量？

7-6　数控线切割加工的工艺准备包括哪些内容？

7-7　数控线切割加工中对工件装夹有哪些要求？

7-8　为什么低速走丝比高速走丝加工精度高？

7-9　试比较常用电极（如纯铜、黄铜、石墨）的优缺点及使用场合。

7-10　数控线切割加工图 7-25 所示零件，材料均为 GCr15，试制订其数控线切割加工工艺，并编制加工程序。其中，图 7-25a 所示零件厚度为 40mm；图 7-25b 所示为内花键扳手，其花键类型为内花键，模数为 1.5mm，压力角为 30°，齿数为 12，厚度为 6mm。

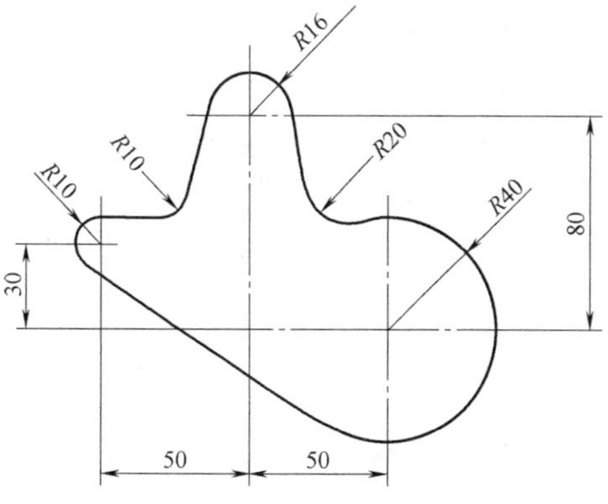

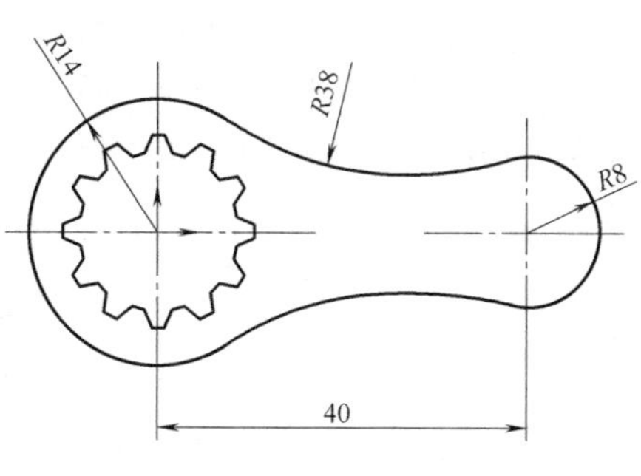

图 7-25　题 7-10 图

参考文献

［1］ 王爱玲. 数控机床结构及应用［M］. 2版. 北京：机械工业出版社，2013.
［2］ 叶伯生. 戴永清. 数控加工编程与操作［M］. 3版. 武汉：华中科技大学出版社，2015.
［3］ 韩鸿鸾. 孙翰英. 数控编程［M］. 济南：山东科学技术出版社，2005.
［4］ 李佳. 数控机床及应用［M］. 北京：清华大学出版社，2001.
［5］ 苏建修，杜家熙. 数控加工工艺［M］. 北京：机械工业出版社，2009.
［6］ 张兆隆. 数控加工工艺与编程［M］. 北京：机械工业出版社，2008.
［7］ 王骏. 郑贞平. 数控编程与操作［M］. 北京：机械工业出版社，2009.
［8］ 朱明松. 数控车床编程与操作项目教程［M］. 北京：机械工业出版社，2008.
［9］ 赵长明，刘万菊. 数控加工工艺及设备［M］. 2版. 北京：高等教育出版社，2015.
［10］ 陈洪涛. 数控加工工艺与编程［M］. 3版. 北京：高等教育出版社，2015.
［11］ 解海滨. 数控加工技术实训［M］. 北京：机械工业出版社，2008.
［12］ 卢万强. 数控加工技术基础［M］. 2版. 北京：机械工业出版社，2014.
［13］ 赵松涛. 数控编程与操作：SINUMERIK数控系统［M］. 西安：西安电子科技大学出版社，2006.
［14］ 周湛学，刘玉忠，等. 数控电火花加工［M］. 北京：化学工业出版社，2007.
［15］ 卢万强. 数控加工技术［M］. 3版. 北京：北京理工大学出版社，2014.
［16］ 李宏胜. 机床数控技术及应用［M］. 北京：高等教育出版社，2001.
［17］ 龚仲华. 数控技术［M］. 2版. 北京：机械工业出版社. 2010.
［18］ 杜国臣. 数控机床编程［M］. 3版. 北京：机械工业出版社，2015.
［19］ 陈志雄. 数控机床与数控编程技术［M］. 北京：电子工业出版社，2007.
［20］ 徐宏海. 数控机床刀具及其应用［M］. 北京：化学工业出版社，2005.
［21］ 王金泉. 现代数控机床［M］. 北京：中国轻工业出版社，2008.
［22］ 罗永新. 数控加工中心应用指南［M］. 长沙：湖南科学技术出版社，2008.
［23］ 李华志. 数控加工工艺与装备［M］. 北京：清华大学出版社，2005.
［24］ 晏初宏. 数控加工工艺与编程［M］. 2版. 北京：化学工业出版社，2010.
［25］ 于杰. 数控加工工艺与编程［M］. 2版. 北京：国防工业出版社，2014.
［26］ 曹井新. 数控加工工艺与编程［M］. 北京：电子工业出版社，2009.
［27］ 陈文杰. 数控加工工艺与编程［M］. 北京：机械工业出版社，2009.
［28］ 陈小怡. 数控加工工艺与编程［M］. 北京：清华大学出版社，2009.
［29］ 裴炳文. 数控加工工艺与编程［M］. 北京：清华大学出版社，2007.
［30］ 熊英. 范维庆. 数控加工工艺与编程［M］. 北京：中国地质大学出版社，2007.